国家自然科学基金面上项目"流域水权交易基本理论及应用基础研究"（51479089）资助

水权分配、管理及交易
——理论、技术与实务

郑航　王忠静　赵建世　著

中国水利水电出版社
www.waterpub.com.cn
·北京·

内 容 提 要

本书系统梳理了水权分配和交易的基本理论及国内外研究进展，总结了我国水权制度建设的历史沿革、典型案例与发展动态。在此基础上，从初始水权分配、水权调度实现和水权交易三个层面构建了水权制度建设的基本框架；在理论方面，分析了我国水权和水市场建设所需要的制度基础、机制条件及所面临的风险；在技术方面，建立了初始水权分配的多准则优化数学模型，提出了水权调度实现及其风险度的概念和计算方法；在实务方面，提出了我国典型流域开展水权交易的技术框架、交易规则及操作细节，阐述了应用互联网平台开展水权交易的业务流程和实践经验。结合甘肃石羊河流域水权分配和交易的案例，研究了水权如何分配、如何调度实现、如何交易、如何定价以及如何规避风险等一系列关键问题，为我国水权研究和实践提供了理论借鉴、技术支撑和业务示范。

本书可供水资源开发利用、规划与保护相关的管理、科研以及技术开发等专业人员使用，可供高等院校和科研机构有关水资源管理课程教学参考，适用于具备水资源调度、农田水利以及灌溉排水等相关基础知识的学生阅读。

图书在版编目（CIP）数据

水权分配、管理及交易：理论、技术与实务 / 郑航，王忠静，赵建世著. -- 北京：中国水利水电出版社，2019.4
　　ISBN 978-7-5170-7477-9

　　Ⅰ．①水… Ⅱ．①郑… ②王… ③赵… Ⅲ．①水资源管理—研究—中国 Ⅳ．①TV213.4

中国版本图书馆CIP数据核字(2019)第031734号

书　　名	**水权分配、管理及交易——理论、技术与实务** SHUIQUAN FENPEI、GUANLI JI JIAOYI——LILUN、JISHU YU SHIWU
作　　者	郑航　王忠静　赵建世　著
出版发行	中国水利水电出版社 （北京市海淀区玉渊潭南路1号D座　100038） 网址：www.waterpub.com.cn E - mail：sales@waterpub.com.cn 电话：(010) 68367658（营销中心）
经　　售	北京科水图书销售中心（零售） 电话：(010) 88383994、63202643、68545874 全国各地新华书店和相关出版物销售网点
排　　版	中国水利水电出版社微机排版中心
印　　刷	清淞永业（天津）印刷有限公司
规　　格	170mm×240mm　16开本　18.75印张　357千字
版　　次	2019年4月第1版　2019年4月第1次印刷
印　　数	0001—1500册
定　　价	**85.00元**

序

水权制度是界定、配置、调整、保护和行使水权，明确政府之间、政府和用水户之间以及用水户之间权、责、利关系的规则，从法制、体制、机制等方面对水权进行规范和保障的一系列制度的总称。建立和完善水权制度是运用市场机制优化水资源配置的核心内容。

目前，我国正在全国范围内开展水权制度建设的试点和实践。2012年，国务院印发《关于实行最严格水资源管理制度的意见》，要求加快制定主要江河流域水量分配方案，建立覆盖流域和省市县三级行政区域的取用水总量控制指标体系，实施流域和区域取用水总量控制；要求各省、自治区、直辖市按照江河流域水量分配方案或取用水总量控制指标，制定年度用水计划，依法对本行政区域内的年度用水实行总量管理。2014年，水利部印发《关于开展水权试点工作的通知》，明确宁夏回族自治区、江西省、湖北省重点开展水资源使用权确权登记试点工作；明确内蒙古自治区、河南省、甘肃省、广东省重点探索建立跨盟市、跨流域、行业之间、用水户之间、流域上下游之间等多种形式的水权交易流转模式。2016年，水利部印发《水权交易管理暂行办法》，对可交易水权的范围和类型、交易主体和期限、交易价格形成机制、交易平台运作规则等作出了具体规定。同年，中国水权交易所正式开业运营，标志着我国的水权交易进入实务操作阶段。当前，中国正在从国家层面全面推进水权制度建设，迫切需要适用于我国复杂社会经济情况和广泛地域差异的水权制度理论框架和实务操作方法。

本书从初始水权分配、水权调度实现和水权交易三个层面构建了水权制度建设的基本框架，并按照此框架系统梳理了水权制度建设的基本理论、国内外研究进展以及我国水权制度建设的历史沿革、典型案例与实践经验，从理论层面分析了水权制度建设需要的制度条件、社会基础以及面临的困难和限制，在技术层面建立了初始水权分配的多准则优化数学模型，提出了水权调度实现及其风险度的概念和计算方法，在实务层面提出了我国典型流域开展水权交易的技术框架和关键规则，阐述了水权交易互联网平台的关键技术和业务流程，形成了水权分配、调度管理和交易的成套技术和操作方法。书中结合我国干旱区典型流域案例，实证研究了水权如何分配、如何调度实现、如何买卖、如何定价以及如何规避风险等关键问题，为我国水权制度改革进入"深水区"提供了理论和技术借鉴。

本书是郑航博士自 2004 年在清华大学水利系攻读博士学位以来，与清华大学王忠静教授、赵建世副教授以及我本人合作开展的一系列水权制度研究的系统总结，是自然科学基金面上项目"流域水权交易基本理论及应用基础研究"的直接产出，也包括相关研究项目的成果凝练。相信本书的出版将对我国水权制度建设和水资源可持续管理起到积极的推动作用。

中国水利学会理事长　**胡四一**
2018 年 5 月 5 日

前 言

水权制度是自然资源产权制度的一种，主要通过明晰水资源产权、规范用水秩序、进行总量控制、激发市场交易，从而促进水资源优化配置和高效利用。20 世纪 60 年代，英国经济学家哈丁提出自然资源无序开发的"公地悲剧"，研究了自然资源产权制度在解决"公地悲剧"中的作用。90 年代，诺贝尔经济学奖获得者科斯进一步提出自然资源产权的初始界定直接影响资源的市场配置，奠定了水权制度研究的理论基础。此后，国内外诸多学者围绕水权的分配、管理和交易等问题进行了大量研究，形成了许多理论成果。尤其是 2000 年以后，为了加强水资源管理和推进水利市场化改革、缓解中国日益严峻的水危机，我国学者在中国特色社会主义市场经济框架下，对水资源使用权的确权、分配、管理以及交易等进行了大量研究和实践。但是，由于我国幅员辽阔、社会经济和水资源开发利用情势的地域差异明显，很难形成较为统一的水权建设框架，缺乏水权制度建设的规范细则，造成很多水权研究成果在实践中缺乏操作性，导致水权和水市场实践仍犹如"摸着石头过河"，顶层设计和长期规划还不够充分。

针对上述问题，本书从初始水权分配、水权调度实现和水权交易三个层面总结提出了水权制度建设的理论框架、技术方法和操作实务。本书第 1 章从法学和经济学视角，梳理了水权的物权内涵及相关的产权经济学理论，通过对比土地、矿产和林业等典型自然资源的产权制度，阐述了水权制度的基本概念。第 2 章从制度实践的角度，系统总结了国外水权制度的基本特征和建设经验，分析了我国水权制度建设的历史沿革、典型案例和发展态势。第 3 章在理论分析和实践总结的基础上，从初始水权分配、水权调度实现和水权交易三个方面提出了我国水权制度建设的总体框架。第 4 章围绕初始水权分配问题识别了流域初始水权分配的九个关键要素，建立了初始水权分配过程的数学表达及优化算法。该算法可用于结构化、定量化地协调公平、高效及可持续等多重分配原则，可用于流域初始水权分配方案的计算。第 5 章针对水权的调度实现问题，提出了水权调度实现的概念、框架和基本规则，建立了水权调度实现及其风险管理的数学模型和分析方法。针对目前国内普遍使用的水权调度"丰增枯减"规则的风险性和局限性，提出了"丰不增、枯不减"的水权调度实现策略。第 6 章以甘肃省石羊河流域为例，应用初始水权分配及其调度实现的数学模型，计算了流域的初始水权分配方案，分析了不同配水规则下流域水权的满足程度以及水权调度实现的风险。第 7 章研究提出了水权交易的基本概念、基本类型、主要规则、撮合与定价算法，分析了影响水权交易的关键因素，总结了我国开展水权交易的基础、动力、困难和风险。在此基础上，从技术基础、业务流程和信息平台三个层面提出了水权交易的关键技术框架。第 8 章针对定价算法这一水权交易的关键技术，研究了水权交易的集市型竞价算法，建立了基于该算法的水市场模拟模型；结合澳大利亚水市场历史数据，分析了集市型水权交易的经济有效性，并给出了用户在集市型水权交易中的最优报价策略。以此为基础，结合我国水资源管理体制特征对算法进行了改进，提出了耦合用户空间位置信息的新型集市交易算法。第 9 章针对水权交易平台这一水权交易的核心业务，论述了开发水权交易互联网平台的意义，阐述了平台的主体功能、数据流程、算法实现、操作细则、数据库开发以及界面设计等内容。第 10 章总结了水权交易互联网平台在甘肃省石羊河流域灌溉水权交易中的实践经验，提出了水权交易平台实践应用的技术框架和业务流程，为我国灌溉水权交易实践提供了技术支撑。第 11 章为总结与展望。

与本书研究相关的科研项目包括：2005—2008 年中国、澳大利亚合作的"中国水权制度建设"项目（一期、二期），2009 年水利部 948 项目"中国水权制度现状评价"，2011 年国家自然科学基金青年项目"流域水权分配及其调度管理应用"，2012 年水利部公益性行业专项"石羊河流域治理水权框架与实施的过程控制"，2013 年国家"十二五"科技支撑项目"水联网多水源实时调度与过程控制技术"，2013 年国家自然科学基金重大计划重点项目"水权框架下黑河水文−经济−生态耦合研究"，2015 年国家自然科学基金面上项目"流域水权交易基本理论及应用基础研究"，2015 年甘肃省讨赖河流域"水文−经济−社会"系统演化模拟及现代水权交易关键技术研究项目，等等。在此感谢国家自然科学基金委员会、科技部、水利部、黄河水利委员会、甘肃省水利厅，以及甘肃省石羊河、黑河、讨赖河流域水资源管理局等单位在本书研究、建模、数据获取与成果应用过程中给予的资助和支持。

作　者
2018 年 4 月

目　　录

第1章 水权的基本概念

水权是产权的一种，是具有特殊性质的产权。我国法律规定，水资源属于国家所有。本书针对国家所有的水权附属的其他权利及其特性进行讨论，所说的水权主要指水资源的使用权。水权属于物权范畴，是一种特殊的物权，经常讨论的几对相关概念有：物权和用益物权；水权和初始水权。

1.1 概念辨析

1.1.1 物权和用益物权

1.1.1.1 物权

物权是指公民、法人依法享有的直接支配特定物并对抗第三人的财产权利。物权主要包括两部分内容：本质上是一种支配权，是权利人对物的直接支配；具有对抗第三人的效力。作为物权客体的物，必须是存在于人身之外，能够为人力所支配，并且能满足人类某种需要的物体。民法上的物是一个不断发展的概念，从罗马法开始直到近代，物权的客体主要是土地。自工业革命以来，随着大工业的发展和科学的进步，尤其是市场经济的日益繁荣，人们对物的概念的认识也产生了重大变化。对物的占有不仅仅是为了使用某物，更重要的是将物投入流通领域，获取增值的价值。现代社会中物权的客体是十分广泛的，因为任何物在法律上都具有自己的归属，即使是无主物，最终也会找到其归属。因此不管是生产资料还是消费资料，无论是自然物还是劳动产物，不管是流通物还是限制流通物，都可以作为物权的客体。从这个意义上说，由于水资源属于国家所有，即全民所有，水资源可以成为物权客体。

尽管大部分学者持水权是物权的观点，但对于水权属何种类型的物权却是仁者见仁，智者见智。史尚宽（2000）主张，矿业权、渔业权、水权为物权，水权为用益物权。梁慧星（1998）在其主编的《中国物权法研究》中，将水权称为特殊物权，原因是水权的客体既不是物，也不是权利，而是获取一定的物。陈华彬（1998）将水权归属于特别物权。他将民法典（在我国是指《中华人民共和国民法通则》及《中华人民共和国担保法》等）规定的物权称作普通物权，又称民法上的物权。特别物权，又称准物权，指由特别法规定的具有物权性质的财产权。所谓"特别法"是指兼有民法规范和行政法规范的综合性法律，如《中华人民共和国土地管理法》《中华人民共和国矿产资源法》《中华人民共和国森林法》《中华人民共和国草原法》《中华人民共和国水法》《中华人民共和国渔业法》等。王利明（2013）认为水权属于特别法上的物权。特别法上的物权，是公民、法人经过行政特别许可而享有的可以从事某种国有自然资源开发或作某种特定的利用的权利，如取水权、采矿权、养殖权等。水资源使用权、养殖权、采矿权等权利主要是由水法、矿产资源法、渔业法等特别做出规定，从而将这些权利统称为特别法上的物权。

从上述意义上说，水资源使用权是一种物权，是特别法上的物权。特别法上的物权主要是由特别法做出规定的，但是也不能说物权法对其不必要再进行规范，物权法也可以对这些权利做出概括性的规定，所以水资源使用权应当是物权法和特别法双重规定的产物。当然，物权法和特别法对这些权利规定的内容是不一样的，物权法只是对水资源使用权做出概括性的规定，从而表明这些权利可以适用物权的基本规则，如公示公信原则，并可以采用物权的保护方法对这些权利进行保护。根据法律的规定，即特别法优于普通法的规则，水资源使用权首先应当适用特别法的规定，在其没有特别法规定时，才适用物权法。

1.1.1.2 用益物权

用益物权，是指非所有人对他人之物所享有的占有、使用、收益的排他性权利。用益物权作为物权的一种，着眼于财产的使用价值。可以说，现代物权的核心在于用益物权。

用益物权的内容和体系经历了一个发展过程。罗马法中的用益物权包括役权（其中包括人役权和地役权）、永佃权和地上权三种。这种体系对大陆法系各国的用益物权立法产生了重大影响。《法国民法典》完全采纳了罗马法的役权概念，并在其第二卷规定了用益权、使用权及居住权、役权和地役权。德国法的用益物权可概括分为地上权、役权和土地负担。其中，役权是一大类权利的总称，其中包括地役权、限制的人役权、用益权、居住权。用益物权又可分为物上用益权、权利用益权及财产用益权。德国法所规定的用益物权除了借鉴罗马法的规则以外，也反映了德国民法制定时各地一直沿用的习惯。日本民法上的用益物权制度也借鉴了罗马法和德国法的经验。在《日本民法典》中，用益物权共有地上权、永佃权、地役权及入会权四种。我国从《大清民律草案》到国民党政府制定的《民法典》都规定了用益物权制度，其中主要包括地上权、典权、永佃权和地役权。我国台湾地区施行的《民法物权编》可上溯至1929年，其1999年对用益物权制度的修改主要体现在如下几个方面：拟废除传统的永佃权制度，增设农用权；调整地上权的内容，强化地上权的作用；扩张地役权的客体及主体；将典权中的内容做出适当调整，对典权人不要求占有他人的不动产。

在水权方面，多数学者认为水权是一种用益物权，这是因为水权是用水人依法对于地面水和地下水所享有的取水、利用、开发、排污等项权利，具有与传统用益物权相同的法律属性，同样以对标的物的使用、收益为主要内容，同样属于他物权、限制物权和有期物权。水权与传统用益物权又有所不同，这不仅因为水权不是单纯民法上的私权，兼具公权性质，而且因为水权与传统用益物权相比，在客体上存在着差异：传统用益物权的客体是不动产，水权的客体是水资源，是流动的；传统用益物权的客体是单一物，水权的客体水在形式上是作为集合物而存在的；传统用益物权的客体为特定物，水权的客体水是动态的、多功能的自然资源，地表水、地下水相互转化，主水、客水相互补充，难以特定化。将水权归入用益物权，有其制度设立的现实性：有利于解决国家所有权行使缺位或行使不足问题；有利于明确用水者权益，发挥市场机制配置水资源的基础性作用；有利于司法手段的运用。

1.1.2 水权和初始水权

1.1.2.1 水权

水权经过长时期的形成与发展，在各国有不同的内涵。按照加拿大教授Scott 和 Coustalin（1995）的定义，所谓水权（water rights）可广泛定义为享用或使用水资源的权利。由于水资源以流域为整体的特征，需要协调供水、灌溉、防洪、水能发电、环境保护等之间的矛盾，而且，现存的民法中所有权、物权等概念的模糊，使得清晰界定水权的内涵是一件困难的事情，存在从最广义、广义、狭义、最狭义四个观点来对水权进行概念诠释。

水权最广义的概念，就是包括水资源的所有权、使用权以及其他相关权。在使用权中，根据使用目的、使用内容、使用对象的不同，分为用水权（水量使用权）、排污权（水自净能力的使用权）、水面使用权、水能使用权、水温使用权、航道占用权等多种权利。水权广义的概念，是指水资源稀缺条件下人们有关水资源的权利的总和（包括自己或他人受益或受损的权利），其最终可以归纳为水资源的所有权、使用权和经营权。水权狭义的概念就是水资源的使用权。水权最狭义的概念是指一种长期独占水资源使用权的权利，是水资源所有权和使用权分离的结果，是一项建立在国家或公众所有基础上的他物权，是在法律约束下形成的、受一定条件限制的用益权（即依照法律、合同等的规定对他人的物的使用和收益的权利）。

以下是关于水权诠释的部分观点：汪恕诚（2001）说："什么是水权？最简单的说法是水资源的所有权和使用权。按照我国《水法》，水的所有权属于国家，我们重点研究的是水的使用权问题。"这是狭义上的水权的概念，也是本书中所讨论的水权的概念。沈满洪（2002）将不同学者提出的水权概念进行了概括和总结。他认为水权概念由产权概念延伸而来，水权的内涵主要有四种观点：①水权的"一权说"，主要认为水权指水资源使用权；②水权的"二权说"，水权即为水资源的所有权和使用权；③水权的"三权说"，包括所有权、经营权和使用权；④水权的"四权说"，就是水资源的所有权、占有权、支配权和使用权等组成的权利束。王亚华（2005）认为水权在我国主要有两种观点：①广义水权，指水的所有权和各种利用水的权利的总称；②狭义水权，是指建立在水资源的自然条件基础上，以满足社会、经济和环境需要为目的，通过立法来确定和保障，并通过行政机制和市场机制来实现的一整套关于水资源的权利体系。

1.1.2.2　初始水权

林有桢（2002）认为"初始水权是由国家初次界定的流域、河段断面或水域可开发利用水资源量的初次分配给各行政区开发利用的权限。初始水权的权限划分应考虑流域自然地理特点、生态环境条件、行政区划、取用水的历史与习俗和经济社会发展的需求等因素。"按照狭义水权概念，初始水权就是水资源的初始使用权，是水权理论研究、水权转移和水市场研究的基础。初始水权分配就是明确各级用水户水资源的初始使用权，即通常所说的"明晰水权"。

1.2　产权的经济学理论及意义

现代产权经济学理论有四大主线：交易成本理论、产权的效率分析理论、产权制度的选择和调整理论，以及用产权理论重新推断经济历史的产权制度演进理论（新经济史学说）。产权理论主要研究如何通过界定、安排产权结构，降低或消除市场机制运行的社会费用，提高运行效率，改善资源配置，促进经济增长。

1.2.1　交易成本理论

新古典经济学认为，在私有制条件下，完全竞争的市场机制保证了资源配置的最优化。微观经济学认为：价格是资源配置的信号，资源的使用是以价格信号为指导的。但是科斯提出了这样的问题：既然自由价格机制已经被公认为是最有效率的协调和指导配置资源的工具，为什么还有企业的存在呢？这似乎于使用价格机制是需要支付成本的。也就是说，进入市场是要付出代价的。因此可以说，企业最明显的特征，它是价格机制的替代物，这就导致交易费用的提出。新古典经济学假设交易是瞬间完成的，交易的费用为零。但科斯对这一假设作了典范性的突破，提出了交易成本思想。科斯（1937）的《企业的性质》分析了企业在市场机制中的地位，说明企业的起源和企业生产纵向一体化的原因。Arrow（1969）把交易成本概括为"搜寻费用""商议费用"，把交易成本定义为"经济制度的运作成本"。Williamson（1985）将交易成本分为两类：①事先的交易成本，即起草、谈判、保证落实某种协议的成本；②事后的交易成本，指交易发生之后所付的各种费用。交易成本概念的出现，扩展了新古典经济学的基本假设，使经济学从零交易成本的"无摩擦"理想世界走进了正交易成本的有"摩擦力"现实世界，拓展了制度经济学的研究领域，也大大拓展了经济学的应用领域。可以说，交易成本的提出引起了经济学的一场革命。

1.2.2　新经济史学说

新经济史学说是将产权理论应用于经济史的研究，以产权制度的演进来解释和推断经济历史，主要有私有产权的起源和演进问题，以及诺斯的制度变迁理论。诺斯认为，人们不应该把产业革命的原因归结为偶然的技术革命，而应该把目光转向一个社会是如何从封建制度以及产权系统的漫长孕育过程中脱胎出来走向现代化阶段。从历史上看，16世纪英国村镇牧场"羊过剩"、地力衰退的根本原因在于缺乏明确专属的牧场占有权制度，于是人们要求对产权作出新的界定。所以圈地运动反映了产权变革的本质，即通过确定和实施规章和约定，力图降低社会的交易成本。从圈地运动开始确立的私有产权制度为产业革命奠定了制度基础。交易成本理论指出，由于资源的稀缺，任何社会都会发生争夺资源的竞争，为降低社会交易成本，需要制定指导竞争的规则。但是制定、履行这些规则要付出代价，即交易成本，这样社会就面临选择。产权制度的发明和创新旨在降低社会经济体制运行的交易成本。以诺斯为代表的新经济史学派的基础观点是：经济增长的关键因素是制度，一种提供适当的个人刺激的有效制度是促使经济增长的决定因素。在制度因素中，财产关系安排即产权制度的作用最为突出。

1.2.3　马克思关于产权理论的学说

马克思关于产权理论的论述不多，其产权思想包含在与资本主义社会所有制分析相关的所有权思想中。马克思认为，产权是生产关系的法律表现，正确地把握住了产权的本质。马克思区分了所有制与所有权，认为所有制是经济范畴，是人们对生产资料的关系的体现，指出生产资料归谁所有的经济制度，是生产关系的核心；所有权是法律范畴，所有权是所有制的法律形式，是指财产归谁所有的法律制度。在马克思的产权思想中，分析侧重点放在了资本主义本质方面。因此，对产权理论的研究是原则性的，重视了对产权关系的质的研究，而西方产权理论学者偏重产权关系的量的研究。

马克思关于产权理论本质的分析和西方产权理论的具体分析方法，对我国产权制度改革具有很好的指导作用。西方产权理论对我国产权改革的理论和实践无疑是具有借鉴意义的，我们可以吸收、借鉴有益的理论研究方法，探索适合中国国情的产权理论。科斯作为西方产权经济理论的代表，他的产权思想——科斯定理解释了我们为什么要界定初始水权，以及界定初始水权的理论依据。

1.2.4　产权的效率分析理论

20 世纪 50 年代，科斯对外部性问题进行研究。当时美国各私立电台和电视台之间的相互干扰十分严重，造成了混乱。所谓外部性是指某个人的效用函数的自变量中包含了别人的行为。外部性的内涵极其丰富，在某种意义上，外部性可以视作产权经济分析的一个中心。产权问题直接发端于外部性的影响和结果，更重要的是，外部性的问题实质上还牵涉到"公共物品"的效率和制度安排。科斯在 1959 年发表的《联邦通讯委员会》中明确指出，只要产权不明确，外部性的侵害就不可避免。1960 年科斯发表《社会成本问题》进一步指出，产权的明确界定是市场交易的前提。通过产权与外部性的关系可以衡量一种产权安排的效率。如果能提供较大的激励，促使人们将外部性内在化，这样的产权安排就是有效率的。

1.2.5　科斯定理

1960 年科斯在其《社会成本问题》及其他论著中全面阐述了其产权思想，后人称之为科斯定理。其内容分两个层次——科斯第一定理和科斯第二定理。

科斯第一定理的内容是：在交易费用为零的条件下，只要产权的初始界定清晰，通过市场交易总是可以导致资源的最优配置（帕累托效率）。科斯第二定理的内容是：如果交易费用大于零，则不同的产权界定和分配会导致不同效率的资源配置。科斯定理提出，没有交易费用时，通过自愿协议，将产权重新分配，可以使社会福利最大化。存在外部性时，可以通过产权重新分配使外部性内部化。科斯定理将政府的作用限定在一个十分有限的范围内——明晰产权，接着通过个人协商使外部性尽可能内部化，然后交给市场去取得有效率的结果。

科斯定理在解决公共财产外部性方面为人们提供了一条新思路，但无限地推广到公共财产私有化，则遭到许多西方经济学家的批评。斯蒂格利茨不同意产权私有化的观念，提出了"非分散定理"：一般而言，没有政府干预，就不能实现市场的有效配置。平狄克、鲁宾费尔德同样认为：大多数资源都很庞大，单个所有权可能不可行。这样就可能需要政府所有或政府直接管制。布罗姆利认为公共资源产权私有化是不可操作的，所有权结构对跨时间选择和生态系统保护等问题十分重要，生活在未来的人或动植物不能到这儿来为自己的利益说话；在市场交易中，也无法通过所有权来保护它们的利益。那么，后代人和生态系统必将受到损害。只有依靠政府"强行安排"一定的制度才能保障它们的利益。

尽管有许多缺陷和弊病，科斯定理还是带给了我们一些启示：市场竞争必须以产权明晰的初始界定为前提，产权的初始界定是市场竞争性交易的必要条件，而低的交易费用是市场交易的充分条件。科斯论证到："（经济）权利的界定是市场交易的基本前提……如果不对交易赖以进行的制度设计加以详细规定，经济学家关于交换过程的讨论就毫无意义，因为这影响到生产的活力和交易的费用。"现代产权经济理论认为，产权制度对资源配置具有根本的影响，它是资源配置的决定性因素。正如产权制度对社会资源配置和利益分配的节约功能及规范作用一样，水权在水资源管理中的作用在于将水资源的使用权按照一定的分配原则进行分配，交给使用者在其产权范围内进行合理利用，运用产权管理的激励机制，在各级用户间建立起高效利用的激励机制，促进水资源利用效率的提高。产权理论是我们研究水权的理论基石，水资源作为有限的可再生资源，其权属理论有自身的特点和运行规律，水权理论需要在产权理论基础上进行完善。

1.3 典型自然资源的产权制度

1.3.1 土地资源

1.3.1.1 土地所有权制度

尽管纯市场经济国家的土地所有权制度在结构安排上有所不同，但都实行多重土地所有权制度。如美国、法国等国家实行混合所有权，国有和私有并存，而且形式多样。美国土地有三种所有权形式：私人土地、联邦土地、州政府土地。在日本，国家和地方自治体所拥有的土地占国土的 35％。瑞典的国有土地占比达 30％。英国及英联邦地区实行国王所有，即国家所有，私人以多重形式使用。"英国的土地虽然在法律上属于英王（国家）所有，但完全拥有土地权益（即永久权）的土地持有人实际上是该土地的所有者，只要他不违反土地法、土地规划或侵犯他人权益，就可以随心所欲地利用和处分土地。"

从国外现有土地法律规定来看，私人土地所有权及他物权设立、取得、变更等以民法的安排为制度基础，而权利交易则由土地法律予以安排；而国有土地所有权虽然也要以民法的制度安排为原则，土地法或专门的土地法律进行的制度安排往往更加细致。市场经济国家民法物权中安排的土地所有权制度一般包括：土地所有权的权利边界制度，主要规定土地所有权对地表的支配范围和地下的支配范围；土地所有权的取得和丧失；土地所有权的一般限制制度，各国民法和土地法律对土地所有权做了一般性的限制性规定；土地所有权的交易限制制度，在民法确认土地所有权可以处分如买卖、关闭等行为的同时，有关土地法规则对土地所有权交易做了限制性规定；土地所有权保护制度，这项制度本身往往同所有权制度整合在一起进行安排，成为土地所有权制度的完整部分。

1.3.1.2　地上权制度

地上权制度是在土地所有权制度有了一定程度的发展之后兴起的土地产权制度。地上权是产生早、效力高的用益物权。各国有关地上权的法律规定略有不同，有的国家将地上权限制在进行建筑的范围内："地上权的本质在于在他人的土地上为自己建筑，而不是进行种植、垦殖或者养殖权利，或者取得其他利益……。"如《德国民法典》规定："土地得以此种方式设定其他权利，使因设定权利而享有利益的人，享有在土地的地上或者地下设置工作物的可以转让、可以继承的权利。"《意大利民法典》规定："土地的所有人可以允许他人在自己的土地上建造、保留建筑物并且取得建筑物所有权。"一些国家将地上权支配范围扩及林木或树木，如《日本民法典》规定："地上权人，因于他人土地上有工作物或林木，有使用该土地的权利。"而有些国家则将地上权规定为更大的权利，如《法国民法典》规定："土地所有权包括该地上及地下的所有权，所有人得于地面上进行其认为适当的种植及建筑……所有人得于地下进行其认为适当的建筑及采掘，并获得采掘产品……。"据此，有人认为"法国民法上的地上权是一种物权，由其财产位于土地之上（树林、建筑）或之下（如隧道、地窖或地下仓库）的土地所有人之外的人享有"。虽然各国地上权支配客体的规定有所不同，但有一点是明确的，地上权是典型物权。其设立也要通过订立物权契约和经过登记公告进行，同时权利可以转让、继承、负担其他定限物权如设置抵押权，而且权利人还可以独立行使请求权。

1.3.1.3　永佃权制度

永佃权是在他人土地上从事农业活动的权利。"永佃权人有支付佃租，而在他人土地上耕作或牧畜的权利。"永佃权的权利有：可以购买设有永佃权的土地所有权；享有土地的孳息、转让、抛弃权利；为耕作或牧畜出租土地等。永佃权的义务是：改良土地，向土地所有权人定期缴纳地租（现金或实物）；不得对土地施加可致永久损害的变更；不得进行转典；承担税款和其他承租者应承担的义务。永佃权作为一种制度变迁的产物，其现在的作用在于为农业土地市场制度提供了产权博弈工具，开拓了农业长期得到增长与发展的路径，使更多的农业人口稳定在农业，保证一国农业在国民经济中作用的发挥。

1.3.1.4 地役权制度

地役权是各国普遍设立的土地产权，其特点就在于限制供役地所有权人的权利，使其承受义务。地役权有广义与狭义之别，有关国家民法中规定的地役权包括：道路、水流、电缆等的通行权，引水权、过渡权、管线架设权等内容。比较典型的规定有："役权，系为另一所有权人的不动产使用及需要而对一个不动产所加的负担。""地役权是为某块土地提供便利而在另一块属于不同所有权人的土地上附加的负担。"这些规定比较明确单一，揭示出地役权的本质属性。

1.3.1.5 土地用益权制度

在大陆法系民法研究中，用益权同地役权一样，是役权的一种，其支配的客体范围较宽，适用于各种动产和不动产。"用益权为如同自己所有，享用所有权属于他人之物的权利，但用益权人负有保存该物本体的义务。""物上得以此种方式设定负担，使因设定负担而受利益的人享有收取物的收益的权利。""用益权赋予权利人对物全部使用收益的权利。"从有关国家的规定看，土地用益权的权利有：对用益权支配的客体进行使用和收益——"对用益权的客体所产生的一切种类的果实，不问其为天然的、人工的、法定的，均有享用的权利"；对客体进行一定的改造；享受出租、出售或转让用益权等一切可使用的权利。

1.3.1.6 土地抵押权制度

土地和土地产权被广泛运用到市场信用和债权担保之中。"土地得以此种方式设定负担，使因设定负担而受利益的人享有由土地支付一定金额清偿其债权的权利。抵押权也可为将来的或附条件的债权而设定。"土地是不动产，因而也就成为负担抵押权的主要标的。土地产权制度的结构是比较复杂的，除了上述通行的土地产权制度以外，各国目前尚有其他土地产权制度，另有土地负担的规定等。土地还可设定其他的担保物权等。

我国现行的土地法律主要是《土地管理法》《城市房地产管理法》及一些土地行政法规，其中综合性的行政法规有《土地管理法实施条例》。这些法律法规比较完整地体现了我国现行土地产权制度。

（1）土地所有权制度。我国《宪法》《民法通则》《土地管理法》和《土地管理法实施条例》对我国土地资源所有权制度作了概括：实行土地的社会主义公有制，即全民所有制和劳动群众集体所有制；国家土地所有权由国务院代表国家行使；农民集体土地所有权依法分别属于乡（镇）农民集体、村农民集体、村内集体经济组织所有，分别由乡（镇）农村集体经济组织、村集体经济组织或村民委员会和村内农村集体经济组织或村民小组经营、管理；土地所有权可以在国家和农民集体之间进行变动。

（2）土地使用权制度。我国《宪法》《土地管理法》《土地管理法实施条例》《城镇国有土地使用权出让和转让暂行条例》（1990）分别对我国土地使用权制度做了安排。我国现行土地使用权制度主要包括：国家所有的土地和农民集体所有的土地可以依法确定给单位或者个人使用，即在国家或集体的土地上为其设立或负担土地使用权；国家依法实行国有土地有偿、有期使用和出让、转让制度，但划拨国有土地使用权除外；农民集体所有的土地依法用于非农业建设的，由县级人民政府登记造册，核发证书，确认建设用地使用权；依法登记的土地使用权受法律保护，任何单位和个人不得侵犯；土地所有权和土地使用权争议，由当事人协商解决，协商不成的，由人民政府处理。

（3）土地承包经营权制度。我国《民法通则》《土地管理法》对土地承包经营权做了制度安排。其主要内容有：集体经济组织的成员承包经营农民集体所有的土地，从事种植业、林业、畜牧业、渔业生产，承包期限为 30 年；单位或个人承包经营国有土地或农民集体所有的土地，从事种植业、林业、畜牧业、渔业生产，承包期限由承包契约确定。

1.3.2　矿产资源

矿产资源产权制度是矿业发展的动力源泉。无论哪种矿业法都把矿业产权作为矿业法律制度的基本制度。矿业法也因矿业产权制度安排的区别划分了不同类别。

1.3.2.1　矿产资源所有权制度

矿产资源所有权是一国矿业法律制度安排的基础。"各种矿业法之间的基本区别在于矿山所有权和土地所有权是合为一体呢还是两相分离？发展的趋势明显地朝着两相分离的方向前进。"英美等国从法律传统上保持着土地所有权与矿产资源所有权合一的原则。英国古典矿业法中规定一切矿产资源均为国王和封建领主所有，国王将土地授予土地所有者，后者对土地等资源拥有不动产权。美国早期的矿业法比较完整地继承了英国土地所有权与矿产资源所有权合一的制度。只是美国的矿产资源所有权作为土地的组成部分分别属于联邦、州和私人所有，分别由联邦内政部土地管理局和矿产管理局、州内政部门代表和私人代表行使。以德国、法国等为代表的大多数大陆法系国家，则实行土地所有权与矿产资源所有权分离的制度。坚持矿产资源所有权的独立性，矿产资源不因其所依附的土地及其所有权和其他权利的不同而改变。德国矿业法将矿产资源分为国有矿产资源和私有矿产资源。有些国家如法国、日本、韩国等，虽未明确安排国家对矿产资源的所有权，但都规定有关矿业权的取得由国家授权，否则不得从事矿产资源的开发利用。英美国家的土地所有权和大陆法系及大部分国家的矿产资源所有权对矿产资源具有完整的支配权，其对矿产资源的勘探、开采是权利支配内容的表现，不必再设立矿业权。有些国家直接授予矿业活动的权利。

1.3.2.2 矿业权制度

矿业权是非土地所有权人或非矿产资源所有权人经政府许可登记在特定的区块或矿区勘探或开采矿产资源并获得地质资料或矿物及其他伴生矿的权利。矿业权是准物权，是具有公法性质的私权。矿业法对矿业权制度的安排主要有：矿业权权利主体能力的取得和享有；矿业权支配的范围；矿业权存续的期限；矿业权效力的限制。从各国矿业法的制度安排来看，矿业权的种类繁多，其中探矿权、采矿权是最为典型的形式。矿业权的取得程序在各国表现方式不同，大多要经过竞争招投标和签订矿产开发契约。各国现行矿业法安排的矿业权制度依旧以探矿和采矿许可证的规定为主。

1.3.2.3 矿业用地制度

矿业用地制度是矿业产权制度的基本组成部分。矿产资源依附于土地，赋存于地表或地下，无论是勘探，还是开采或是进行矿物的加工、冶炼都离不开土地。矿业法对矿业用地的安排主要包括：矿业权主体与地表所有权人签订矿业用地契约。有些国家根据矿业用地转让的特殊性对矿业用地的许可和条件、赔偿原则和计费方法、提前占用土地、强制执行程序等作出较为详尽的规定。

1.3.2.4 矿业损害赔偿制度

矿业活动，无论是勘探还是开采，都会带来区块或矿区特定地域既存的地质结构或环境状况的改变，进而给他人造成破坏或损坏。因而进行矿业损坏赔偿始终是伴随矿业活动存在的现象，虽然它增加了矿业活动的成本，甚至直接影响到矿业发展的速度，但此类成本的交付是矿业顺利发展的必要条件。矿业损害赔偿是矿产资源所有权或矿业权行使过程中出现的必然现象，其原因属于矿业产权主体的侵权行为，因此进行矿业损害赔偿是矿业产权主体的义务和责任。矿业法对矿业损害赔偿的制度安排主要包括：矿业损害赔偿义务；矿业损害赔偿原则、标准及诉讼时效；矿业损害赔偿基金；矿业损害纠纷处理。

我国现行矿产资源产权制度较为清晰，主要有：

（1）矿产资源所有权制度。根据我国《宪法》《民法通则》《矿产资源法》和《矿产资源法实施细则》的规定，矿产资源属于国家所有，地表或者地下的矿产资源的国家所有权，不因其依附的土地所有权或者使用权的不同而改变。国务院是国家矿产资源所有权的代表。根据国务院授权，国务院国土资源部门对全国矿产资源分配实施统一管理。法律保障矿产资源的合理开发利用，禁止任何组织或者个人用任何手段侵占或者破坏矿产资源，禁止矿产资源的买卖、出租、抵押或者以其他形式非法转让。

（2）探矿权和采矿权制度。根据我国《矿产资源法》《矿产资源法实施细则》《矿产资源勘查区块登记管理办法》《探矿权采矿权转让管理办法》的规定，作为准物权的探矿权和采矿权制度有：勘探和开采矿产资源必须依法申请、经批准取得探矿权和采矿权，并办理登记；国家对探矿权和采矿权实行有偿取得制度；探矿权人和采矿权人在勘查和开采过程中给他人财产造成损害的应依法定标准予以补偿；探矿权人和采矿权人经依法批准，可以将探矿权和采矿权转让他人。

1.3.3　林业资源

林业实际上是林业产权的运动和实现过程。无论是林业经营、森林保护、植树造林，还是森林采伐，都是以林业产权行使、交易为内容的物质活动。林业产权的安排在林业法的制度选择与安排中具有重要的地位。从各国林业法的规定来看，林业产权包括以下内容。

1.3.3.1　森林所有权制度

森林所有权一般是在国家所有和私人所有之间进行安排的。如日本林业法将森林分为国有林和民有林，国有林系指产权归国家所有的森林，民有林则指国有林以外的森林。印度尼西亚林业法规定成片森林分为国有林和私有林。国有林即在所有权无归属的土地上长成的成块林区或成片森林；私有林即在所有权已有归属的土地上的成片森林。也有的国家是三种所有制或所有权，即国家所有权、公共所有权、私人所有权。如德国森林法规定，国有林包括属联邦单独所有或属州单独所有的森林，以及州拥有共同所有权的森林；公有林包括属于行政区协会，以一定目的成立的社团及其他社团、机关、公法基金会等，以及协会、混合经营的合作社、居民共同经营的合作社、农民团体类似团体单独所有的森林；私有林是既非国有林又非公有林的森林。原实行计划经济的国家一般规定森林资源单一的所有权，即国家所有权。如蒙古国森林法规定："森林属于国家财产，即全民财产。"

森林作为物的性质依然是私人物品，但森林作为生态系统而存在及由其决定的公共性及公益性往往不以投资者意志为转移。森林必须进行不断抚育和繁殖，私有产权的消耗性利用与之相悖。于是森林的国有或公有产权也就成为趋势。

1.3.3.2　林业权制度

林业权是占有、利用森林、林木、林地和采伐森林、林木的权利。虽然林业权在各国的规定有不同，但从有关国家林业法的规定来看，一般都承认林业权的存在。如德国林业法在规定森林主时,将其定义为"直接拥有森林的森林所有者和对森林有使用权者"。林业投资者虽然不一定必须是所有者,但必定是对森林具有一定处分权利的人。因为林业权如同矿业权,如果不能对森林、林木进行处分,林业权就无法行使。

我国现行林业产权制度有:

(1) 森林资源所有权。我国森林资源的国家所有权和集体所有权均为宪法性权利和民法性权利。我国《森林法》规定,森林资源属于国家所有,由法律规定属于集体所有的除外。

(2) 林地、森林、林木使用权。根据我国《民法通则》和《森林法》的规定,国有企业和集体企业可以分别依法享有国家森林资源的使用权;国家森林资源的使用权人有使用、收益的权利,有管理、保护、合理利用的义务。为了使林业生产者造林、育林的成果通过市场实现价值,分解经营周期长带来的风险,增加造林资金投入,促进林业生产要素的有效组合,国家对部分资源使用权实行有偿转让。用材林、经济林、薪炭林的林地使用权;用材林、经济林、薪炭林的采伐迹地、火烧迹地的林地使用权;国务院规定的其他森林、林木和其他林地使用权可以依法转让、作价入股或者作为合资、合作造林、经营林木的出资、合作条件。它们可以分别转让,也可以同时转让。转让的具体行使与内容由当事人商量。但是转让森林、林木、林地使用权之后不得改变林地的用途;转让双方都必须遵守法律规定的经营义务,即森林、林木采伐和更新造林义务。森林、林木、林地使用权的转让时,已经取得的林木采伐许可证可以同时转让。

(3) 林地、森林、林木承包经营权。根据我国《民法通则》和《森林法》的规定,公民、集体依法对集体所有或者国家所有集体使用的森林、山岭享有承包经营权。双方的权利义务依照法律由承包契约规定。国家保护承包造林的集体和个人的合法权益,任何单位和个人不得侵犯国家集体和个人依法享有的林木所有权和其他合法权益。林业产权的法律保护:森林、林木、林地的所有者和使用者的合法权益,受法律保护,任何单位和个人不得侵犯。国家保护林农合法权益,依法减轻林农的负担,禁止向林农违法收费、罚款,禁止向林农进行摊派和强制集资。林业产权的行政救济:单位之间发生的林木、林地所有权和使用权争议,由县级以上人民政府依法处理;个人之间、个人与单位之间发生的林木所有权和林地使用权争议,由当地县级或乡级人民政府依法处理。

1.3.4 水资源

"从历史上说,水的产权比土地产权的历史更悠久,更重要。"水资源具有有限性、不可替代性、流动性、多用途性等特点，使其水权具有与其他自然资源产权不同的特点：第一，水权"是控制和利用一种不稳定的、移动的物体的权利"。水是在处于循环流动的状态下被利用的，具有明显的时间性和空间性。但是并不因为水的流动性，水权就无法确定。水权支配的水资源、水面、水流等仍然是特定物。这些特定物需要借助水所依附的土地空间如河床、湖泊的空间位置来确定。也就意味着，虽然水有枯水期丰水期、近水远水之分，水权的行使只能在一定的空间如河岸上游或下游的一定位置进行。第二，水权是需要政府严加管理的。由于水是易形成垄断性支配的资源，为了公共利益，实现水资源利益的公平分配，政府必须对水权进行较为严格的管理。

我国现行的水权制度主要是水资源所有权制度和取水权制度，水资源的使用权、收益权和处分权制度没有明确的规定。根据我国《水法》，水资源属于国家所有。直接从江河、湖泊或者地下取用水资源的单位和个人，应当按照国家取水许可制度和水资源有偿使用制度的规定，向水行政主管部门或者流域管理机构申请领取取水许可证，并缴纳水资源费，取得取水权。我国的水资源使用权应该是经过水行政主管部门或者流域管理机构批准以后，被地方、集体或个人拥有，具有有偿、有期、可转让等特点。在界定了使用权之后，需要进一步规范处分权和收益权。

1.4　小结

自然资源是商品，自然资源的效用性、稀缺性是其价值的自然基础，市场交易则是其价值的社会基础。土地、矿产、林业等自然资源的产权制度相对较为成熟，其产权制度和管理体制有很多地方可以供水资源产权制度参考。水是在处于循环流动的状态下被利用的，具有明显的时间性、空间性、不可替代性和多用途性等特点，水权具有与其他自然资源产权不同的特点，其产权的分配和实现更加复杂。

水资源使用权是一种物权，是一种用益物权。水权是具有公权性质的私权。水资源的多重特性决定了水权的双重属性，一方面许多国家正逐渐把水资源作为一种特定的自然资源从土地资源中分离出来，作为一种公共资源来进行规范，法律中规定水资源为国家所有或地方所有；另一方面又对水的部分使用权进行分配，促使水资源优化配置。水权制度的变迁过程是在共有产权和私有产权之间寻求最佳契合点的过程。现代产权经济理论认为，产权制度对资源配置具有根本的影响。将水资源的使用权按照一定的分配原则进行分配，交给使用者在其产权范围内进行合理利用，运用产权管理的激励机制，在各级用户间建立起高效利用的激励机制，是促进水资源优化配置和高效利用的制度保障。

参考文献

陈华彬．（1998）．物权法原理［M］．北京：国家行政学院出版社．

梁慧星．（1998）．中国物权法研究［M］．北京：法律出版社．

林有祯．（2002）．"初始水权"试探［J］．浙江水利科技，（5）：1－10．

沈满洪，陈锋．（2002）．我国水权理论研究述评［J］．浙江社会科学，（5）：175－180．

史尚宽．（2000）．物权法论［M］．北京：中国政法大学出版社．

汪恕诚．（2001）．水权和水市场——谈实现水资源优化配置的经济手段［J］．水电能源科学，19（1）：1－5．

王利明．（2013）．物权法研究（第三版）［M］．北京：中国人民大学出版社．

王亚华．（2005）．水权解释［M］．上海：上海人民出版社．

Arrow K. J. (1969). The Organization of Economic Activity：Issues Pertinent to the Choice of Market versus Non－Market Allocations ［C］. In *Joint Economic Committee of Congress*. (pp. 1－16). Washington D. C.

Oliver E. Williamson. (1985). *The Economic Institutions of Capitalism*：Firms，Markets，Relational Contracting ［M］. London，UK：Collier Macmillan Publishers.

Scott A. and Coustalin G. (1995). The Evolution of Water Rights ［J］. *Natural Resources Journal*，35（4），821－979.

第2章　国内外水权制度建设实践

　　现代水权制度是在水资源管理的发展过程中，随着用水需求不断增加和用水竞争的日趋激烈，逐步完善形成的一种规范的水资源法制化管理模式，是一种与市场经济体制相适应的水管理机制，其核心是产权的明晰，其目标是实现水资源的有效节约、有序管理和高效利用。在美国、日本和澳大利亚等发达国家和地区，现代水权制度体系相对完善、水市场较为成熟，其发展经验可供我国借鉴。在我国，流域上下游间的分水机制自古有之，西北地区"均水制"自清代沿用至今，为甘肃省黑河流域的现代水权建设奠定了基础。我国现代意义上的水权分配，始于20世纪80年代的黄河水量分配，经过90年代在甘肃黑河等流域的经验积累，于2000年以后掀起了研究和实践的热潮，水权试点建设高速发展；2010年以后，随着最严格水资源管理制度的实施，水权制度建设开始在国家层面全面推进。

2.1　国外典型水权制度建设

2.1.1　国外水权制度基本特征

　　国外常用的水权原则最主要有河岸权原则、占有权优先原则、惯例水权原则等。以美国为例，美国的水使用许可制度有三种，即河岸水优先使用权、优先占用水使用权和混合制度。

　　（1）河岸水优先使用权。在雨量较丰富的美国东部地区，承认与水流相邻的土地（河岸地）所有者在其土地上有使用水的权利，但仅限于当时可用水量进行有限的用水，不得有对水质造成恶化的行为，不能影响其他河岸水使用者合理用水。当不能满足所有河岸水使用者的需水要求时，水使用权人应根据各自的权利量减少各自的用水量。

　　（2）优先占用水使用权，即先占用者有优先使用权，水权与地权分离，用水权的优先次序由各州政府认定。雨量较缺乏的美国西部地区，土地所有权不是实际用水的根本条件，水作为公共资源不属于任何人。优先占用水使用权只在"有益利用"的范围内才予以承认，取水需要进行取水许可审查，超出许可的水权不予承认。在水的利用场所和目的发生变更以及水权转让的情况下，必须伴随取水许可申请及变更程序。优先占用水使用权人在一定时期内不使用水权即丧失权利。

（3）混合制度。即上述两种制度并存的混合水使用制度。

从国外水权实践看，水权依据其创立起源可划分为历史惯例水权和现代正式水权等，依据用水目的可划分为工业水权、农业水权、生活水权、城市水权、生态水权、渔业水权等，按引水保证率可划分为稳定水权、湿润年份水权以及暂时性湿润水权等，按取得的形式可划分为河岸水权、优先专用水权、混合水权和公共水权等。具体实施何种水权，与相应的实际情况紧密相关。如水量较为充足的欧洲、美国东部，多实行河岸权原则；而水资源相对短缺的美国西部地区，则多以占有权优先原则为主，并辅以河岸权原则和惯例水权原则；日本也同时认可上游优先权和"时先权先"（占用优先）两种水权原则。水权原则的选择取决于实际水资源管理历史、目的以及水资源状况，具体运用需因地制宜、实事求是，以利于实现水资源的合理有效利用。

当可开发的水资源已经被分配完，人们开始关注现有水权的再分配问题。再分配的方式一般有两种：①行政或司法干预下的公共部门用水再分配；②通过销售、转让、租借等形式的水权交易。目前，水权的销售、转让成为研究讨论的热点。一些情况下，水权占有者将自己过剩的或因减少使用而节省的水资源进行转让，包括暂时转让或长期转让。在自由市场经济条件下，销售和转让是由买卖双方自愿进行的，多数水权的转让是从较低收益向较高收益的经济活动转让，其典型代表是美国西部和中国黄河由灌溉农业用水向城市用水和工业用水的转让。

水银行是国外水市场成熟的一个显著特征。如在美国西部一些地区，就出现了一种类似银行的水权交易管理机构，即所谓的水银行。水银行作为水权交易的典型机制，对于区域内水资源的优化配置起到了十分积极的作用。所谓水银行是在国家水资源行政主管部门宏观调控下建立的以水资源为服务对象的类似于银行的企业化运作机构，它主要是水资源买卖双方的一个集中统一的购销中介机构。1991年，为应对加利福尼亚州持续的干旱，"水银行"的概念被提出。水银行主要负责购买用户自愿出售的水，然后卖给急需用水的其他用户。通过水银行这一应急措施，加利福尼亚州的水资源管理部门有效地减少了干旱造成的经济损失，更合理地进行了水资源的配置。此后，利用"水银行"进行水资源优化配置的措施在美国得到了推广。1998年，美国安然集团成立了专门投资水务行业的子公司Azurix。2000年，Azurix建立了用于水资源买卖、储存和运输的网站，为水资源买卖提供了信息交流和交易平台。在这个网站上，人们可以进行水权交易，也可以实现水资源的调配和输送。"水银行"作为水市场的一个重要表现形式，促进了水资源由低效用户向高效用户转移，对水资源的优化配置做出了重要的贡献。

此外，一些发展中国家如智利、墨西哥、巴基斯坦、印度、菲律宾等也在尝试通过建立水市场进行水的转让。在智利，水权所有者具备使用水资源并从中获利和处置水的权利，水权可以脱离土地进行交易，并可作为抵押品、附属担保品和置留权；同时智利还通过水市场的建立，提高了农民节水灌溉的积极性。

从国外水权转让实践看，很多国家已形成了一套富有成效的水权转让机制和程序，归纳起来有以下三个共同的步骤：首先，水权转让主体必须事先向主管部门提出转让申请，对水权转让做出说明；其次，相关主管部门对水权转让申请进行审查，做出批准转让与否的决定；第三，对获得批准的水权转让，由主管机关按照转让的方式、用途、范围、期限、计量等相关内容进行水权转让的登记备案，以加强水权管理，推动水权转让有序进行。

除了上述正式化的水市场外，国外还存在很多非正式的水市场。如在南亚的印度、巴基斯坦等一些国家的灌区，多数水权转让是在用水主体间自发达成的，没有经过申请、审议、批准和登记等步骤，属于非正式水市场。非正式的水市场虽然一定程度上缓解了当地用水矛盾、调节了用水需求，但由于其缺乏政府的监管和对受影响的第三方的保护，导致了危害生态环境、地下水超采、垄断高价、损害第三方利益等一系列问题。

2.1.2　国外水权管理相关经验

国外一些国家，尤其是美国、澳大利亚等一些市场经济较为发达的国家，水权管理起源较早，水市场出现的也较早，在水权管理、水市场培育和发展方面积累了丰富的经验。

2.1.2.1　按水权配置水资源

大多数国家，特别是一些市场化程度较高的国家，如美国、澳大利亚、日本、加拿大等，建立了以水权为核心的水资源管理制度体系，将水权制度作为水资源管理和水资源开发的基础。这些国家，有的是各州针对自己的实际情况，制定出自己的水法，建立各自的水权管理制度，有关部门从各州获取水权，再逐级分解，将水权落实到各个用水户；有的则是一个国家建立一部总的水法，建立一套完整的水权管理制度，各级部门从国家获取水权，然后逐级层层分解，将水权落实到各个用水户。但不管哪种方式，最终用水户都是根据自己所取得的水权进行用水，从而避免了水资源开发、管理以及利用方面的矛盾冲突。

2.1.2.2　按照优先用水原则进行水权分配

从各国的用水优先权来看，几乎所有国家都规定居民生活用水优先于农业和其他用水，但在时间上则根据水权申请时间的先后被授予相应的优先权。当水资源不能满足所有要求时，水权优先等级高的用户较等级低的用户优先获得供水。例如，西班牙的水法规定，首先应根据用水权优先等级进行供水；在用水权优先等级相同的情形下，依照用水的重要性或有利性的顺序进行供水；当重要性或有利性相同时，先申请者享有优先权。

占用优先权原则在美国西部地区经济开发和建设时期，通过保证农业灌溉用水对西部经济发展做出了宝贵的贡献。占用优先权原则的实施保持了水资源的有益利用，也为日后完善水资源制度建设提供了宝贵的经验。然而，随着社会经济的发展，占用优先权原则也暴露出越来越多的问题。一方面，占用优先权的制度导致用水户缺乏节水意识，造成地区内用水效率低下；另一方面，由于在确定优先权时，对于公共用水和生态用水考虑不足，造成了流域内水生态环境的诸多问题，如下游河道水质恶化、河口湿地减少、多种野生生物灭绝或濒临灭绝等。面对有限的供水能力以及日益增长的用水需求，美国现代水权的发展方向由占用优先权向可交易水权转变；通过市场的手段重新配置现有的水资源成为解决上述问题的重要手段。1988年美国联邦垦务局将自己定位为"水市场的服务商"，并制定了买卖联邦供应用水的规章，拉开了美国水权制度转变的序幕。在美国西部，由于供水紧张而引起的用水竞争，使得水权市场非常活跃，通过正式的或非正式的水市场，较为成功地实现了区域内水资源的优化配置和用水效率的提高。

2.1.2.3 获取水权需要缴纳费用

在美国，调水工程的受益者要取得调水，需要支付资源水价，它包含在容量水价之中，属于一次性支付。以美国科罗拉多州大汤普逊调水工程为例，该工程的调水量约为 3.82 亿 m^3。该水量被分成 31 万份，农业、城市和工业之间持有的份额可以买卖和交换。1962 年农业占 80% 以上的份额，而城市所占份额不足 20%。到了 1992 年，农业占 55% 的份额，城市占 41%，工业占 4%。整个 70 年代和 80 年代，每份调水的价格在 1200～2000 美元之间波动。法国对于获取水权和污水排放也收取一定的费用，用于建设水源工程和污水处理工程，以达到"以水养水"目的。另外，政府还对每立方米供水收取 0.105 法郎的国家农村供水基金，用于补贴人口稀少地区和小城镇兴建供水、污水处理工程。

2.1.2.4 规范水权转让和培育水市场

世界上许多国家将水市场作为改善水量分配的重要手段。政府通过水权转让进行水的再分配，促使水从低效益用户向高效益用户转让，提高了水的利用效率和使用价值，同时出售水权的一方得到了经济补偿，提高了水资源管理的可持续性。

在美国，水权的转让必须由州政府或法院批准，转让需公示。水银行将每年来水量按照水权分成若干份，以股份制形式对水权进行管理。美国西部的灌溉农户，以水权作为股份成立股份制灌溉公司，灌溉公司依法在其流域上游取得蓄水权。在灌溉期，水库管理单位通过水库调度计算得到用水户占有的水库蓄水库容和蓄水量，把水库入流按照用户水权的比例分配给各用户，其作业类似银行计算户头存取款作业。目前美国西部正努力消除水权转让的法律和制度障碍，增强水市场相关立法，以保证水权交易的顺利进行和水市场的良好发展。

此外，澳大利亚、加拿大和日本等也在努力培育、发展水市场，积极开展水权交易；智利、墨西哥、巴基斯坦、印度、菲律宾等一些发展中国家也在尝试通过建立水市场进行水权的转让。澳大利亚最早的水权制度来源于英国的习惯作法，实行河岸权（riparian rights）制度，与河道毗连的土地所有者拥有用水权。20 世纪初，联邦政府通过立法，将水权与土地所有权分离，明确水资源是公共资源，由州政府代表皇室调整和分配水权，用水户水权通过州或地区政府相关机构以许可证和协议体系来获得。1983 年，澳大利亚开始水权交易实践，允许水权脱离土地所有权而独立存在和交易。20 世纪 80 年代初，由于用水需求增加与供水不足的供需矛盾突出，以及国际农产品贸易的变化和水资源开发利用的环境成本增大，澳大利亚开始水权交易并催生了相应的水权制度改革与实践。此后，澳大利亚的水权交易迅猛发展至今，成为世界上最成功的水市场之一。

1994 年 2 月，澳大利亚联邦政务院批准了水工业改革框架协议，要求各州推行水分配，实施水权与土地权的分离，建立国家层面的水权体系。该体系主要由水资源产权关系、水量体积、保证率、可转让性及水质等组成。1995 年 4 月，澳大利亚联邦政府以协议的形式承诺为水权改革提供财政资助，以推动各州贯彻水市场改革，极大促进了水权交易的发展。自 2007 年开始，澳大利亚水市场改革开始向可持续水市场转变，水市场经过深层次改革更加成熟。2007 年，澳大利亚"国家水安全规划"出台，政府作为环境用水的代理人参与到水权交易中，以流域内生态环境的可持续发展为基础，确定流域用水总量控制指标，制定相应的水权交易规则，以求水市场的协调可持续发展。作为澳大利亚最大的流域和人口聚居区，墨累-达令河流域的水权交易市场已经颇具规模，其市场交易量可以占到整个澳大利亚水权交易量的 90% 以上。澳大利亚联邦政府通过采取多项措施打破地区水市场之间的交易壁垒，并通过设立相关管理机构，缩短交易审核周期，建立"国家水权市场系统"及相应的互联网水权交易平台，进一步降低交易成本，增加交易透明度，扩大市场规模。总体上看，澳大利亚水权交易使水资源的利用向更高效益方面转移，给农业以及其他用水户带来了直接经济效益，促进了区域发展并改善了生态环境。用水户和供水公司出于自身的经济利益，更加关注节约用水，促进了先进技术的应用，提高了用水管理水平。

智利是在水资源管理中鼓励使用水市场的几个发展中国家之一。智利法律规定水是一种公共商品，宪法规定"个人、企业通过法律获得水权"，水权所有者有被允许使用水、从中获利和处置水的权利，水权可以脱离土地并可作为抵押品和附属担保品。水的使用权有消耗性和非消耗性两种。其中，非消耗性用水权要求使用者在使用水的同时保证水质。1981 年，智利水法首次提出水权交易的完全市场化，要求政府尽量少干预私有水权、保护私有水权、减少交易成本和交易壁垒，认为自由市场会使水权价格合理化并促进人们节约用水。智利的水权交易主要有三种，分别是农业用水户之间的短期交易，农业用水户之间的长期交易，农业用水户与城市之间的交易。其中，农业用水户之间的短期交易是智利水权交易中最常见的类型。通过短期的水权交易，农户灌溉被赋予了极大的灵活性，充分发挥了市场在水资源配置过程中的有效性，提高了灌溉的用水效率。在市场管理方面，智利成立了水董事会，全面负责水市场的运作。通过水董事会与用水户协会协调配合的两级管理架构，实现了水权交易的高效有序开展。

总的来说，智利的水权改革为整个智利水资源管理带来了诸多好处。首先，水权改革增强了水资源管理中的公众参与。用水户特别是农场主通过水权交易得到了实惠，增强了水资源管理和分配的参与意识，促进了水资源分配的公平性。其次，水权改革建立了节水投资的激励机制。通过水权交易，农场主认识到了水资源潜在的经济价值，从而愿意投资先进节水灌溉技术，提高灌溉用水效率。另外，通过水权交易，城市供水部门也积极改进供水设备，提高污水处理能力，期待将多余的水资源出售给农场主或城市居民。再次，由于用水户可以在综合考虑水资源机会成本之后，对作物种植结构和水资源利用等方面做出合理和积极的选择，因而水资源的配置也更加灵活。最后，水权改革改进了供水管理和服务水平。供水部门，特别是城市和工业的供水部门，通过水权交易认识到他们再也不可能无偿地剥夺农场主的水权来得到水资源，而只有通过提高自己的管理和服务水平来增加效益。

智利的水权改革是发展中国家进行水权改革的重要典范，其在水权市场改革领域积累的丰富经验值得其他发展中国家借鉴。智利的水权改革，在尊重历史用水的基础上，实施了水权的集中分配，保证了初始水权分配的公平性，建立了适合智利经济基础的水权交易体系，尽可能地减少了水权转让对区域经济的负面影响，并充分考虑了环境保护的重要作用。除此之外，智利水权交易市场的建设中充分发挥了用水户协会的重要作用。

2.1.2.5　因地制宜建立切合实际的水权管理体系

在美国，各州拥有自己的水法和水权制度管理体系。如在美国东部，水资源比较丰富，用水户的用水在正常情况下一般都可以得到满足，很少因用水紧张而发生水事纠纷，所以这一地区的水权管理制度制定得比较宽松，大都采用的是河岸权准则，规定河岸土地都有取水用水权，且所有河岸权所有者拥有同等的权利，没有多少、先后之分。而美国西部加州水资源紧缺，用水较为紧张，为了保护原用水户的利益不受侵害，采用了水权优先占用体系，对于水权规定了"先占有者先拥有，拥有者可转让，不占有者不拥有"等一系列界定原则，还规定获得用水权的用户必须按申请的用途用水，不得将水挪作他用，不得单独出卖水的使用权；如果要出卖这种使用权，则必须与被灌溉的土地作为一个整体同时出售。另外，美国西部水权管理制度还规定，后来的用水户必须服从于原水权拥有者，不得损害原水权拥有者的利益。此外，为了促使水资源发挥最大的经济效益，鼓励水从一个地方转移到另一个地方，允许用某一地点的水取代另一地点水的使用。比如，下游的优先占用者有权分流上游的水或者转移某些新水源来获得补偿。

2.1.2.6　水权管理有法律体系作保障

无论在美国还是在其他国家，对水权的管理都有一系列法律法规和水权制度，其最明显的法律是水法，这些法律对水权的界定、分配、转让或交易都作了明确的规定。如俄罗斯《水法》规定，所有一切水体均属国家所有，属国家所有制范畴的水体不得转为市镇单位、个体公民和法人所有，并对用水户取得水权以及水权的转让作出了规定。澳大利亚维多利亚州的水法对水体的所有权、使用权，水使用权类型，水权的分配，水权的转让或转换作出了明确规定，其地区范围内任何形式的水权分配、转让或转换都是依据该法律进行的。美国俄勒冈州的水法内容更丰富，同时也更具体。该州水法对水资源管理机构、水资源的所有权和使用权以及水法制定的依据都作了详细的说明。更甚者，该州水法还分别对地表水和地下水的使用权的界定、分配、转让与转换、调整和取消，以及新水权的申请和申请费用都作了非常具体的规定。

2.1.2.7　水权交易有公正的咨询服务公司作中介

这一点在美国的水市场中表现得特别明显，水权咨询服务公司在美国水权交易中发挥着非常重要的作用，几乎所有的水权交易都要通过水权咨询服务公司，其作用可以通过美国怀俄明州的水权咨询服务公司来说明。怀俄明州水权咨询服务公司是一个专职经营水权管理的服务公司。当州管理机构和其他利益集团想要废除某水权时，水权所有者为了捍卫自己应有的权利，可以委托该公司提供各种记录档案和其他必需的证明材料。该公司还可为委托人水权的占有水量、法律地位以及水权的有益利用提供专家证词。此外，该公司还为委托人提供以下方面服务：对水权的有关档案材料进行鉴定；完成水权调查报告；对水权的实际价值进行评估；申请新水权；代理诉讼；对灌区进行审查和对灌区公司资产进行评估。

在澳大利亚，农户之间的水权交易绝大部分通过水权中介机构完成。大量的水权中介机构为农户水权交易提供信息咨询、交易撮合和定价服务。这些机构类似于房地产中介。他们通过互联网平台，进行水权出售信息的挂牌和水权购买信息的搜集，并为卖家和买家提供信息沟通平台，然后根据既定的撮合与定价规则，实现卖家和买家的匹配，完成水权交易。目前，澳大利亚典型的水权交易平台（中介）有：

- WaterFind（https：//www. waterfind. com. au/）
- Waterpool（https：//www. waterpoolcoop. com. au/）
- Waterexchange（https：//www. waterexchange. com. au/）
- H_2OX（http：//h2ox. com/），等等。

用户可以登录上述平台发布水权的出售和购买信息，并完成水权交易的匹配、付款和签约。平台同时向社会公众发布交易结果以及近期的市场动态数据。

2.2 中国古代的水权机制——"均水制"与"时间水权"

解决用水纠纷、规范用水秩序的水量分配机制在我国历史上曾长期存在，在流域水资源开发利用和社会生产中发挥了重要的作用。其中，以我国西北地区长期存在的"均水制"最为典型。在我国西北黑河流域，"均水制"自清代雍正年间沿用 300 余年至今。在黑河西部子水系——讨赖河流域，这种清代"均水制"目前仍在使用，现称为"时间水权"制度。

2.2.1 黑河"均水制"的由来

黑河是我国第二大内陆河流，流经青海、甘肃、内蒙古三省（自治区），干流全长 821km。黑河流域南以祁连山为界，北与蒙古国接壤，面积约 14.3 万 km^2，由 35 条支流组成。随着用水的不断增加，部分支流逐步与干流失去水力联系，形成东、中、西三个独立的子水系。东部子水系即为黑河干流水系，包括黑河干流、梨园河及 20 多条沿山小支流。西部子水系即为讨赖河水系，包括讨赖河干流、洪水河及其他支流。起始于清代的"均水制"，在黑河干流沿用到 20 世纪 90 年代，在讨赖河干流一直沿用至今。黑河流域水系图见图 2-1。

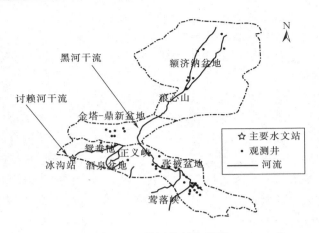

图 2-1　黑河流域水系图

黑河流域中下游地区极度干旱，区域水资源难以满足当地经济社会发展的需要，历史上水事矛盾相当突出。《五凉全志》说："河西诉案之大者，莫过于水利一起，争端连年不解，或截坝填河，或聚众毒打。"由"人-水矛盾"（人们对水的需求大而黑河水资源的供给有限）转化为"人-人矛盾"（为了争夺有限的黑河水资源，人与人之间产生尖锐矛盾），迫使历朝政府寻找解决问题的良策。根据《张掖地区水利志》记载，张掖地区在新中国成立以前的人口数量，有如下记录：公元 2 年（西汉元始二年），8.87 万人；公元 140 年（东汉永和五年），2.60 万人；公元 639 年（唐贞观十三年），1.17 万人；公元 742 年（唐天宝元年），2.29 万人；而 1820 年（清嘉庆二十五年），52.91 万人；1945 年，34.47 万人。可见到了清代，黑河流域的人口达到了新中国成立以前的一个高峰。人口的增长要求灌溉面积相应增长，继而要求用水量的增长；在水资源总量既定的条件下，用水量的增长必然导致水事矛盾的尖锐化。

在水事矛盾日益尖锐的背景下，1726 年（清雍正四年），陕甘总督年羹尧首先制定了"均水制"。《甘州府志》记载："陕甘总督年羹尧赴甘肃等州巡视，道经镇夷五堡，市民遮道具诉水利失平。年将高台县萧降级离任，饬临洮府马亲诣高台，会同甘肃府道州县妥议章程，定于每年芒种前十日寅时起，至芒种之日卯时止，高台上游镇江渠以上十八渠一律封闭，所均之水前七天浇镇夷五堡地亩，后三天浇毛、双二屯地亩。"这段话表明："均水制"产生的背景是水事矛盾突出，百姓投诉不断，如不加以有效处置，会危及社会的稳定。"均水制"规则的制定是上级政府（以年羹尧为代表）与区域政府（府道州县）协商、讨论和讨价还价的结果；"均水制"的内容是每年芒种前封闭上段渠口 10d，给下游高台及鼎新灌区放水；"均水制"实施的地域范围是甘肃省境内，主要是黑河流域中游及中下游的府（县）；"均水制"实施的方式是军事力量的强制命令。当时规定，水规大似军规，分水时主要负责官员官升一级，县官挂州官衔，有权临阵处置均水情况，官员不从罢官，百姓抗拒杀头。由于当时生态状况还没有达到十分严重的地步，所以"均水制"基本没有顾及生态用水。"均水制"虽然不能完全解决黑河流域的用水问题，但是在既定的约束条件下，是一种最优选择。"均水制"实行以后，水事纠纷骤减。因此，这一制度被长期坚持下来，并且得到进一步的完善。1935年，地理学家张其昀在《甘肃省河西区之渠工》一文中讲到："各县多有渠正渠长，由农民公举，县府委任，蓄泄之方，皆有定制。如渠口有大小，闸压有分寸，轮浇有次第，期限有时刻，公平分水，籍免偏枯兼并之弊……历代相传，法良意美。"

新中国成立以后，随着国家"三西"建设的部署和河西商品粮基地建设的深入，黑河流域水资源开发利用统一规划提上议事日程。1986年，兰州勘测设计院开始进行黑河干流（含梨园河）水利规划，并于1989年完成。1992年水利部据此提出《黑河干流（含梨园河）水利规划报告》并报国家计委审批通过。1997年国务院批准了由黄河水利委员会提出的《黑河干流水量分配方案》。2000年6月，水利部批准了由黑河流域管理局编制的《1999—2000年度黑河干流水量实时调度方案》《黑河干流水量调度管理办法》和《黑河干流省际用水水事协调规约》等。同年，黑河流域管理局召开了五次调水工作会议，圆满完成2000年度分水任务。黑河流域水资源管理由此实现了历史性突破，历史上实行了近300年的黑河均水制度被新的均水制——黑河调水计划所取代。

2.2.2 "均水制"的延续与讨赖河的"时间水权"

2.2.2.1 "均水制"在讨赖河流域的延续

讨赖河是黑河的重要子流域，由讨赖河（又称北大河）、洪水河、红山河等6条河流组成，涉及青海省祁连县，甘肃省张掖市的肃南县、高台县，酒泉市的肃州区、金塔县以及嘉峪关市。讨赖河流域水系图见图2-2。

讨赖河干流是流域内最大河流，发源于青海省祁连山中段，从冰沟出山后，流经甘肃省嘉峪关市、酒泉市肃州区后，纳清水河、临水河两个中游泉水河后进入酒泉市金塔县，经鸳鸯池水库调蓄后，大部分用于鸳鸯灌区的经济生产，余水散耗在广袤的戈壁荒漠中。讨赖河流域降水稀少，蒸发量大，社会生产对河流水源的依赖程度很高。因此，其水资源开发利用历史悠久，在西汉就有了引水灌溉，明清时期灌溉农业发展到一定规模后开始产生用水矛盾。民国时期，逐渐形成具有水权意识的讨赖河分水制度，构成讨赖河水资源管理机制的雏形，之后虽经多次修改，但其分水方式总体延续至今。

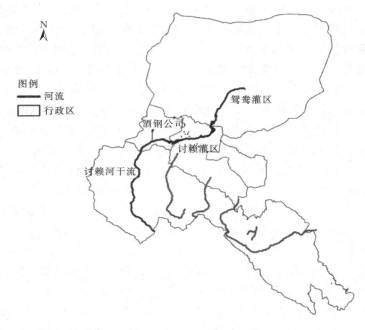

图 2-2　讨赖河流域水系图

讨赖河分水制度已持续运行上百年，这在我国水资源管理实践中非常罕见。其分水制度的演变过程与运行机制对我国尤其是干旱地区的水资源管理改革具有深刻的借鉴意义和历史启示。当前，讨赖河分水制度针对流域内讨赖河干流（以祁连山冰川融水为主要水源）及清水河、临水河水量在各区域之间进行分配，其核心内容是：

（1）讨赖河干流水量，年内给中游讨赖灌区（包括嘉峪关市、酒泉市肃州区、农林场）用水 153d，其中春、夏、秋三季给中游洪水河灌区分水 3000 万 m³ 左右；给下游鸳鸯灌区用水 175d；给中游酒泉钢铁（集团）有限责任公司（以下简称酒钢公司）工业用水 4500 万 m³。

（2）清水河、临水河的泉水，给中游清水河、临水河灌区年内用水 172d，给下游鸳鸯灌区年内用水 193d。

讨赖河分水制度的主体是通过取水时间控制分水，即所谓的"定时不定量"，同时辅助以取水总量控制少量分水的管理方式。长期以来，讨赖河分水制度在流域的农业生产中起到了协调供需矛盾、维持用水秩序、维护社会稳定的作用，是讨赖河水资源管理的基础。讨赖河分水制度是随着中下游农业生产规模的逐渐扩大而产生的，一般讲始于明朝、盛于清朝、修于当代。现行分水制度是 1984 年修改版。

1. 讨赖河分水制度的基本内容及特点

(1) 山区来水：讨赖河干流分水。

1) 中游讨赖灌区（包括嘉峪关市、酒泉市肃州区、农林场）用水：3月25日中午12时至4月18日中午12时（以下均为12时）24d；5月5日至7月15日71d；7月31日至8月15日15d；8月31日至9月15日15d；9月25日至10月15日20d；10月31日至11月8日8d，年内用水153d。其中，春、夏、秋三季给洪水河灌区分水3000万m³左右。嘉峪关市、酒泉市肃州区分水按1973年各轮次灌溉面积分配，农林场按当年实播种面积进行分配。3月春灌开始的时间，根据气温变化情况可提前或推后，连续供水24d不变。

2) 下游金塔县鸳鸯灌区用水：2月3日至3月25日50d；4月18日至5月5日17d；7月15日至7月31日16d；8月15日至8月31日16d；9月15日至9月25日10d；10月15日至10月31日16d；11月8日至12月28日50d，年内用水175d。其中3月1—5日给讨赖灌区用水2m³/s，放涝池；7月给讨赖灌区留水5m³/s，使用10d。

3) 酒钢公司用水：全年按4500万m³供给，生产规模扩大需要增加的水量另行商定。冬季从12月28日至来年2月3日供水37d，期间河道来水量要尽量做到全部引进，以免浪费。不足部分在7月、8月、9月3个月由讨赖灌区用水时间补够。冬季供水开始日期，由甘肃省水利厅讨赖河流域水资源管理局（以下简称讨赖河流域水资源管理局）视气温情况适当提前或推后。

(2) 中游泉水：清水河、临水河。

1) 中游清水河、临水河灌区用水：4月10日至8月15日127d；8月31日至10月15日45d。年内用水172d。

2) 下游金塔县鸳鸯灌区用水：8月15日至8月31日16d；10月15日至来年4月10日177d。年内用水193d。清水河魏家湾水库以上，春季蓄水从4月1日开始，8月15日至8月25日给鸳鸯灌区分水10d。

4月18日至5月5日、7月15日至7月31日，讨赖河干流给鸳鸯灌区分水期间，清水河、临水河灌区沿讨赖河两岸的蒲上、蒲中、头道坝、二墩坝只准引原流量，其余各口都不得引水；8月15日至8月31日（讨赖河）给鸳鸯灌区分水期间，临水坝、鸳鸯坝可以引用洪水河下泄的洪水，临水坝只准引1m³/s，鸳鸯坝只准引0.5m³/s，当通过两坝口的洪水流量小于2m³/s时，停止引洪；9月15日至9月25日，清水河、临水河灌区沿讨赖河两岸各口一律给鸳鸯灌区分水。每次分水期间，清水河、临水河灌区沿讨赖河两岸各口，开闭口时间推迟6h。

给鸳鸯灌区分水（期间可开）的渠口是：讨赖河大草滩引水渠首；南、北干渠；清水河郑国寺水库以下各引水口；沿讨赖河两岸的蒲上、蒲中、蒲下引洪口，山水沟（祁家沟）引洪口、头道坝、二墩坝和临水坝、鸳鸯坝。讨赖河给酒钢公司、讨赖灌区、鸳鸯灌区分水水量分别以大草滩水库渠首和讨赖河渠首计算。

讨赖河干流各区域和用户"依时取水、间隔用水"的分水方式见图 2-3和图 2-4。从图中可以更形象地看出，在讨赖河干流，中游讨赖灌区、酒钢公司以及下游鸳鸯灌区的水权取水时段交错排列、互不重叠，体现了水权的排他性；清水河与临水河的水量分配亦是如此。此外，从图中还可以看出，中游讨赖灌区、清水河灌区和临水河灌区（图 2-4 及下文中统称清临灌区）的取水时段主要集中在夏季，下游鸳鸯灌区的取水时段则更多分布在春季和冬季。此外，由于酒钢公司的工业生产没有季节性用水需求，其取水时段集中在冬季。

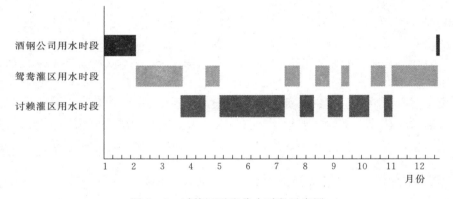

图 2-3　讨赖河干流分水时段示意图

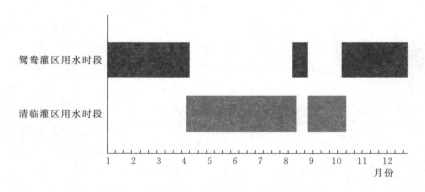

图 2-4　清水河、临水河分水时段示意图

讨赖河分水制度的分水指标是各用水单位的用水时间，见表 2-1。但由于流域用水的复杂性，分水制度也对部分用水单位进行了"定量"的规定，见

表 2-2，讨赖河向鸳鸯灌区分水期间（7 月 20—30 日），"给讨赖灌区留水 5m³/s，使用 10d"；鸳鸯灌区用水时，从讨赖河渠首分水约 432 万 m³ 作讨赖灌区复种用水；酒钢公司全年供水 4500 万 m³。

表 2-1   讨赖河分水时间   单位：d

用水单位	分水时间	
	讨赖河	清水河、临水河
讨赖灌区	153	
酒钢公司	37	
清临灌区		172
鸳鸯灌区	175	193
合计	365	365

表 2-2   讨赖河分水水量   单位：万 m³

用水单位	讨赖河		洪水河	
	水量/流量	时间	水量/流量	时间
讨赖灌区	432	7 月 20—30 日		
洪水河灌区	3000	全年		
酒钢公司	4500	37d		
清临灌区	前时段流量	4 月 18 日—5 月 5 日 7 月 15—31 日	<0.5m³/s <1.0m³/s	8 月 15—30 日
	0 m³/s	9 月 15—25 日		

讨赖河分水制度详细规定了中游讨赖灌区、清临灌区与下游鸳鸯灌区的分水时间，各区域的取水时段相互交错、互补重叠，起到了维持用水秩序、协调地表取水的作用。中游讨赖灌区近一半的分水天数集中在 5—7 月，恰为讨赖河干流汛期所在，期间洪水量弃入下游鸳鸯池水库，即为鸳鸯灌区所用；另外，下游分水期间，中游部分引水口需全部关闭或有条件（引用原流量）开放，体现了现行分水制度对于下游的用水保障。此外，分水制度规定分水由中午 12 时开始，讨赖灌区 "3 月春灌开始的时间，根据气温变化情况可提前或推后，连续供水 24d 不变"，酒钢公司供水 "12 月 28 日至 2 月 3 日不足部分，可在 7 月、8 月、9 月补足"，所规定之分水时间包括小时、天、月份，划分细致且明确，操作实用。另外，制度明确列出了灌区分水期间可开的渠口，增强了分水制度的实用性和操作性。

2. 讨赖河分水制度的演变历程

如果从汉代说起，酒泉地区的水利开发已有两千年历史。而明清五百年的演变，尤为关键。现行的分水制度是明清以来不断演变的结果。

（1）水制萌芽期（约 14 世纪末至 18 世纪初）。在明代及其以前的长时间里，肃州地区的灌溉工程多是由政府主导，属于军事屯田性质。由于人口较少和军事为先，再加上当时农业生产主要限于肃州一带，肃州以北及夹山以外大片土地未经开垦，因此无论是各渠间，还是上下游间的用水矛盾，都不突出。用水主要基于一种潜在的制度认可，未有专门水制产生。我们称其为水制萌芽期。

肃州城在明代前期仅为现在城区钟鼓楼以西部分，它的周围有很多自然的泉湖，城周土地的灌溉最早可能是零星地对这些自然条件的利用。现所知最早的开渠工程，是洪武年间千户曹赟率众开挖黄草、沙子及东西洞子四坝（渠）。这四个坝（渠），两个在讨赖河出山口，两个在洪水河出山口，均灌溉其下大半流域的众多田土。明代前期，这两个山口都是青海游牧民族进入肃州的要道，两处均有多处堡墩，用以扼守险要。明初肃州守军就曾数次在黄草坝与游牧民族交战。水渠是州府主持修建的，而修建处又是屯民较多的讨赖河南岸和洪水河两岸地区。这种水利工程带有明显的军屯性质，各坝独自取水。黄草、沙子两坝俱灌讨赖河南岸及肃州城周边农田，东西洞子两坝分灌洪水河两岸田土，不存在大的取水冲突，水量多少由坝口宽深决定。明代的州屯田事由监收通判负责，水利即由监收通判全权管理。如上所示，灌区开挖亦由千户主持。

（2）水制初创期（18 世纪上半叶）。明代长期的开发使当地农业缓慢发展，人口增多；到了清代，康熙中后期起直至乾隆年间，由于对新疆的战争与经营，清政府在河西大力开展军事屯田，迁入居民，当地用水矛盾开始凸显。均水制正是在这样的背景下最初设立。

雍正七年三月，鉴于肃州地广，公务不便，以及为解决高台金塔地区用水问题，甘陕总督岳钟琪上《建设肃州议》，建议将肃州通判改为直隶知州，划高台县归肃州管辖；并设肃州州同一员，分驻威房堡，"既可化海弹压，兼令专司水利"。这是酒泉地区水权中一个极为重要的标志性事件。在肃州设置的州同，除弹压回汉冲突外，专职负责当地水利。这表明金塔地区随着人口的增加和农业生产的扩大，水资源的分配已成为日益突出的问题，并引起了政府的高度关注。雍正四年到十二年，金塔与王子庄连续建了七座寺庙，其中两地各建一座龙王庙。直至光绪年间，肃州境内一共只有三座龙王庙，其中两座就在金塔与王子庄，另一座在洪水河。一般来说，龙王庙常建于渠首分水处，既作镇水之用，又为政府权威的象征。肃州三座龙王庙均在渠首龙口处，而且均由官方主持修建，说明当时已存在某种有官方介入的分水制度。

（3）水制形成期（18 世纪中叶至 19 世纪 60 年代）。雍正年间草创的均水制，在实际推行中经历了缓慢而艰难的过程。一方面，最初的均水制只限于高台一带，肃州其他广大地区仍未认可这种制度；另一方面，政府的制度规范与民间的实际利益相冲突，导致均水制难以顺利推行。乾隆以后直至晚清的一百多年间，均水制在官民之间、上下游之间的博弈中逐渐调整，适用范围日趋扩大，得到越来越多人的认可，制度也更加成熟与灵活。

根据《肃州新志》，同治回民起义之后的 1870—1880 年间记载："我郡水源不一，清洪各异，而均水总以粮之轻重为衡。粮重而地肥者，其水广；粮轻而地瘠者，其水缺。"这说明，从清代开始包括讨赖河流域在内的肃州地区普遍实行的分水制度，其基本原则是按各灌区所缴田赋的比例分配水量。该书还提到水量可以进行买卖。又据光绪《肃州新志》记载，乾隆三十九至四十四年间，康基渊出任肃州知州时，清水河灌区上游渠首的九家窑水坝屯官截留水源，导致下游六堡田亩无水耕种，民众由是兴讼。康氏照会屯官，请求均水，才最终"每月酌闭屯坝水口以济下流"。这一事件说明，清代肃州地区的分水制度在协调上下游关系方面尚未形成严格有效的规范，需要在实际运作中不断解决各种层出不穷的问题，实际上转为官民间、各坝间一种长期的博弈行为。

（4）水制确立期（清末民初）。我们今天所说的均水制，其实已不是雍正年间最初制定时的面貌，而是在经过长期演变后，确立于清末民初时的用水制度。这一时期，河西人口增多，水量不敷灌溉，水位变低，上下游矛盾更加尖锐。根据对三位曾亲眼目睹新中国成立前分水制度实行情况的老水利工作者的采访，其时在今讨赖河引水渠口下方的左右岸分别建有分水口，是为今讨赖河干流南、北两灌区的两个分水总口。具体办法乃是以芨芨草编织箱笼，内填卵石，在河道上拦截全部水流，将河水逼入讨南、讨北两个总分水口，两个分水口的宽度比例按两灌区预计征收田赋的比例计算。每年立夏当日，在南龙王庙举行一年一度的分水大典，由政府官员、各灌区"水利"（水利设施管理人员）、地方绅士等出席，当众以水尺验明水口宽度，并祈神盟誓。典礼结束后，一年之内不再于渠首进行分水活动，渠首处有专人看守，禁止任何人靠近。夏季时洪水冲决卵石草笼坝，年内不再修复，任河水流入下游金塔地区，直至第二年立夏。是为干渠分水状况。此点亦可在文献中得到印证。甘肃省图书馆西北文献部藏民国四年《酒金两县水系图》中附有水系说明，言"（讨赖河）流至南北龙王庙，为酒泉二三两区沿山各地镶砰分水处"，又"（洪水河）自酒泉二区东部各地依次镶砰分水后，下至茅庵庙"，又"临水河受容（即收纳）各水穿过佳（即夹）山，为金塔，东、西两坝俱镶砰分水处，再下为王子庄坝分水处"。南龙王庙分水大典，即是一次最大规模的"镶砰"活动。

需要指出的是，南龙王庙分水大典应该是在民国四年以后出现的。这种几乎由上游地区独占水源的高度仪式化活动的出现，在某种意义上表明从清末开始讨赖河流域的水资源分配问题已日益严峻，上游灌区南左、右岸之间对于"公平"的要求更加突出。传统分水制度发展至此已达到其成熟形态。

（5）水制崩坏期（20 世纪 20—40 年代）。晚清回民起义后，讨赖河流域人口规模逐渐恢复。及至民国初年，下游金塔地区的人口与种植面积大量增加，地方军阀为增加赋税迫使农民大量种植耗水较多的罂粟，水源更显不足。清代中期以来，金塔与酒泉洪水河流域的水案已有零星发生；至 1913 年，金塔县从酒泉分出，此后 20 年间上下游矛盾全面激化，并扩展到讨赖河流域。民国初年开始，金塔民众常至酒泉地区决毁拦河坝，酿成大规模水案数起，民众死伤无数，讨赖河上游分水制度亦受到冲击。经县、省数次调停，1936 年省府特立分水办法，令讨赖河上游于每年芒种后闭水 10d、洪水河上游于每年大暑前闭水 5d 以济金塔。此令一出，意味着包括南龙王庙分水大典在内的讨赖河上游分水制度将难以为继，酒泉各界群情激愤，不但拒不执行省府决议，还与前来均水的金塔民众发生更大规模流血冲突。省府无奈，遂计划以现代方法修筑鸳鸯池水库，以期彻底解决问题。工程几经波折，于 1947 年竣工，原定分水办法即行废止，讨赖河上游依据清末民初形成的水规在讨赖河南北间及各灌区内部进行分水。

综上所述，新中国成立前讨赖河流域存在的传统分水制度经历了一个漫长的发展过程，其内涵处在不断变化中。清末民初以南龙王庙分水大典为核心的一系列仪式、规定，可以看作是传统分水制度的成熟形态。讨赖河流域传统分水制度发展至其成熟形态，已成为该地区在自然经济条件下兼顾公平和调剂水量时间变化的最好办法，其在制度设计等方面的特点亦十分鲜明，其基本理念可概括为"按粮分水，计时均水"八个字。

（6）水制重构期（新中国成立至今）。新中国成立后，随着流域社会生产的迅速恢复与水利工程建设的逐步完善，为规范用水秩序、缓解用水矛盾，当地政府于 1963 年提出了流域性的分水制度并通过法律程序予以颁布，形成了现行分水制度的基本内容。具体过程包括：

1）第一次修改。1956 年，酒泉专员公署召集有关县、水管所负责人对上述均水方式作了调整：讨赖河年内给金塔均水 3 次，即 4 月 15 日至 5 月 5 日 20d，7 月 21 日至 7 月 31 日 10d，11 月 20 日至来年 3 月 5 日 107d，总计 137d；讨赖河灌区用水 228d。1956 年的分水制度修改，增加了讨赖河给金塔均水的天数，明确了均水起止日期，提出了以取水时间为控制指标的水权制度雏形，形成了讨赖河现行分水制度的基本形式。但这次均水调整没有形成法规性的制度文件，也未包括清水河、临水河的均水规定。

2）第二次修改。1963 年，酒泉行政公署颁布《酒泉市、金塔县水利管理问题的决定》，正式提出了流域性的分水制度。该分水制度经酒泉公署批准执行，具有地方法规效力。因此，1963 年颁布的流域分水制度一般被认为是新中国成立后讨赖河分水制度的开端。1963 年起，流域水量分配按《酒泉市、金塔县水利管理问题的决定》及《讨赖河系 1963 年灌溉管理实施办法（草案）》中的配水计划执行，水量分配按月进行，酒泉用水 167d，金塔用水 198d。

3）第三次修改。1974 年 10 月 29 日，讨赖河流域水利管理会议对《讨赖河系 1963 年灌溉管理实施办法（草案）》做了进一步的修订完善，包括：以天为最小时段规定了各区域的分水时间，考虑了放涝池、复种水等流量需求，增加洪水河灌区、清临灌区分水时间及水量，明确提出了鸳鸯灌区均水期间应关闭的口门等。最终，形成了《讨赖河流域分水制度》文件，规定讨赖河讨赖灌区（包括嘉峪关、酒泉、农林场）年内用水 155d，鸳鸯灌区年内用水 178d，酒钢公司年内用水 32d；清水、临水河酒泉年内用水 177d，金塔年内用水 188d。

4）第四次修改。1976 年 11 月 28 日，讨赖河流域水利管理委员会第一次（扩大）会议修订、通过了《讨赖河流域分水制度》，经酒泉地区、嘉峪关市革命委员会酒地革发〔1976〕135 号、嘉革发〔1976〕82 号文件批准后执行。与 1974 年分水制度相比，本次修改只对各区域分水天数进行了微调，具体为：讨赖河讨赖灌区（包括嘉峪关、酒泉、农林场）年内用水 153d，讨赖河鸳鸯灌区年内用水 167d，酒钢公司年内用水 45d，清水、临水河各灌区用水天数不变。

5）第五次修改。1980 年讨赖河流域水利管理委员会第四次（扩大）会议对《讨赖河流域分水制度》做了修改，主要修改内容是：将原"酒钢公司年内供水 45d"修改为"酒钢公司工业引用讨赖河水量年内按 4500 万 m^3 供给"，"冬季供水 37d"。

6）第六次修改。在 1984 年召开的讨赖河流域水利管理委员会第六次（扩大）会议上，制定了《讨赖河流域水利管理办法（试行）》，并再次修改了《讨赖河流域分水制度》，进一步明确了酒钢公司的供水时间为每年 12 月 28 日至次年 2 月 3 日，最终形成了现行的流域分水制度。这一自清代以来形成的"定时不定量"的分水制度一直沿用至今。

将新中国成立后的 6 次分水调整列于表 2-3。可以看出，1974 年后的制度修改，主要是为保障酒钢公司的工业用水，减少了肃州区及金塔县分水天数。与 1963 年分水制度相比，1974 年肃州区分水减少 13d，金塔县分水减少 19d，增加酒钢公司供水到 32d；1976 年肃州区分水再减少 2d，金塔县分水再减少 11d，增加酒钢公司供水到 45d；1980 年调整到保证给酒钢公司供水 4500 万 m^3，主要在冬季向酒钢公司的水库注水 37d，但没有规定具体起止日期；1984 年分水进一步规定了酒钢公司供水的确切日期。

表 2-3　　　　　　　　讨赖河流域的 6 次分水调整　　　　　　　单位：d

修订事件	年　　份	分 水 天 数		
		讨赖灌区	鸳鸯灌区	酒钢公司
第一次	1956—1963	228	137	0
第二次	1963—1974	167	198	0
第三次	1974—1976	155	178	32
第四次	1976—1980	153	167	45
第五次	1980—1984	153	175	37d 并 4500 万 m³ 起止日期视情况而定
第六次	1984 至今	153	175	37d 并 4500 万 m³ 每年 12 月 28 日至次年 2 月 3 日

2.2.2.2　中国古代的典型水权形式——"时间水权"

讨赖河"依时分水"制度总体上按时段划分各区域用水，具有水权制度的基本特征。上下游的取水时段，具有排他性、独立性、可交易性，可纳入物权范畴，作为水资源使用权的一种实现形式。因此，将讨赖河依时分水的制度称为"时间水权"，将通常意义上以水量体积分配、以用水总量控制为核心的水权制度称为"水量水权"。

"时间水权"规定相互交错的取水时段并允许用水单位支配时段内的所有河道来水，具有强稳定性、弱排他性、可转化性以及可交易性四个基本特性。

（1）强稳定性。在一定时期内保持权力边界的稳定、为用户提供稳定的用水预期，是水权制度建设的基本要求。但由于水循环的复杂性，受水文不确定性影响，维持稳定可用水量预期较为困难，目前一般以多年平均水资源量为依据。但对于"时间水权"，由于人类取水时长的可控性，其权力界定不受径流年际变化的影响，具有较强的稳定性。也就是说，在不同的丰枯年份，尽管用户在其授权取水时段内可取用的径流量是浮动的，但取水时长这一水权"标的物"是稳定的。这是将"以时取水"形式称之为"时间水权"制度的重要原因，也是讨赖河"时间水权"制度自清代延续至今的原因之一。

（2）弱排他性。水权是具有私权性质的准物权。不同用户的水资源使用权相互独立、相互排斥，是通过水权建设实现水资源外部性内部化、解决"公地悲剧"的前提条件。"时间水权"规定的取水时段相互交错、互不重叠，在特定取水时段内未授权用户不得取水，体现了水权的排他性。但由于水资源开发利用的复杂性，"时间水权"对地表水尤其是地下水的用水总量未作控制，导致了超出现状用水能力的地表洪水及地下水的水权模糊，体现了水量控制上的弱排他性。首先，制度没有规定流域地表水取水总量上限，造成用水单位对其分水时段内的径流"吃光喝净",用水需求无所抑制、节水的制度激励不足。其次,制度未包含地下水开采总量控制方案,极有可能导致地下水超载而引发地表径流减少,影响地表水分水制度的有效运行。再次,由于上游讨赖灌区无水库调蓄,无法从数量上实现对用水户用水总量的控制,汛期可支配水量无法全部利用而弃入下游,显示了讨赖河"时间水权"制度对下游的利益倾斜。这是下游金塔县极力维护当前制度的主要原因,也是讨赖河流域一直采用时间进行分水的主要原因之一。

(3)可转化性。"时间水权"的弱排他性导致其水权明晰的不完备,"时间水权"向"水量水权"转化成为完善"时间水权"制度的必然选择。"时间水权"的可转化性就是指其向"水量水权"转化的可行性,是时间水权的特有属性。在"时间水权"制度下,由于径流年内分布的不均匀性,不同的取水时段划分,用户可支配的径流量随之不同;另外,受汛期防洪及调蓄能力的影响,实际用水量往往与可支配水量不等,且也随分水时段的不同划分而变。分水时段与可支配水量及实际用水量的这种相关关系体现了"时间水权"的水量内涵,也为其向"水量水权"的转化提供了依据。按讨赖河现行"时间水权"时段划分,干流中游灌区渠首多年平均径流量 5.15 亿 m^3 中,酒钢公司可支配 0.45 亿 m^3,占 9%;中游讨赖灌区可支配 2.38 亿 m^3,占 46%;下游鸳鸯灌区可支配 2.32 亿 m^3。"时间水权"下的可支配水量,是其向"水量水权"转化的数量基础。

(4)可交易性。通过市场机制促进水资源的优化配置和高效利用是水权制度优越性的重要体现,而水权具有可交易性是实现这一目的的前提。"时间水权"制度允许且便于以取水时段交换形式开展水权交易,并在讨赖河流域已有多年实践。在讨赖河,中游讨赖灌区由于种植结构调整导致灌溉需水时间与其分水时段不一致,在 5 月上中旬、7 月下旬及 10 月下旬常出现缺水。为缓解时段性缺水,近年来讨赖灌区多次向下游"借水"以延长取水天数,并在水量充裕时缩减取水时间进行偿还。通过取水时段交换,讨赖河实现了余缺调剂,缓解了缺水,显现了"时间水权"交易的可行性,为我国水权交易制度的探索提供了有益借鉴。

2.2.2.3 古代水权与现代管理的结合——"时间水权"下的水权交易

水权交易是水资源市场化管理的典型方式,是现代水资源管理的代表性内容,也是提高水资源配置效益的有效手段。讨赖河"以时取水"的传统分水制度为流域开展区域间水权交易提供了较为可行的交易标的物,即分水时段交易。近年来,讨赖河各区域自发协商、互相"借水"以缓解取水时段内的用水不足,出现了基于"时间水权"的水权交易萌芽,为讨赖河开展水权交易提供了一定实践基础。表 2-4 为 2005—2009 年讨赖河干流讨赖灌区与鸳鸯灌区的时间水权交易情况。两灌区分处于讨赖河干流的上下游，按"时间水权"的取水时间相互独立、互不重叠，双方通过延长及缩短相应取水时间，实现"时间水权"的临时性转换。

表 2 - 4　　　　　2005—2009 年讨赖灌区与鸳鸯灌区的时间水权交易

年　份	交易时段	交换天数/d	交易水量/万 m³	买水方
2005	4 月 18—19 日	1	190	讨赖灌区
2006	4 月 30 日—5 月 5 日	6	140	讨赖灌区
2007	4 月 30 日—5 月 5 日	6	140	讨赖灌区
2008	4 月 18—19 日；4 月 25—26 日；4 月 30 日—5 月 5 日	9	201	讨赖灌区
2009	4 月 30 日—5 月 5 日	6	140	讨赖灌区

自 2005 年到 2009 年，处在中游的讨赖灌区向下游鸳鸯灌区"借水"7次，且全部在 4、5 月份，说明讨赖灌区在春夏之交缺水较为严重，其现状需水过程与制度规定的分水时段不适应，需要通过向下游金塔"借水"的方式延长春灌结束时间，以缓解缺水情况。目前，两灌区之间还未出现货币化的水权交易，讨赖灌区"借水"之后，在其他时段缩减自身取水时长并增加下游鸳鸯灌区的取水时长，实现向下游的"还水"。讨赖灌区向鸳鸯灌区的"还水"时间一般在汛期 6 月 30 日到 7 月 15 日之间，"还水"期间干流上游各区域需要关闭全部取水口以保证水量下泄。"还水"天数视当年借水情况，由中游和下游协商而定。一般情况下，采取等量交换形式，即"借水"天数与"还水"天数相等。据讨赖河流域水资源管理局统计，一般年份中游向下游"借水"流量为 11～13m³/s，还水流量为 30m³/s 左右，由于汛期来水量较大，夏灌的"还水"水量远大于春灌"借水"水量。这种"春季借小水、夏季还大水"的做法有效缓解了现行分水制度下上游的季节性缺水问题。

水权交易是水权制度条件下通过市场机制实现资源优化配置、提高用水效益的有效手段。一般来说，如果水权交易双方的交易行为能够增加系统的总效益，那么交易就是经济有效的。以中游讨赖灌区与下游鸳鸯灌区的"时间水权"交易为例，经济效益可由式（2-1）～式（2-4）表示。

$$W_{\text{Trade}} = \int_0^{D_{\text{Trade}}} Q(t) \cdot \mathrm{d}t \tag{2-1}$$

$$U'_{\text{Taolai}} = U_{\text{Taolai}}(Wr_{\text{Taolai}}) + \frac{\partial U_{\text{Taolai}}}{\partial Wr} \cdot W_{\text{Trade}} - C_{\text{Trade}} \tag{2-2}$$

$$U'_{\text{Yuanyang}} = U_{\text{Yuanyang}}(Wr_{\text{Yuanyang}}) - \frac{\partial U_{\text{Yuanyang}}}{\partial Wr} \cdot W_{\text{Trade}} + B_{\text{Trade}} \tag{2-3}$$

式中：W_{Trade} 为讨赖灌区向鸳鸯灌区的买水量；D_{Trade} 是双方交换的取水天数，

即讨赖灌区延长其取水时段以增加取水,而鸳鸯灌区减少等量的取水天数以减少取水;$Q(t)$ 为交换取水时段内的河道流量;U_{Taolai} 为中游讨赖灌区的用水效益;$U_{Yuanyang}$ 为下游鸳鸯灌区的用水效益;Wr 是灌区的用水量,U 和 U' 分别为水权交易前及交易后的用水效益;C_{Trade} 为讨赖灌区买水(增加取水时长)所付出的成本;B_{Trade} 为鸳鸯灌区卖水(减少取水时长)所获得的效益。

如果 $\dfrac{\partial U_{Taolai}}{\partial Wr} \cdot W_{Trade} > C_{Trade}$ 且 $\dfrac{\partial U_{Yuanyang}}{\partial Wr} \cdot W_{Trade} < B_{Trade}$,则

$$U'_{Taolai} + U'_{Yuanyang} > U_{Taolai} + U_{Yuanyang} \tag{2-4}$$

式(2-4)描述了水权交易有效性的前提条件,即水权交易使得系统总效益增加但没有造成任何一方的个体效益减少。根据帕累托最优原理,该交易有效。

在讨赖河干流的水权交易实践中,由于春季径流量偏少且灌溉集中,往往造成春季的"卡脖子"旱,因此可以推论春季的地表水资源更为稀缺进而边际效益更高。俗语"春雨贵如油"正是如此。按讨赖河现行"时间水权"制度,上游讨赖灌区在春季的取水天数及可支配水量较少,其主体取水时间在夏季7—8月;而鸳鸯灌区恰恰相反。这为讨赖灌区从鸳鸯灌区购买4月、5月的取水时间提供了驱动力。并且,由于春季水资源的高边际效益,讨赖灌区购水之后收益大于其交易成本;而下游鸳鸯灌区在春季卖水后对灌溉的影响也因鸳鸯池水库的调蓄以及上游在夏季的"还水"而大幅减少。式(2-4)的水权交易效益条件得以满足,因此,按此方式进行水权交易是经济有效的。

虽然讨赖河干流的水权交易处于萌芽阶段,但是初步实现了农业内部的资源优化配置,这在我国水权制度实践中还比较少见,为我国农户间的水权交易探索提供了新的思路与案例。而"时间水权"在其中发挥了很大的作用。目前,讨赖河水权交易还未形成正式体系,多由灌区间自发组织,且处于"物物交换"的初级市场阶段,关于经济补偿、生态影响等还未进行深入研究,需要从制度、技术及管理等方面明确未来水权交易的基本框架与实施机制。

2.3 中国现代的水权制度建设

2.3.1 黄河"87分水"——现代水权的先驱

黄河发源于青藏高原,流经黄土高原和华北平原,在山东东营市注入渤海,全长 5464km,流域面积 75 万多 km^2,是西北和华北地区的重要水源。随着人口的增长、社会经济的发展,黄河流域用水需求不断增加,水资源在时间、空间上的短缺日益加剧,供需矛盾日趋尖锐和复杂。自 20 世纪 70 年代以

来，黄河开始出现断流，且断流持续时间越来越长，距离越来越远。为此，国务院 1987 年颁布了黄河水量分配方案，将黄河 370 亿 m³ 的可供水量按一定比例分配给沿黄 11 省（自治区）。水量分配方案为沿黄各省发展经济限定了水资源边界，指导了黄河流域诸多水资源规划，成为黄河水量统一调度的依据，奠定了整个黄河流域水资源工作的基础。时至今日，1987 年黄河水量分配方案已经实行了 30 余年。实践证明，当年的水量分配具有很大的科学性和前瞻性，是成功的。"87 分水"的工作思路以及经验教训值得我们研究探讨，从而为中国的初始水权分配提供借鉴。

2.3.1.1　黄河干流水量分配的背景

（1）水资源情势的要求。黄河流域水资源贫乏，1979 年统计多年平均的河川径流量为 580 亿 m³，其中上游产流（以花园口以上计）560 亿 m³，下游产流 20 亿 m³。全流域人均水量 797m³，为全国人均水量的 30%；耕地亩均水量 314m³，仅为全国的 18%。新中国成立初期，沿黄各省区每年引用黄河水量约 70 亿 m³；80 年代初，每年引用黄河水量为 271 亿 m³，其中工业用水 11 亿 m³，农业用水 260 亿 m³，利用率已达到 48%。30 多年间，黄河流域用水量增加了 200 亿 m³，约占黄河总径流量的 35%。在地下水方面，80 年代初，流域地下水开采量已经超过 82 亿 m³。随着工农业生产的进一步发展，用水量将继续上升，上下游用水的矛盾也将日益尖锐。从 20 世纪 70 年代开始，黄河出现断流，从 1971 年到 1986 年，其中十年发生断流，累计断流 130d。黄河断流的信号直接反映了黄河流域水资源短缺的问题，也引起了国家对于黄河问题的重视。

（2）西部大开发的需要。80 年代初期，国家开始西部大开发规划。西部大开发战略对黄河水资源需求很大、要求很高。黄河的水资源状况能否满足各省区发展用水、能否满足国家战略的要求，是当时摆在黄河水利委员会面前的一项重要课题。国家西部大开发战略要求规范黄河水资源利用、提高水资源利用效率。这促进了黄河流域的水量分配。

（3）小浪底工程的促进。80 年代初期，国家开始论证黄河小浪底水利枢纽工程的修建，预计 2000 年完成工程并发挥效益。小浪底水利枢纽位于黄河中游最后一个峡谷的出口，处在承上启下控制黄河水沙的关键部位。水库的开发目标为防洪（包括防凌）、减淤为主，兼顾灌溉、供水、发电。水库总库容 128.8 亿 m³，其中拦沙库容约 75 亿 m³。小浪底工程控制黄河流域 92.3% 的流域面积，利用水库拦沙库容，加上水库调水调沙的作用，可使下游河道在较长时期内不淤积抬升。小浪底水库的效益是巨大的，其要求黄河水利委员会尽快开展黄河的水资源评价和预测工作，对 2000 年水库入库水量进行预测，为工程规划提供支撑。

在以上背景下，20 世纪 80 年代初，国家计委下达指示给黄河水利委员会和沿黄各省（自治区），要求黄河水利委员会开展黄河水资源评价及开发利用预测工作，同时也要求沿黄各省区开展水资源规划工作，为黄河水量分配奠定了技术基础。

2.3.1.2 黄河干流水量分配大事记

（1）1983 年，黄河水利委员会向水利电力部报送了《黄河流域 2000 年水平河川水资源量的预测》《1990 年黄河水资源开发利用预测》《黄河水资源利用的初步意见》。

（2）1983 年 6 月，水利电力部主持召开了"黄河水资源评价与综合利用审议会"。会上黄河水利委员会做了《黄河水资源利用的初步意见》的报告，报告提出了黄河现状可用水量和 2000 年沿黄各省区的预测用水量；各省区代表提出了自己的用水需求和发展规划，并对报告提出了意见和建议；最后在综合协调的基础上，钱正英部长对会议做了总结，要求各省区在严格论证的基础上，实事求是地提出发展规划、进行需水预测，要求黄河水利委员会在原有工作基础上，吸收会议中好的意见，提出 2000 年黄河各河段水量预测报告。

（3）1984 年黄河水利委员会编制了《黄河水资源开发利用预测》，采用 1980 年为现状水平、2000 年为规划水平年，对黄河流域各省区不同水平年下工农业用水增长及供需关系进行了预测。同年，在《黄河水资源开发利用预测》的基础上，黄河水利委员会提出了《黄河河川径流量的预测和分配的初步意见》，并经由水利电力部报送到国家计委。

（4）1984 年，国家计委就水利电力部报送的《黄河河川径流量的预测和分配的初步意见》，同有关的省区座谈讨论，在调查研究并与沿黄各省区协调的基础上提出了在南水北调工程生效之前的《黄河可供水量分配方案》。

（5）1987 年 9 月，国务院下发国办发〔1987〕61 号文件，批转了《黄河可供水量分配方案》，要求沿黄各省区贯彻执行。

2.3.1.3 黄河干流水量分配的技术工作和成果

1. 计算了黄河干流河川径流量，首次系统摸清了黄河家底

1984 年黄河水利委员会提出的《黄河水资源开发利用预测》，采用 1919—1974 年黄河流域干支流主要水文站的年径流系列，进行插补延长及还原计算，提出黄河天然水资源量为 560 亿 m³。后来，又采用 1919—1980 年的径流资料进行了计算，得出黄河天然径流量为 563 亿 m³，与原计算结果相差 0.5%，说明到 1980 年黄河水资源情况还是比较稳定的。计算所采用的黄河流域干支流主要水文站年径流特征值见表 2-5。

表 2 - 5　1984 年黄河径流预测所采用的干支流主要水文站年径流特征值表

(1919—1974 年共 56 年系列)

河名	站名	控制面积 /万 km²	多年平均实测 年径流量/亿 m³	天然年径流量/亿 m³					天然年径流 C_V
				多年平均值	最大	最小	$P=50\%$	$P=75\%$	
黄河	贵德	13.4	202.0	202.8	326.2	101.7	201.8	164.8	0.22
黄河	上诠	18.3	267.2	269.7	469.4	137.1	261.6	217.2	0.23
黄河	兰州	22.3	315.3	322.6	515.1	165.5	314.4	267.7	0.22
黄河	安宁渡	24.4	316.8	325.0	539.4	160.8	313.6	266.7	0.23
黄河	河口镇	38.6	247.4	312.6	541.7	160.2	295.6	260.5	0.23
黄河	龙门	49.8	319.1	385.1	652.6	196.6	377.1	313.6	0.22
黄河	三门峡	68.8	418.5	498.4	770.2	239.7	477.4	411.8	0.24
黄河	花园口	73.0	469.8	559.2	938.7	273.5	537.2	463.8	0.25
汾河	河津	3.9	15.6	20.1	41.8	7.8	18.3	13.3	0.41
北洛河	状头	2.5	7.0	7.6	18.5	3.7	6.4	5.1	0.42
渭河	华县	10.6	80.1	87.4	194.2	30.0	84.0	61.5	0.39
泾河	张家山	4.3	15.1	16.9	39.2	5.8	13.7	11.7	0.45
渭河	咸阳	4.7	49.9	53.6	107.4	19.5	49.3	37.8	0.39
伊洛河	黑石关	1.9	33.7	35.9	88.0	7.3	34.0	25.7	0.41
沁丹河	小董	1.3	13.4	15.1	31.8	4.6	14.0	9.3	0.49

2. 调查了上世纪七八十年代黄河水资源开发利用情况，积累了宝贵资料

上世纪七八十年代，黄河水利委员会花费了大量人力物力，分小组、分行业深入到黄河流域各省区，调查各地的工程情况及工农业用水情况，获得了详细的流域资料。根据 1984 年《黄河水资源开发利用预测》，上世纪七八十年代黄河水资源的大致情况如下："解放以来，黄河流域修建了大量的蓄水、引水、提水工程，为工农业用水提供了水源。目前设施供水能力达 390 亿 m³（其中从河道内提引 300 多亿 m³），占河川径流量的 70%。但由于供水设施与土地资源分布不适应等原因，可利用的水量仅约 294 亿 m³（其中上中游为 190 亿 m³，下游 104 亿 m³），为设施供水能力的 75.4%，占河川径流量的 52.5%。""黄河流域现状主要用水部门是农业。工业、城镇生活及农村人畜用水量占比例很小。目前，全河工农业总耗水量约 270 多亿 m³。花园口以上耗水 173 亿 m³，花园口以下包括抗旱灌溉用水 98 亿 m³（不包括汶河流域内的用水）。其中农业灌溉耗水 260 多亿 m³，城镇、工业及农村人畜耗水约 11 亿 m³。现状总耗水量相当于黄河多年平均天然径流量的 48%，

与全国大江大河比较，黄河水资源利用率已经不低（全国平均利用率只有 15.9％）。"

通过对黄河水资源开发利用现状的调查，发现了当时黄河水资源开发利用中存在的一些突出问题："①用水不合理，水浪费严重。大面积灌区存在着用水浪费现象，一方面水源不足，另一方面定额过高，大水漫灌，土地盐碱化；大部分灌区土地不平整，工程配套差，管理不善，水费征收制度不健全，水利用系数在 0.3～0.4 之间。工业用水的重复利用率，平均也只有 20％左右，低于国家规定的重复利用率 40％的指标。②水量调节程度低，用水缺乏保证。干、支流现有大、中、小型水库的调节库容 110 亿 m³（不包括汶河），只相当于黄河年径流的 20％，而且主要分布在上游的干流河段。中下游干、支流上都缺乏蓄水调节工程。70 年代以来，随着农业灌溉引水量的增加，黄河下游的利津站及中游泾、洛、渭、沁河等支流的下游，基本上是年年断流，灌区5、6 月份实际引水量，只有需水量的 40％～50％。③追求速度，不讲实效，不考虑水源条件。花园口以上，现有有效灌溉面积 5523 万亩，实际灌溉面积只有 4462 万亩（均包括井灌 1129 万亩），占有效面积的 80.8％。大部分灌溉工程配套情况差，主要原因是一味扩大灌溉面积，不讲实效，不考虑水源的可能。④缺乏统一管理。各省引水，在丰水年则大引大排；枯水年则少引或者不引，转为利用地下水以降低引水成本。流域的水资源利用缺乏统一管理。⑤水污染日益严重。"

3. 提出了黄河沿岸各省区的分水方案，这是我国大江大河的首个分水方案

（1）水量分配原则。根据 1984 年黄河水利委员会上报国务院的《黄河可供水量分配方案》，分水原则包括：

"1）优先保证人民生活用水和国家重点建设工业用水。为使有限的黄河水资源，更好地为本世纪末工农业总产值翻两番的战略目标服务，取得国民经济的最大效益，应首先保证城市人民生活、农村人畜和重点工业的合理用水。工业布局，要充分考虑水源条件，厉行节约用水，建设节水型的工业。还要考虑防止污染问题。山西能源基地、准格尔煤田、北京市用水、河津铝厂用水、中原油田、胜利油田、青岛市用水及天津市临时抗旱补水等，在充分利用当地水资源的前提下，缺水由黄河补给。

2）黄河下游冲沙入海用水是黄河水资源平衡中需要优先考虑的问题。黄河年输沙量 16 亿 t，淤积分布大致是利津以上河段淤积 4 亿 t，送入深海 4 亿 t，淤在利津以下三角洲地区 8 亿 t。今后为保持下游河道淤积在 3.8 亿 t 左右，估计冲沙入海水量需要 240 亿 m³，最少为 200 亿 m³。

3）保障农业灌溉用水。由于黄河水资源数量有限，农业用水耗量较多，从长远看，供需矛盾很大。因此在灌溉用水方面，首先搞好现有灌区的配套建

设，厉行节约用水，注意提高经济效益。适当扩大农业高产地区和缺粮地区的灌溉面积；对兴建水源工程困难而又有一定降雨的地方，考虑发展旱作农业；对降水很少干旱缺水的宁夏、内蒙古地区的现有灌区用水予以满足；对产沙较多的黄土高原地区，水土保持用水不加限制；对下游雨量较多、地下水较丰的广大平原，坚持井渠结合，以抗旱灌溉补用水为主。

4）黄河航运与渔业用水，采取相机发展的原则，不再单独分配。

5）黄河水资源的开发利用要上下兼顾，统筹考虑。龙羊峡水库建成生效后，控制了黄河年径流的 36%，具有多年调节性能，不仅供给上游地区工农业用水，而且要保证中游地区能源基地用水，并兼顾工农业用水。

6）地下水原则上不再增加开采量。鉴于目前流域内的地下水资源量待查清，部分城市附近地下水已呈现超采状况，为使发展规划建立在扎实可靠的基础上，今后工农业取用地下水的规模，基本上保持现状（只拟在宁夏、内蒙古引黄灌区，适当增加地下水的利用量），工农业用水的增长部分，均考虑由河川径流补充。"

（2）水量分配方案。黄河水利委员会在黄河径流量和流域需水预测的基础上，进行水资源供需平衡分析，并认真研究了有关省区的灌溉发展规划、工业和城市用水增长情况，以及大中型水利工程兴建的可能性，根据以上水量分配原则，适当满足各省区对黄河水量的需求，提出了 2000 年水平年下黄河水量分配方案，见表 2 - 6。黄河正常年份可供水量 370 亿 m^3，其中上游分配 127 亿 m^3；中游分配 121 亿 m^3；下游分配 122 亿 m^3；农业分配 292 亿 m^3，工业生活分配 78 亿 m^3。

表 2 - 6　　　　　　　1987 年黄河水量分配方案　　　　单位：亿 m^3

省区	青海	四川	甘肃	宁夏	内蒙古	陕西	山西	河南	山东	津冀	合计
年耗水量	14.1	0.4	30.4	40	58.6	38	43.1	55.4	70	20	370

注　本表引自 1987 年国务院批转的《黄河可供水量分配方案》。

2.3.1.4　黄河干流水量分配的行政协调

黄河水量分配方案从提出到批准，经历了多次讨论和长时间的协调工作。

1983 年，黄河水利委员会向水利电力部报送了《黄河流域 2000 年水平河川水资源量的预测》《1990 年黄河水资源开发利用预测》以及《黄河水资源利用的初步意见》，对黄河流域未来水资源利用情况进行了预测，并提出了水量分配的初步意见（见表 2 - 7）。1983 年 6 月 18 日，水利电力部主持召开了"黄河水资源评价与综合利用审议会"，会议主要就黄河水利委员会提出的《黄河水资源利用的初步意见》进行审议，同时各省区也在会上提出了自己的水资源规划意见和用水需求。

表 2-7 1983 年黄河水利委员会提出的水量分配方案 单位：亿 m³

省区	青海	四川	甘肃	宁夏	内蒙古	陕西	山西	河南	山东	津冀	合计
工业	2	0	5	1	10	9	26	9	12	0	74
农业	12	0	25	39	52	34	26	49	63	0	300
合计	14	0	30	40	62	43	52	58	75	0	374

会上，各省区对黄河水利委员会的水资源利用预测提出了意见，强烈反对黄河水利委员会提出的分水方案，均以分配的水量不足以支撑本省区未来经济发展为由，要求重新考虑平衡。各省区提出的需水情况见表 2-8。

表 2-8 1983 年沿黄各省区提出的需水量 单位：亿 m³

省区	青海	四川	甘肃	宁夏	内蒙古	陕西	山西	河南	山东	津冀	合计
工业	3.4	0.0	18.5	2.9	6.0	22.7	24.8	30.9	16.0	6.0	131.3
农业	32.3	0.0	55.0	57.6	142.9	92.3	36.0	80.9	68.0	0.0	564.9
合计	35.7	0.0	73.5	60.5	148.9	115.0	60.8	111.8	84.0	6.0	696.2

各省区按照自己的规划成果，提出了总共约 700 亿 m³ 的需水量，比黄河可供水量多出近一倍。1983 年黄河水利委员会分配水量与各省区需求水量对比见图 2-5。

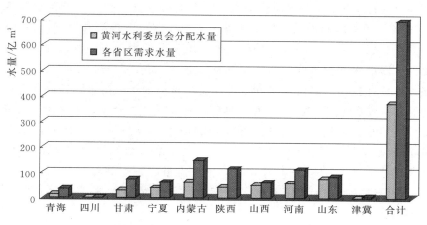

图 2-5 1983 年黄河水利委员会分配水量与各省区需求水量对比

会议结束时，面对各省区对水量分配的争议，黄河水利委员会副主任龚时旸再次强调了黄河水资源的特点：一是水少，可利用的水量更少，黄河天然年径流量仅 580 亿 m³；二是必须考虑黄河下游排沙用水的需求，最低限度应保持黄河入海水量不少于 200 亿 m³。"这次各省市提出的 2000 年用水量为 700

亿 m³，即增加 430 亿 m³，显然无法满足。因此，必须正视黄河的现实，下决心走省水型工业、省水型农业的道路。"钱正英部长最后做了总结，指出："各省提出的需水量，要做很多工程，肯定地讲，在近期内不可能全部实现……要进行经济论证，择优建设。""在确定工业项目的时候一定要考虑水资源条件。""对于从黄河干流取水的大型灌区都要提出续建配套和整顿的规划。扩建增加新灌区也需要提出可行性研究报告，经审查后确定。"要求"审定沿黄河各城市的用水规划、沿黄河现有大型灌区的整顿规划，以及一些新工程的用水规划"。会议最后没有就各省区水量分配限额进行争论和调整，而是要求黄河水利委员会吸收会议中好的意见，提出 2000 年黄河各河段水量预测报告。

1983 年的"黄河水资源评价与综合利用审议会"，参加人数众多，涉及范围很广。会议上，各省区都充分发表了意见，表达了自己的需水要求，黄河水利委员会也强调了黄河可用水量的总量限制，做到了一定程度上的民主，为1984 年 8 月提出《黄河河川径流量的预测和分配的初步意见》及形成黄河水量分配方案奠定了基础。

1984 年《黄河河川径流量的预测和分配的初步意见》提出的水量分配方案见表 2-9。其与 1983 年"黄河水资源评价与综合利用审议会"水量分配方案的比较见图 2-6。可以看出，经过"黄河水资源评价与综合利用审议会"的协调和讨论，黄河水利委员会 1984 年提出的水量分配方案并没有太大的变动。1984 年黄河水利委员会提出《黄河河川径流量的预测和分配的初步意见》后，觉得职权有限，协调难度仍然较大，就把意见报送水利电力部。水利电力部觉得可以以水利电力部的名义颁发文件进行分水，但是担心意见较大，不好做硬性规定和处理。因此，水利电力部将《黄河河川径流量的预测和分配的初步意见》报送国家计委，寻求更大的权威来协调水量分配。国家计委的刘善建同志到黄河水利委员会了解情况，并和黄河水利委员会规划部门协商，重新审核了黄河可用水量分配方案。在黄河水利委员会和国家计委的共同努力下，黄河水利委员会坚持了《黄河河川径流量的预测和分配的初步意见》的水量分配结果，于 1984 年提出了在南水北调工程生效之前的《黄河可供水量分配方案》。

表 2-9　　　　　　　1984 年黄河水利委员会提出的水量分配方案　　　　单位：亿 m³

省区	青海	四川	甘肃	宁夏	内蒙古	陕西	山西	河南	山东	津冀	合计
工业	2	0.4	4.6	1.1	6.3	4.4	14.6	8.5	16.5	20.0	78.4
农业	12.1	0	25.8	38.9	52.3	33.6	28.5	46.9	53.6	0.0	291.7
合计	14.1	0.4	30.4	40	58.6	38	43.1	55.4	70.1	20.0	370.1

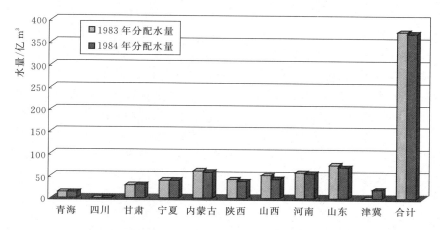

图 2-6 1983 年"黄河水资源评价与综合利用审议会"水量分配方案与
会后修正的 1984 年方案对比

1984 年黄河水利委员会提出《黄河可供水量分配方案》以后，各省区仍然对水量分配方案存有异议，并不断提出意见上报中央。1984—1987 年间，黄河水利委员会又对方案进行了多次协调，各省意见仍然难以统一，但是对于水量分配方案总体上觉得公平，尽管各方都不能完全满足，但都能接受。因此《黄河可供水量分配方案》没有进行大的变动，由国家计委报送到国务院。国务院于 1987 年批转了《黄河可供水量分配方案》。

1987 年《黄河可供水量分配方案》颁布后，并未得到有效落实，一遇枯水年份或用水高峰，沿黄引水工程争相引水，一度造成分水失控。为缓解黄河水资源供需矛盾和下游日趋严重的断流局面，1998 年 12 月，经国务院批准，国家计委、水利部联合颁布了《黄河可供水量年度分配及干流水量调度方案》和《黄河水量调度管理办法》，授权水利部黄河水利委员会对黄河水量实行统一调度。通过黄河水量统一调度以及小浪底水库调水调沙的作用，遏制了黄河下游日趋严重的断流局面。

2.3.1.5 黄河干流水量分配的特点

1. 黄河水量分配具有很强的前瞻性

黄河水量分配方案是我国第一个全流域级别的水量分配，具有很强的前瞻性和科学性。黄河多年平均河川径流总量为 580 亿 m^3，预留 210 亿 m^3 的冲沙水量，保证下游淤积情况维持现状，同时经过对 1919—1974 年 56 年资料的逐月调节计算，确定了 2000 年河口最小流量保持 250 个流量，利津最小流量保持 50 个流量，以控制黄河不断流。早在 30 年前，水量分配就考虑了河流冲沙水量，并规定断面最小流量以维持河流入海，这是相当具有前瞻性的。同时在当时各省需水超出可供水量一倍的情况下，仍然预留 200 多亿 m³ 的入海水量，实为难能可贵，值得现在我国水权分配工作借鉴。

2. 黄河水量分配是对正常年份可供水量的分配

1987 年黄河水量分配考虑了黄河的冲沙用水，在正常年份河川径流量中扣除冲沙水量，对黄河可供水量进行分配。可供水量指在一定来水情况和工程条件下，可能供给的最大水量，与需水情况无关，而供水量则与需水情况有关。同时黄河 370 亿 m³ 的可供水量，是按照保证率为 50% 的黄河径流量计算的，是指正常年份的可供水量，并不是多年平均下的供水量。分配可供水量确定了黄河水资源利用的上限，有利于各省区以此为依据规划工农业生产和城市生活用水。

黄河的水量分配是对正常年份的径流量进行分配，其受来水的水文不确定性影响较小，可根据具体的来水情况，在调度中对分配的可供水量进行调整，实行"丰增枯减"。但是，黄河流域面积广阔，上下游、各河段的水文频率可能出现不一致，比如上游是丰水年，中游可能是枯水年，难以判断全流域是按照丰水年方案进行分配还是按照枯水年方案进行分配。

3. 黄河水量分配是长期反复协商的成果

黄河水量分配的过程中，召开了"审议会"广泛征求大家的意见和需求，做到了比较充分的民主，但是各省区所需求的水量远远超出黄河的可用水量，各省区的规划也都有一定的道理，如果继续进行民主协商，将陷入争论不休的境地。另一方面，黄河水利委员会经过科学的论证和踏实的前期工作，制定的水量分配方案是相对公平的，为民主后的集中奠定了科学的基础。最后以国务院的权威在民主基础上进行集中，尽量将各省区的意见反映出来而确定的分水方案。

4. 黄河水量分配中的公平与效率

公平与效率决定了水量分配方案的可执行性和有效性。公平原则决定了水量分配方案在协商和执行时的难度，古语有云"不患贫，而患不均"，不公平的水量分配方案肯定是难以执行的；效率原则决定了水量分配方案执行的效果和贡献，高效的水量分配方案可以创造更大的经济效益，进而保证水量分配方案的长久运行。水量分配越宏观，公平原则越起作用；水量分配越细化，分配层次越深入，越接近具体用水户单元，效率原则越起作用。对于黄河水量分配方案，各省区间的水量分配需优先考虑公平原则，兼顾效率原则。省区内的水量分配方案，更多的考虑效率原则。在黄河可供水量不足的情势下，保证各省区之间的用水优先序一致，体现省区之间的公平，是水量分配方案得到认可的前提；在省区内部，各个行业或者用户之间进行水量分配，则考虑效率原则，促使水资源向高效产业转移，提高水资源利用效率。

2.3.1.6 黄河干流水量分配的不足

1. 引水量与耗水量应当统一分配

引水量是指在特定时间、特定取水断面，直接从河流、湖泊、水库等水体中取得的包括输水损失在内的毛水量，引水量包括耗水量、损失水量和退水量。耗水量是指引水量中完全消耗掉的部分，指毛用水量在输水、用水过程中，通过蒸腾蒸发、土壤吸收、产品带走、居民和牲畜饮用等多种途径消耗掉而不能回归到地表水体或地下含水层的水量。在水权分配中，有针对引水量的初始水权分配，也有针对耗水量的初始水权分配。引水量分配是在不同水文频率下，对用水主体的取用水量进行分配；耗水量分配是对用水主体的耗水量进行分配。进行耗水量分配时，需要规定用水主体向河道等水体中的退水量。

耗水分配相对稳定，便于水量协调和平衡，但相对复杂，并且在具体操作中不易控制实际引水量，不便于管理，需要更多的数据及技术支持，适用于水资源缺乏、用水矛盾突出的地区。同时，关于耗水分配还有很多问题。一般认为引水量减去回归到河道内的水量，即为消耗的水量，但是回归到河道的水量是否包括地下水？是否仅在河道断面测量到的回归水量才是回归水？农田蒸腾量应不应该计入耗水分配指标中？都是在黄河水量分配的执行过程中遇到的问题。

引水量分配较为简单，对水资源分配的要求较低，便于操作和实施，适用于水资源相对丰富、用水矛盾不突出的地区。但是引水量受节水影响很大，目前黄河流域节水工程发展很快，如果分配引水，引用的水量很快就不能适应当地的水资源利用情况，流域水量分配方案不可能根据节水变化进行经常的调整。另外，按照引水量进行水量分配，可能造成退水失控，引用水量超过流域可供水量。

建议引水量和耗水量统一分配。以耗水分配为主，同时规定引水指标，再加上断面流量控制，进行统一控制和管理。同时，逐年降低引水指标，以鼓励节水。

2. 地表水与地下水应当统一分配

理论上说，地表水资源和地下水资源有着千丝万缕的联系，如果仅分配地表水，就会造成某些地区由于地表水资源不足而过分抽取地下水，造成对邻近区域地下水资源的超采。仅有地表水水量分配的水权建设，是残缺的水权建设，不仅带来量的分配不完全，而且导致实施的困难。比如，甘肃石羊河流域，过去过多注重地表水的分配，忽视了地下水的统一管理，导致上游截留地表水、下游开采地下水的恶性循环，最终导致整个石羊河流域超采 6 亿 m³。因此，水权建设必须解决地表水与地下水统一问题。从水量分配方案、方案实施措施和制度、监测手段和管理各个环节，应将地表水和地下水资源纳入统一规制。

黄河流域水量分配仅分配了地表水，由于没有地下水分配，出现了一些问题。比如山西的水量分配指标，包括高抽灌区用水 12 亿 m³ 和能源基地建设用水 15 亿 m³，但是由于高抽灌区没有建设，能源基地规划没有实施，这部分水量山西实际上没有使用，而在大量地抽取地下水，导致地下水水位严重下降，地下水对黄河河道的补给减少，影响了地表水的水量。但是这部分受到抽取地下水影响而减少的地表水没有算到山西的耗水指标中，山西消耗地表水的指标仍然是 43.1 亿 m³，这是不公平和低效率的。同时，现在黄河流域大量开采山区地下水和滩涂地下水（已经开采约 145 亿 m³），这部分地下水是可以转换为地表水的，是应该包含在 370 亿 m³ 可供水量中的，但是当地认为这些地下水是当地水，不能算在引黄指标中，因此也出现了矛盾。就目前情况来看，黄河流域面积太大，地下水情况极其复杂，地表水地下水统一分配的难度较大，技术上不容易实现。

2.3.1.7　黄河干流水量分配的意义

首先，起到了工程控制指标的作用。虽然 1987 年以后，由于管理能力有限，水量分配方案没能完全执行，但是水量分配方案也起到了工程控制指标的作用，指导了工程的水资源论证。一些大型的引水工程，如宁夏的"1236"工程、青海的"引大济湟"工程，由于黄河分水指标的限制不得不停止上马，从而减轻了黄河的水资源压力。其次，成为黄河水量统一调度的基础。1998 年以后，国家开始重视黄河问题，决定对黄河水量实施统一调度，而 1987 年黄河水量分配方案成为了黄河水量统一调度的基础。黄河水量调度，是在 1987 年分水方案的框架下，按照"丰增枯减"的原则，采用滚动修正的办法，完成年度水量调配。最终，奠定了整个黄河水资源工作的基础。分水方案在黄河重要断面（河口、利津）设置流量控制指标。这个指标被广泛采纳，指导了黄河后续一系列的规划。

在全国范围上看，1987 年黄河水量分配是我国第一次全流域的水资源分配，对我国正在进行的流域初始水权分配工作有很强的指导意义。黄河水量分配的编制、协调是科学、合理的，经受住了历史的考验，值得我们研究和借鉴，尤其是黄河水量分配中的协调工作。黄河流域面积广阔、省区众多、情况复杂，能够让沿黄 11 省区接受水量分配方案，并付诸执行，是非常困难的事情。除了水量分配方案本身的科学合理外，长期反复的协调工作起了很大的作用。

2.3.2　黑河"92 分水"——水权治水的典型

黑河是我国西部地区第二大的内陆水系，其中游是河西走廊重要的粮食基地，下游是阿拉善平原戈壁中极其宝贵的绿色屏障。流域内土地资源丰富，而水资源相对贫乏，中下游用水矛盾突出。以水量分配的方式规划流域中、下游的用水量，协调用水矛盾，在黑河由来已久，历代所形成的水量分配方案一直是流域当地水资源开发利用的核心依据。新中国成立以来，流域中、下游的农牧业生产和其他国民经济部门都有了很大发展，用水矛盾加剧，中下游争水日益频繁。为了解决黑河的水问题，上世纪80—90年代，黑河流域开展了一系列的治理规划，提出并完善了《黑河干流水量分配方案》，于1992年和1997年获得国务院批准实施。

90年代后期，黑河中游社会经济快速发展，流域水资源短缺问题凸现，上下游分水矛盾越来越尖锐，下游河道断流、湖泊干涸、绿洲萎缩，原生胡杨林大片死亡，影响到生态安全和区域稳定。为挽救下游生态环境，国务院于2000年实施了黑河流域近期治理工程，用三年时间实现国务院批准的"97分水"方案。目前，以水权制度为核心的黑河流域治理已实施近20年，取得了成功。内蒙古境内额济纳旗的东居延海已碧波荡漾，额济纳绿洲生机盎然。

但是，水量分配方案在实施过程中也出现了一些问题，如水文不确定下水权实施的风险问题以及越丰水越难以完成下游调水任务的问题等等，一定程度上影响了黑河治理的可持续性。黑河流域的水量调度按照逐月滚动修正的原则，根据调度年内已发生时段的来水和下泄情况，对预留期的调度计划进行逐月滚动修正，逐步逼近年度分水方案。但出现越丰水越难完成任务的现象。这既包含着黑河干流总体调蓄能力不足，也反映出水文不确定性情况下水权风险管理的难题。黑河目前的调水手段，技术上靠对来水的预测，管理上靠中游段引水口的全线闭口，通过闭口的时间长短配合来水的水量大小控制下泄水量。由于气象预测的准确性不高，特别是中长期天气预测精度更低，因此来水（特别月、季、年的来水）预测准确性也难以保证，现行水量调度方案必然受到考验。水权的风险性管理应引起充分重视。

2.3.2.1 黑河流域水量分配的背景

1. 黑河"92分水"

上世纪60年代以来，黑河中游用水量激增，使得下游额济纳河的水量锐减，水量和流期均无保证，草场退化、胡杨枯死、地下水位下降，严重威胁额济纳人民的生活与生产。1982年，为解决额济纳水源不足问题，在水利电力部的领导和支持下，兰州勘测设计院开始黑河流域规划的工作。在青海、甘肃、内蒙古三省区政府和水利业务部门的配合下，规划工作历时10年，完成不同深度的规划报告12份，计63万字，主要包括：《黑河第一期调蓄工程选点规划报告》《关于黄藏寺水库参与黑河上、中游第一期调蓄工程选点的意见》《黑河干流（含梨园河）水利规划报告》等。1992年国家计委《关于〈黑河干流（含梨园河）水利规划报告〉的批复函》（计国地〔1992〕2533 号），原则同意水利部报送的黑河干流（含梨园河）水利审查意见，基本同意审查意见中提出的黑河干流（含梨园河）水资源分配方案，即在近期当莺落峡多年平均河川径流量为 15.8 亿 m³ 时，正义峡下泄水量 9.5 亿 m³，其中分配给"鼎新片"毛水量 0.9 亿 m³，"东风场"毛水量 0.6 亿 m³。此方案谓之"92 分水"方案。

黑河流域供水关系见图 2－7。

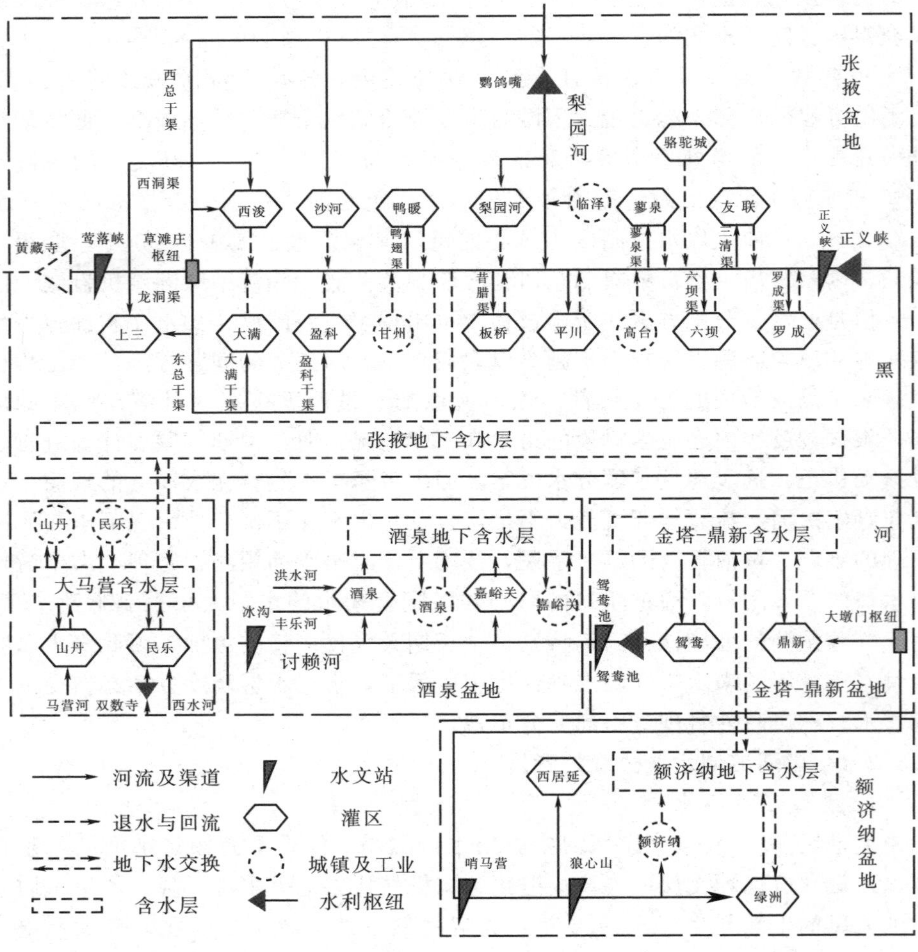

图 2－7 黑河流域供水关系图

2. 黑河"97 分水"

90 年代以来适逢黑河枯水期，加之中游地区用水又有所增长，黑河下游正义峡断面下泄水量锐减。1991—1995 年，上游莺落峡断面平均年径流量

14.3 亿 m³，正义峡下泄量达 6.9 亿 m³，1990—1994 年平均断流 85d，中、下游生态环境继续恶化，继西居延海 1962 年干涸后，1992 年东居延海完全干涸。黑河来水减少，也导致了额济纳绿洲地下水位下降、水质恶化、林木死亡。1993—1996 年，连续四年发生特大沙尘暴，给当地和河西走廊造成了重大经济损失和人员伤亡，处于黑河下游额济纳旗的酒泉卫星发射中心也受到了严重威胁。为了遏制黑河生态退化，1995 年，水利部安排黄河水利委员会研究黑河流域水量分配方案及成立流域管理机构。1996 年，黄河水利委员会完成《黑河干流（含梨园河）水资源利用查勘报告》以及《黑河水资源应急管理方案》，并在此基础上完成了《现状工程条件下黑河干流（含梨园河）水量分配方案》。1997 年 12 月，经国务院同意，水利部批复了《关于实施〈黑河干流水量分配方案〉有关问题的函》（水政资〔1997〕496 号），在"92 分水"方案的基础上，明确了丰枯水年份水量分配方案和年内水量分配方案。此方案谓之"97 分水"方案，见表 2-10。

表 2-10　　　　黑河干流不同频率来水时的水量分配方案　　　　单位：亿 m³

项　　目		$P=10\%$	$P=25\%$	$P=75\%$	$P=90\%$	多年平均
全　　年	莺落峡来水	19.00	17.10	14.20	12.90	15.80
	正义峡分配水量	13.20	10.90	7.60	6.30	9.50
11 月 11 日至 3 月 10 日	莺落峡来水 7 月 1 日至 11 月 10 日	13.60	10.90	8.60	7.60	10.00
	正义峡分配水量	4.50	4.05	3.65	3.45	3.95
3 月 11 日至 6 月 30 日	莺落峡来水	5.60	5.00	3.50	2.90	4.25
	正义峡分配水量	2.35	1.90	0.75	0.70	1.35
7 月 1 日至 11 月 10 日	莺落峡来水	13.60	10.90	8.60	7.60	10.00
	正义峡分配水量	8.00	5.20	2.70	1.60	4.20

2.3.2.2 黑河干流水量分配的历程

新中国成立以后的黑河干流水量分配始于 50 年代，起于 80 年代，成于 90 年代。

1. 分水方案的产生背景

1961—1984 年，在水利电力部及其西北勘测设计院（以下简称西北院）的主持下，甘肃和内蒙古就黑河分水进行了多次协商，形成了多个方案，但均未达成一致。此间的方案虽未能实施，但为 90 年代分水方案的形成奠定了基础。

1958 年，黑河下游开始修建酒泉卫星基地东风场区，增加了用水量。1960—1961 年，额济纳旗入境水量减少。受水利电力部委托，西北院会同甘肃、内蒙古研究分水问题，于 1961 年提出《关于黑河流域甘肃和内蒙水量分配的初步意见》，水利电力部办公厅在京召集会议讨论该意见，但无结果，未达成协议。1961 年 4 月，水利电力部颁发《关于甘、蒙黑河分水意见》，包含三点内容：①甘肃减少用水量，压缩春灌时间，内蒙古节约用水，开发地下水资源；②兴修正义峡—双城子防渗渠道；③成立黑河流域管理委员会，由西北院和甘肃、内蒙古参加，共同管理。但此意见未能付诸实施。

1965 年，西北院编制《黑河流域规划初步意见报告》，提出以正义峡水量作为中下游分水标准及两个下泄方案：①下泄 8.45 亿 m³，由下游天然河道输水；②下泄 6.20 亿 m³，由下游防渗渠道输水。后因十年动乱，规划报告未曾审批，分水方案亦未实施。1965 年 9 月 8 日，内蒙古自治区党委给水利电力部华北局和西北局提出的解决内蒙古额济纳旗用水的报告中，内蒙古需水量要求是：枯水年 5.5 亿 m³，平水年 7.0 亿 m³，丰水年 8.0 亿 m³。1968 年 7 月 20 日，甘肃省委上报中央的报告中建议，为了适应下游需求，中游走廊区新发展面积适当减少，使正义峡年水量控制在 8 亿 m³ 左右。虽经过两省区党政机关协商，但也未形成统一的协议和实施措施。

1975—1979 年间，甘肃省水电局研究黑河中游的开发治理，对正义峡水量先后提出过 7.00 亿 m³、8.01 亿 m³ 和 7.40 亿 m³ 的方案。但这些方案均未形成中、下游共同确认的协议。1984 年，内蒙古自治区水利设计院提出《额济纳河水利规划报告》，额济纳旗要求水量为 9.23 亿 m³（狼心山断面）。

2. 分水方案的形成

20 世纪 80 年代初，黑河流域生态问题日益突出，省际争水矛盾频发，引起了水利电力部及相关管理部门的重视，开始加快黑河流域的规划与水量分配工作。1992 年，国家计委批准《黑河干流（含梨园河）水利规划报告》，黑河流域首次形成国家层面的水量分配方案，此阶段为分水方案的形成期。

1985—1986 年中国科学院兰州沙漠所受水利电力部委托，组织了黑河流域水资源合理开发利用问题研究的多专业考察队，对黑河流域的水、土地、草场资源进行了系统调查核实，提出了《黑河水资源合理开发利用问题研究》报告。报告提出"狼心山断面 7.0 亿～7.5 亿 m³ 作为维持下游绿洲林草生长的最经济水量"。并以此为依据，根据不同输水方式，推算了正义峡需要下泄的水量："如果采用天然河道下泄，正义峡需下泄 11.5 亿～12.0 亿 m³；如果采用中上游人工调蓄水库集中水量输送，正义峡下泄不少于 10.0 亿 m³"。"枯水年泄水量在正义峡断面不能低于 7.50 亿 m³，相应狼心山断面水量可维持 6.0 亿 m³ 左右。上游丰水年来水应全部下放给下游，补充下游盆地最下端地下水枯水年的亏缺。"

1982 年，兰州勘测设计院开始黑河流域规划的工作，至 1989 年形成了《黑河流域第一期调蓄工程选点规划报告》《黑河干流（含梨园河）水利规划报告》等一系列规划报告。《黑河干流（含梨园河）水利规划报告》，以 1986 年为现状水平年，2010 年为规划年，确定了中、下游分水和上、中游水利工程系统布局，依照"承认历史、尊重现实"的原则，研究了两个关于正义峡水量的方案，即 8 亿 m^3 和 10 亿 m^3，并提出了不同下泄水量方案下中游和下游的规划灌溉面积。

1992 年 12 月，国家计委《关于〈黑河干流（含梨园河）水利规划报告〉的批复函》（计国地〔1992〕2533 号），原则同意水利部报送的黑河干流（含梨园河）水利审查意见，基本同意审查意见中提出的黑河干流（含梨园河）水资源分配方案，即在近期当莺落峡多年平均河川径流量为 15.8 亿 m^3 时，正义峡下泄水量 9.5 亿 m^3。

3. 分水方案的实施

90 年代适逢黑河枯水期，加之中游用水有所增加，正义峡断面下泄量锐减，1990—1994 年平均断流 85d，1992 年东居延海完全干涸，额济纳绿洲生态环境恶化加剧。1993—1996 年，额济纳连续四年发生特大沙尘暴，给当地和河西走廊造成了重大经济损失和人员伤亡，酒泉卫星基地受到严重威胁，引起党和国家的高度重视。1995 年 4 月 7 日，国务院召开会议，研究解决额济纳旗及阿拉善地区的生态环境问题，并以国阅〔1995〕59 号纪要，安排有关部委对黑河流域查勘调查，要求水利部检查"八五"期间水量分配情况，尽快完成有关前期工作，报计委批准立项，并由水利部提出黑河流域管理机构的组建方案报批。1995 年 9 月，水利部规划计划司布置了黑河流域机构设置、实施水量分配方案及正义峡水库、内蒙古输水渠的前期工作。1995 年 11 月 6 日，邹家华副总理主持会议研究阿拉善生态环境问题，指出阿拉善生态问题关键是水，要参考 1992 年分水原则提出双方能接受的方案，水利部要尽快研究成立黑河流域管理机构。1995 年 12 月，水利部安排黄河水利委员会研究黑河流域水量实施分配方案及成立流域管理机构。

1996 年 9 月，水利部以政资规〔1996〕13 号文提出了《关于黑河流域现状工程条件下分水方案的编制意见》，据此，黄河水利委员会勘测规划设计研究院提交了《现状工程条件下黑河干流（含梨园河）水量分配实施方案》，在 1992 年 12 月国家计委批复的黑河多年平均水量分配方案基础上，考虑甘肃省实际用水现状和可能节水改造及用水管理潜力，以干流无骨干调蓄工程为前提，提出现状工程条件下丰、枯水年水量分配方案。1997 年 12 月，经国务院审批，水利部颁布了《黑河干流水量分配方案》（水政资〔1997〕496 号），对不同丰枯水年条件下的水量分配方案作出了明确规定，方案实施至今。

2.3.2.3　黑河"97分水"曲线及"越丰水越难完成任务"的怪圈

将黑河"97分水"方案规定的丰、平、枯水年的中下游分水量绘制于图 2-8。图中，括号中第一个数字是黑河干流上游莺落峡断面的年度来水量，括号中第二个数字是下游额济纳绿洲以及中游张掖灌区的分水量。下游分水曲线表示，不同来水情况下下游正义峡断面下泄内蒙古额济纳绿洲的水量；中游用水曲线表示，不同来水情况下中游张掖灌区分水量。例如，在枯水年，莺落峡来水 12.9 亿 m³ 时，正义峡断面全年必须下泄 6.3 亿 m³（下游分水曲线第一个点），当年留给中游的水量为 6.6 亿 m³（中游用水曲线第一个点）；在丰水年，上游莺落峡来水 19 亿 m³ 时，根据"丰增枯减"规则，正义峡断面必须下泄 13.2 亿 m³（下游分水曲线第五个点），中游用水 5.8 亿 m³（中游用水曲线第五个点）。在枯水年（第一个点）和丰水年（第五个点）之间，黑河"97分水"方案规定了来水量 14.2 亿 m³、15.8 亿 m³ 和 17.1 亿 m³ 三个方案。

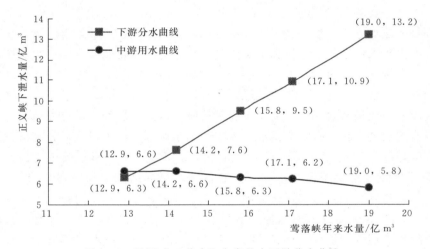

图 2-8　黑河"97分水"方案的中下游分水曲线

从分水曲线中可以看出，黑河"97分水"总体上按照"丰增枯减"规则，在丰水年增加向下游的下泄水量，在枯水年减少下泄水量。但是，在上游来水量大于多年平均来水量 15.8 亿 m³ 以后，下游分水曲线逐渐上翘，中游用水曲线逐渐下压，这意味着在丰水年的情况下，中游的配水量减少，同时向下游下泄水量占来水量的比例要大于枯水年。这也就是说，在黑河"97分水"方案中，越丰水越要求中游向下游下泄更多的水量。在图 2-8 分水曲线五个点中，下泄水量与来水量的比例自枯水年到丰水年依次为，6.3/12.9＝0.49，7.6/14.2＝0.54，9.5/15.8＝0.60，10.9/17.1＝0.64，13.2/19.0＝0.69。在枯水年，上游来水的 49% 需要下泄给下游，而丰水年上游来水的 69％都要下泄。与此同时，中游张掖灌区从黑河干流的取水量从 6.6 亿 m³ 减少到 5.8 亿 m³。

如此"越丰水下泄水量越大"的分水模式，具有一定的合理性，但也造成了黑河水量调度中的困扰。考虑到丰水年黑河中游其他支流（如梨园河）的来水较多，中游灌区（张掖灌区）对干流的用水依赖减少，因而在丰水年减少干流对中游灌区的配水，将丰裕的水量下泄给下游作生态水，分水曲线在丰水年的"上翘"，具有合理性。但自 2000 年以来，按照尾端上翘的"97 分水"曲线进行水量调度，几乎所有年份都没有完成分水任务，黑河干流下泄水量达不到分水曲线要求，如图 2-9 所示。尤其是越在丰水年，实际下泄水量距离分水曲线指标的差距越大，即所谓的"越丰水越难完成任务"。黑河干流自从 2000 年按照分水曲线进行统一调水，历年来累计向下游输送生态水量超过 100 亿 m³，使得干涸的居延海重新碧波荡漾。应该说，这十几年来甘肃张掖地区为下游生态恢复，持续开展节水，做出了重大努力。但是，按照国务院颁布的分水曲线，甘肃地区仍然没有完成下泄任务，尤其是来水越多的时候，本应水量充足，但是却越没有完成任务。如此"怪圈"，给黑河水量调度造成了不少困扰。

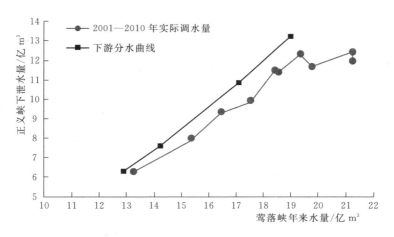

图 2-9　黑河"97 分水"方案执行情况

为什么会产生这样的问题呢？首先，黑河分水曲线尾端上翘的基本假设并不成立。黑河干流与支流的水文频率不一定相同，黑河干流来水偏丰，支流并不一定也遭遇丰水年，所以通过干流莺落峡水文站的来水判定整个流域为丰水年进而假设支流来水增加以补供中游灌区的用水，从而缩减中游灌区在干流的取水量，这并不合理。其次，由于近些年来中游社会经济发展导致地下水取水增多和地下水位的下降，许多中游支流已经断开了与干流的联系甚至没有水量可供中游灌区使用，导致中游地区对干流的地表水依赖性增强，在丰水年根本无法减少对干流的用水需求。最后，由于水文不确定性，在年初的时候，很难预测当年是丰水年还是枯水年，进而也无法知道当年的下泄水量比例，只能按照平水年（上游来水 15.8 亿 m^3，下泄 9.5 亿 m^3，下泄比例 0.60）进行水量分配和调度。在年内，水量调度按照逐月滚动修正的原则，根据调度年内已发生时段的来水和下泄情况，对预留期的调度计划进行逐月滚动修正，逐步逼近年度分水方案。当汛期结束，大体能够判断出当年是丰水年时，已经到了 9 月份甚至 10 月份。此时按照丰水年核算年度下泄水量，下泄比例陡增。同时，由于干流缺乏骨干性调蓄工程，中游无法在短期内利用水库存水增加下泄水量，只能通过"全线闭口、集中下泄"的方式，将来水全部下泄，向分水指标逼近。但是，此时距离年底仅有几个月，如此短的时间内，即便中游不用水全部下泄，也难以在丰水年完成下泄指标。例如，2003 年，黑河干流年内来水过程为先枯水后丰水。中游在上半年遵照"97 分水"曲线，按照枯水年情况用水，年度用水指标 6.3 亿～6.5 亿 m^3；当年底全年流量确定并结算水量时，发现上游莺落峡来水达到 19.0 亿 m^3，为特丰水年，中游年度用水指标下降为 5.8 亿 m^3，但是此时已晚，中游地区已用水 6.5 亿 m^3，全年最多向下游下泄 12.5 亿 m^3，与丰水年调度指标相比少下泄 0.7 亿 m^3。

2.3.2.4　"越丰水越难完成任务"的黑河分水曲线是如何产生的

黑河"97 分水"曲线在不同频率年的分水比例主要依据黑河干流莺落峡和正义峡的历史来水数据统计得出。1992 年，国家计委批准的《黑河干流（含梨园河）水利规划报告》中，以 1957—1987 年 30 年资料，建立莺落峡（表征黑河干流天然来水）和梨园堡（表征黑河上游支流梨园河的天然来水，梨园河在 2000 年以前汇入黑河干流）与正义峡（表征黑河干流进入下游的径流量）的年径流相关关系，如表 2－11 所示。

表 2－11　　　　莺落峡和梨园堡与正义峡的年径流相关关系表　　　单位：亿 m^3

项　目	莺落峡＋梨园堡	正义峡		差　值
		1979 年以前	1980 年以后	
均值	18	11.40	9.40	2.00
$P=25\%$	20	12.85	11.15	1.70
$P=75\%$	16	9.80	7.55	2.25

1989 年，兰州勘测设计院所提出的《黑河干流（含梨园河）水利规划报告》中，莺落峡和梨园堡为 18 亿 m^3 时，正义峡下泄 10 亿 m^3，落于 1957—1979 年径流关系线和 1980 年以后径流关系线两线中间（见图 2－10 和表 2－12）。丰、枯分水比例亦应落于此间，故以介于两线之间的某条线（图 2－10

中虚线所示）为丰、枯年分水实施线，即在枯水年，保证中游农业灌溉，分水线向 80 年代线倾斜；当 $P=75\%$ 年份，当上游来水 16 亿 m^3 时，正义峡下泄 7.55 亿 m^3。

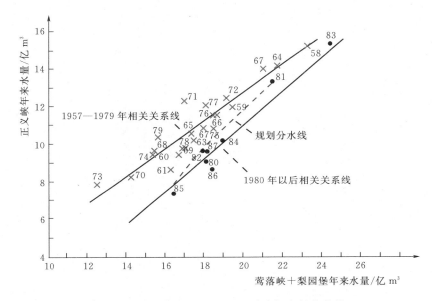

图 2-10   1989 年兰州勘测设计院提出的分水线

表 2-12   1989 年兰州勘测设计院提出的分水线   单位：亿 m^3

项 目	莺落峡＋梨园堡	正义峡
均值	18	10
$P=25\%$	20	12
$P=75\%$	16	7.55

1992 年，国家计委批准《黑河干流（含梨园河）水利规划报告》，审查意见中提出："在'八五'期间，当莺落峡多年平均河川径流量为 15.8 亿 m^3 时，正义峡下泄水量为 9.5 亿 m^3，在保证率为 75% 的枯水年，莺落峡的河川径流量为 14.2 亿 m^3 时，正义峡下泄 7.3 亿 m^3。在采取各项有效措施后，到设计水平年实现正义峡多年平均下泄水量 10 亿 m^3，其中分配给鼎新片毛水量 0.9 亿 m^3、东风场区毛水量 0.6 亿 m^3。"审查意见未包括梨园河的水量分配，未对兰州勘测设计院提出的丰枯年分水线进行批示。

1996 年，黄河水利委员会提出《现状工程条件下黑河干流（含梨园河）水量分配方案》报告，提出了三组年水量分配关系线（见图 2-11 和表 2-13）。

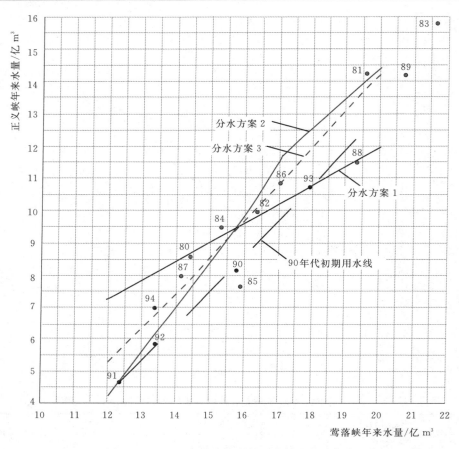

图 2-11　1996 年黄河水利委员会提出的分水线

表 2-13　　　　黄河水利委员会提出的正义峡断面不同保证率

年份下泄水量分配表　　　　　　　　　单位：亿 m³

保证率		$P=10\%$	$P=25\%$	$P=75\%$	$P=90\%$	多年平均
莺落峡年来水量		19.0	17.1	14.2	12.9	15.8
正义峡分配 下泄水量	方案（1）	11.4	10.3	8.5	7.8	9.5
	方案（2）	13.5	11.7	7.3	5.5	9.5
	方案（3）	13.2	10.9	7.6	6.3	9.5
	90 年代中期	12.0	9.7	6.6	5.3	8.4
中游可用 水量	方案（1）	7.6	6.8	5.7	5.1	6.3
	方案（2）	5.5	5.4	6.9	7.4	6.3
	方案（3）	5.8	6.2	6.6	6.6	6.3
	90 年代中期	7.0	7.4	7.6	7.6	7.4

保证率		$P=10\%$	$P=25\%$	$P=75\%$	$P=90\%$	多年平均
中游需节水量（90年代用水减去分水量）	方案（1）	0.0	0.6	1.9	2.5	1.1
	方案（2）	1.5	2.0	0.7	0.2	1.1
	方案（3）	1.2	1.2	1.0	1.0	1.1

三组方案均满足国务院"92分水"方案中"当莺落峡多年平均河川径流量为15.8亿 m³时，正义峡下泄水量9.5亿 m³"的要求。其中，方案（1）在莺落峡断面各种保证率年份下，正义峡断面的下泄比例均采用国家计委批准的多年平均分水比例（9.5/15.8）；方案（2）更多兼顾甘肃省中游地区枯水年份的农业用水；方案（3）则考虑到90年代以来下游额济纳旗生态环境更趋恶化的现实，使枯水年份正义峡断面的下泄量接近80年代中期的水量，该方案也考虑到未来2000年中游在一定的节水改造生效、用水管理不断完善及缺乏骨干调蓄工程条件下，对丰水年份水量的利用要求和对多余水量的控制利用能力。

上述三个年水量分配方案中，由于方案（1）要求75%、90%保证率年份中游的节水量分别达1.9亿 m³、2.5亿 m³，在10%保证率年份中游可增加耗水0.6亿 m³，考虑到黑河中游水利工程建设和水资源利用现状，该方案在现状工程条件下实施难度较大。根据分水方案（2）和（3）所要求中游的节水幅度，结合分析不同保证率年份中下游配水量的关系及现状分水方案所相应的用水年代，经综合比较论证，《现状工程条件下黑河干流（含梨园河）水量分配方案》推荐方案（3），理由如下："a. 从方案（2）、（3）要求的中游节水幅度看，两方案均要求中游多年平均较90年代节水1.1亿 m³（见表2-13），其中方案（3）要求不同保证率年份间节水幅度接近，10%～90%保证率分别要求节水1.0亿～1.2亿 m³；方案（2）对中游不同保证率年份要求的节水幅度差别较大，10%～90%频率年份分别为0.2亿～2.0亿 m³。不同保证率年份要求的节水量包括工程节水和管理节水，前者是指通过工程完善配套提高水资源利用率，后者则指通过强化用水管理减少无效和低效引水。根据对1988—1994年莺落峡水量与莺落峡-正义峡干流区间耗水量关系的分析，区间耗水量并未随来水的增加而加大。基于这一认识，认为分水方案（2）、（3）所要求的节水量均应取各保证率的最大值，方案（2）、（3）所要求的节水量分别为2.0亿 m³和1.2亿 m³，从中游灌区改造的投资能力及完善配套进度分析，方案（2）实施难度较大。b. 从中、下游不同保证率年份分配方案的关系分析，方案（3）优于方案（2）。方案（2）在25%～90%保证率年份分配中游耗水5.4亿～7.4亿 m³，不同保证率年份最大相差2.0亿 m³，分配正义峡下泄水量 5.5 亿～11.7 亿 m³，最大变幅 6.2 亿 m³；方案（3）在 25%～90% 保证率年份分配中游耗水 6.2 亿～6.6 亿 m³，不同保证率年份相差 0.4 亿 m³，分配正义峡下泄量 6.3 亿～10.9 亿 m³，最大相差 4.6 亿 m³，因此方案（3）的水量分配方案，中、下游绝大多数年份配水量相对稳定，尤其符合中游地区降雨稀少、灌溉制度稳定的特点。c. 从现状工程分水方案相应的用水年代分析，方案（3）优于方案（2）。1992 年国家计委所批复的黑河多年平均水量分配方案，大体相当于 80 年代中期黑河中游实际用水水平，本次拟定的水量分配方案，也应大致相应于这一时期，因此亦认为方案（3）较优。"

1997 年，水利部《关于实施〈黑河干流水量分配方案〉有关问题的函》（水政资〔1997〕496 号），采纳《现状工程条件下黑河干流（含梨园河）水量分配方案》中的方案（3）作为黑河分水方案，即"在莺落峡多年平均来水 15.8 亿 m³ 时，分配正义峡下泄水量 9.5 亿 m³；莺落峡 25% 保证率来水 17.1 亿 m³ 时，分配正义峡下泄水量 10.9 亿 m³；在枯水年莺落峡 75% 保证率来水 14.2 亿 m³ 时，正义峡下泄水量 7.6 亿 m³；莺落峡 90% 保证率来水 12.9 亿 m³ 时，正义峡下泄水量 6.3 亿 m³"。

通过以上史料，可以看出黑河"97 分水"曲线主要依据黑河干流莺落峡和正义峡的历史来水数据拟合得出。从图 2－11 中可以看出，现行的"97 分水"曲线，也就是 1997 年《现状工程条件下黑河干流（含梨园河）水量分配方案》中的方案（3），基本是沿黑河干流莺落峡和正义峡 80—90 年代的历史径流量拟合而得到。其中，枯水年，曲线的起始段接近 90 年代（1991 年和 1994 年）的径流水平；丰水年，曲线的末尾段接近 80 年代（1981 年和 1986 年）的径流水平。我们知道，在 80 年代，尤其是 80 年代初期和中期，黑河支流梨园河以及其他小沟小河汇入黑河干流的水量较多，以干流上游莺落峡水文站的径流计算，莺落峡同等来流条件下，黑河中游的水量补给较为充分，下泄入下游的水量较多，正义峡下泄量与莺落峡来流量的比值较大；相反，90 年代以后，由于气候干旱和中游用水的增加，支流在中游汇入黑河干流的水量明显减少，同样以干流上游莺落峡水文站径流为来流指标，在同等来流情况下，中游缺乏支流汇入的水量，下泄下游的水量较 80 年代明显变小，正义峡下泄量与莺落峡来流量的比值较小。如此就导致了黑河分水曲线在枯水年（曲线起始段）的斜率较小，在丰水年（曲线结束段）的斜率较大，这就是造成黑河"97 分水"曲线末尾"上翘"的直接原因。

2.3.2.5　黑河分水曲线的问题到底出在哪里

当前水量调度中"越丰水越难完成任务"的问题源于分水方案对流域水文循环的时空变异性考虑不足。图 2－12 为黑河"97 分水"方案及 90 年代初期莺落峡—正义峡实测径流关系线，可以看出，"97 分水"曲线的枯水年段与 90

年代初期的实测径流关系趋势一致（两曲线平行）。分水的枯水年方案依据 90 年代径流系列制定。随着图中莺落峡年来水量的增加，"97 分水" 曲线逐渐向 80 年代初期的径流关系点偏移，造成丰水年段的曲线上翘、斜率大于枯水年段的曲线。分水的丰水年方案依据 80 年代初期的径流系列制定。从 80 年代初期到 90 年代初期，黑河干流区域的经济增长迅速、流域下垫面条件发生了显著变化，而分水方案的制定过程中没有考虑这种影响。

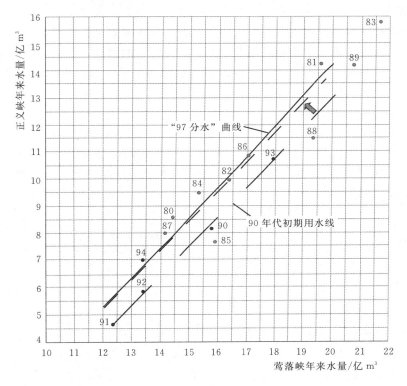

图 2-12 黑河 "97 分水" 方案尾端上翘的水文学解释

首先，《现状工程条件下黑河干流（含梨园河）水量分配方案》认为 "1995 年由梨园河供水的梨园河、沙河灌区实灌面积已达 25.6 万亩，引水量 2.03 亿 m³，现状梨园河加入黑河干流水量有限"。在分水方案中，以干流上游莺落峡来水量为基本指标，未明确梨园河在中游汇入黑河干流对于正义峡下泄水量的影响。曲线的枯水段以 90 年代初期的径流关系为依据，此时适逢枯水，梨园河水量基本为灌区消耗，几无进入干流中游；但曲线的丰水段却以 80 年代初期径流关系为主要依据，80 年代初期适逢丰水，梨园河水量较大而用水较少，有相当的水量进入干流，对正义峡下泄水量有显著影响。由此可见，80 年代初期和 90 年代正义峡下泄水量的组成有明显差别，将两个不同下垫面情况的流量关系直接相连形成分水曲线，体现了"97分水"对于流域水循环的时间变异性考虑不足。这也是当前水量调度中丰水年下泄指标过高、难以完成任务的水文学根源。

其次，从"97分水"曲线的制定过程可以看出，其隐含了黑河流域上游来水与中游入流"同丰同枯"的假设，即分水曲线枯水年段正义峡下泄水量中基本不含梨园河及其他河流的水量贡献，而丰水段则包含区间入流。这说明分水曲线假设了黑河上游来水较少（枯水）时，中游区间入流也较少；黑河上游来水偏丰时，中游区间入流也偏丰，并对正义峡下泄水量有所贡献。如果不考虑下垫面变化的因素，这种流域上中游来水同频率的假设，也不符合水文学的基本规律。如果上游来水偏丰，中游很可能遭遇干旱，很少或没有区间入流，则此时的下泄指标很难完成。这体现了"97分水"对于流域水循环空间变异性考虑的不足。

此外，黑河"92分水""97分水"均以90年代以前的径流资料为依据，其采用的径流年份截止于1994年（见表2-14），距今已20余年。从1994到2017年，流域经济发生了翻天覆地的变化，下垫面情况变化显著。90年代分水方案及当时对流域水文循环的认识已难以支撑当前变化环境下的水资源管理。

表 2-14　　　　"92分水""97分水"所采用的径流数据系列

水量分配方案	莺落峡及正义峡的径流量系列
"92分水"	1957—1987 年
"97分水"	1980—1994 年

最后，规划的水量调度及输送工程未能实施，增加了当前调水的工作难度。为了保障"92分水"方案的实施，《黑河干流（含梨园河）水利规划》提出了一系列工程措施。其中，正义峡水库、大敦门引水枢纽以及甘蒙输水渠，是落实黑河中、下游分水方案的主要工程措施，并以此为基础提出了"当莺落峡多年平均河川径流量为15.8亿 m³ 时，正义峡下泄水量为9.5亿 m³"的方案。"97分水"是基于"现状工程条件下"的黑河干流水量分配方案，不包括正义峡水库及甘蒙输水渠等工程措施，但却沿用了"92分水"中"（15.8，9.5）"的分水方案。黑河干流调水及输水工程的不足，限制了水量调度的顺利实施。

2.3.2.6　对黑河水量分配的思考

（1）"时间水权"管理手段与"水量水权"调度目标的错位，是造成黑河调水欠账的主要原因。自2001年黑河水量统一调度以来，正义峡累计下泄水量 100 多亿 m³，下游东居延海生态得到显著改善。但是与国务院1997年批准的《黑河干流水量分配方案》及丰平枯年正义峡下泄水量指标相比，黑河调水连年欠账，形成越丰水、越调水、越欠账的困局。由于黑河干流缺乏骨干性调蓄工程，黑河采用在特定时间段内、依据上游来水流量情况，中游"全线闭口、集中下泄"方式向下游输水。这本质上是黑河历史上延续已久的"时间水权"管理模式的变体。而"97分水"规定的丰平枯年正义峡下泄水量指标，为黑河水量调度提出了"水量水权"目标。"时间水权"管理受水文风险、用水需求、河道条件等多方面因素影响，难以优化"全线闭口、集中下泄"的时间段，难以精确达到"水量水权"目标。

（2）"丰增枯减"调水规则与长期水文预报不准确之间的矛盾，是阻碍黑河调水达标的重要原因。黑河"97分水"按照"丰增枯减"的规则，在丰水年增加正义峡的下泄水量。而在实际用水过程中，中游年初制定用水计划时，由于长期水文预报的不准确性，无法预知当年的来水情况，进而无法得知当年的下泄指标。只能采用"边走边看"的形式，即随着年内来水及用水的开展，实时预测当年的丰枯程度、滚动调整中游用水及下泄水量，在年末逼近全年下泄指标。但是，中游地区以农业灌溉用水为主，年初定下的种植结构和作物面积几乎决定了当年的用水量和用水过程，很难在灌溉过程中调整农业灌溉用水量。频繁的用水量滚动调整会给农业生产稳定性造成不良影响，引起社会不安定。这是阻碍黑河调水达标的又一重要原因。

（3）提高黑河"水量水权"的调度实现能力是解决其水权问题的根本措施。国外经验和本书的研究结果都显示，实施"水量水权"的管理需要充足的水库调度调蓄能力；在长期水文预报不准确的情况下，加强黑河"水量水权"的调度实现能力是解决其水权问题的根本措施。

2.3.3 国家水权建设——从初始水权分配到水权交易

1988年，我国第一部《水法》颁布实施，规定了水资源属国家所有，规定了水资源开发利用的方针、原则、基本管理制度和管理体制。以《水法》为依据，国务院于1993年制定并颁布了《取水许可证制度实施办法》，以规范取水许可管理。但是，随着经济社会的发展和水资源状况的变化，1988年《水法》的一些规定逐渐不能适应新形势需要，同时面临水资源可持续利用和建立社会主义市场经济体制的要求。鉴于此，我国对1988年《水法》进行了修订，并于2002年颁布实施了新修订的《水法》。2002年《水法》中新增加的内容（如取水权、总量控制和定额管理相结合制度）作为水权水市场制度建设的一部分为水权制度体系增添了重要内容。

近年来，水利部把水权制度的建设作为重点，于2005年分别发布了《关于水权转让的若干意见》和《关于印发水权制度建设框架的通知》。其中的

《关于水权转让的若干意见》，就进一步推进水权制度建设、规范水权转让行为等提出了意见，内容涉及积极推进水权转让、水权转让的基本原则、水权转让的限制范围、水权转让的转让费、水权转让的年限、水权转让的监督管理、积极探索和逐步完善水权转让制度等。2006年，为了配合新《水法》的实施，加强取水管理，我国颁布实施了《取水许可和水资源费征收管理条例》。该条例除了对取水许可的条件和程序作了进一步明确和规范外，还增加了水资源费征收、管理和使用等方面的规定。2007年12月5日水利部发布了《水量分配暂行办法》（水利部令第32号，以下简称《办法》），并于2008年2月1日起施行。《办法》提出，水量分配就是在统筹考虑生活、生产和生态与环境用水的基础上，将一定量的水资源作为分配对象，向行政区域进行逐级分配，确定行政区域生活、生产的水量份额的过程。《办法》结合已经制定的黄河、黑河、漳河等河流的水量分配方案，并考虑到各流域和行政区域水资源的特点，规定了两种分配对象，即水资源可利用总量或者可分配的水量，对应的分配结果分别是确定行政区域的可消耗的水量份额或者取用水水量份额（统称水量份额）。2011年2月，国务院发布《关于实行最严格水资源管理制度的意见》（以下简称《意见》），确立了水资源管理"三条红线"，严格控制用水总量过快增长、着力提高用水效率、严格控制入河湖排污总量。《意见》中提出，到2015年，全国用水总量力争控制在6350亿 m^3 以内；万元工业增加值用水量比2010年下降30%以上，农田灌溉水有效利用系数提高到0.53以上；重要江河湖泊水功能区水质达标率提高到60%以上。目前，水利部已经将"三条红线"涉及的取用水总量、用水效率及主要水功能区水质达标率分地区、分行业逐级划定相关指标，并将完成指标情况列为各地区落实最严格水资源管理制度的考核标准。截至2016年，水利部已完成全国第一批25条江河的水量分配任务，基本完成全国重要江河水量分配指标的制订，完成全国31个省（自治区、直辖市）"十二五"期间用水总量及用水效率指标的分解工作。

在水权交易方面，从2014年7月开始，水利部在宁夏、江西、湖北、内蒙古、河南、甘肃、广东等7个省（自治区）启动水权试点。经过3年积极探索，初步形成了区域间、行业间和用水户间等多种模式的水权交易，为全国水权改革提供了可复制可推广的经验做法。2016年4月19日，水利部部长陈雷签署水政法〔2016〕156号文件，印发了《水权交易管理暂行办法》。《水权交易管理暂行办法》共六章三十二条，对可交易水权的范围和类型、交易主体和期限、交易价格形成机制、交易平台运作规则等作出了具体的规定，对当前水权水市场建设中的热点问题作出了正面回答，体现了现阶段水权交易理论研究的深度和实践经验的总结。《水权交易管理暂行办法》的出台，填补了我国水权交易的制度空白，对保障和规范水权交易行为，充分发挥市场机制在优化配置水资源中的重要作用，提高水资源利用的效率与效益，具有十分重要的意义。此外，宁夏、江西、山东、广东等地以地方性法规或规章的形式明确了水权确权和交易的有关要求；内蒙古、河南、河北、甘肃、湖北等地都出台了闲置取用水指标处置、水量交易价格确定、水权收储转让、交易风险防控等方面的制度办法。

2016 年 6 月 28 日，中国水权交易所正式开业运营，标志着我国水权交易进入新发展阶段。中国水权交易所是由清理整顿各类交易场所部际联席会议批准，由水利部和北京市政府联合发起设立的国家级水权交易平台。其业务范围包括组织引导符合条件的用水户开展经水行政主管部门认可的水权交易，以及开展交易咨询、技术评价、信息发布、中介服务、公共服务等配套服务。目前水权交易主要包括三种形式。一是区域水权交易，即以县级以上地方人民政府或其授权的部门、单位为主体，以引用水总量控制指标和江河水量分配指标范围内结余水量为标的，在位于同一流域，或者位于不同流域但具备调水条件的行政区之间开展的水权交易；二是取水权交易，即获得取水权的单位或个人通过调整产品和产业结构、改革工艺、节水等措施节约水资源的，在取水许可有效期和取水限额内，向符合条件的其他单位或个人有偿转让相应取水权的水权交易；三是灌溉用水户水权交易，即明确用水权益的灌溉用水户或用水组织之间的水权交易。

中国水权交易所建立全国统一的水权交易制度、交易系统和风险控制系统，运用市场机制和信息技术推动跨流域、跨区域、跨行业以及不同用水户间的水权交易，打造符合国情水情的国家级水权交易平台，充分发挥市场在水资源配置中的重要作用，促进水资源的合理配置、高效利用和有效保护。水利部成立了水权交易监管办公室，负责组织指导和协调水权交易平台建设、运营及水资源监控计量监管，促进水权交易平台有序建设、规范运营和水市场平稳快速发展。

2.4　我国现行法律法规中有关水权的主要规定及其解析

我国当前的水权制度沿袭了社会主义公有制和计划管理体制，即从所有权来说，水资源属于国家所有；从管理上来说，为政府行政计划、统一调控。从理论上讲，我国水权制度属于一种公共水权制度（public water rights）。我国的公共水权制度与沿岸权和优先权相比在性质上有较大的区别：首先，法律基础不同。沿岸权和优先权主要是在实行英美法系的国家和地区形成和发展起来的，其水权并不是以立法的形式颁布成文，而主要是通过已裁决的若干法庭判例构成的；公共水权制度的法律体系是基于大陆法系，即水权往往通过立法的形式，将其归属、权利、义务等要素进行具体的界定。其次，所有制基础不同。沿岸权和优先权以私有产权制度为基础，注重水权私有性质与边界的界定，目的是为解决水权纠纷提供依据，并认为私人在水资源利用上的决策能够促进经济增长和经济繁荣；公共水权制度规定国家是水资源的所有权主体，目的是将水资源的使用纳入国家的发展规划和经济计划中，并认为水资源的合理利用必须依靠计划管理来实现。

我国现行水权制度具有以下方面的特征：一是所有权和使用权分离，即水资源属于国家所有，但个人和单位可以拥有水资源的使用权。《水法》第三条规定："水资源属于国家所有。水资源的所有权由国务院代表国家行使。"第四十八条规定，"直接从江河、湖泊或者地下取用水资源的单位和个人，应当按照国家取水许可制度和水资源有偿使用制度的规定，向水行政主管部门或者流域管理机构申请领取取水许可证，并缴纳水资源费，取得取水权。"二是水资源的配置和水量分配一般通过行政手段完成。《水法》第四十四条规定："国务院发展计划主管部门和国务院水行政主管部门负责全国水资源的宏观调配。全国的和跨省、自治区、直辖市的水中长期供求规划，由国务院水行政主管部门会同有关部门制订，经国务院发展计划主管部门审查批准后执行。地方的水中长期供求规划，由县级以上地方人民政府水行政主管部门会同同级有关部门依据上一级水中长期供求规划和本地区的实际情况制订，经本级人民政府发展计划主管部门审查批准后执行。"三是水资源的开发和利用是在国家统一规划和部署下完成的。《水法》第四条规定："开发、利用、节约、保护水资源和防治水害，应当全面规划、统筹兼顾、标本兼治、综合利用、讲求效益，发挥水资源的多种功能，协调好生活、生产经营和生态环境用水。"第十四条规定："国家制定全国水资源战略规划，开发、利用、节约、保护水资源和防治水害，应当按照流域、区域统一制定规划。"四是现行法律法规已对水权转让作出了初步规定。《取水许可和水资源费征收管理条例》（国务院令第 460 号）第二十七条规定："依法获得取水权的单位或者个人，通过调整产品和产业结构、改革工艺、节水等措施节约水资源的，在取水许可的有效期和取水限额内，经原审批机关批准，可以依法有偿转让其节约的水资源，并到原审批机关办理取水权变更手续。"第五十一条规定："未经批准擅自转让取水权的，责令停止违法行为，限期改正，处 2 万元以上 10 万元以下罚款；逾期拒不改正或者情节严重的，吊销取水许可证。"

在水权分配模式方面，在我国现行法律框架下，主要采用取水权制，即依据规划和水量分配方案取得水权，并实行总量控制、定额管理、地表水和地下水统筹分配、第三方无损害、用水优先序、尊重现状用水、比例分水等分配原则。在此体系下，我国存在两种基本类型的水权，一种是不须经许可的水权，另一种是须经许可的水权。不须经许可的水权在我国主要有：农村集体经济组织及其成员享有的使用本集体经济组织的水塘、水库中水的水权，家庭生活和零星散养、圈养畜禽饮用等少量取水的水权；为农业灌溉的少量的取水，用人力、畜力或者其他方法少量的取水，为农业抗旱应急必需的取水，为保障矿井等地下工程施工安全和生产安全必需的取水，为防御和消除对公共安全或者公共利益的危害必需的取水的水权。须经许可的水权是我国最主要的水权，也是实施水权交易的主要水权类型。水权经许可而有偿取得，作为水权客体的许可证对权利人而言就当然具有财产利益，权利人可以对其进行使用、收益，甚至在法律规定的条件下处分。根据《取水许可和水资源费征收管理条例》，申请取水的单位或者个人（以下简称申请人），应当向具有审批权限的审批机关提出申请。申请利用多种水源，且各种水源的取水许可审批机关不同的，应当向其中最高一级审批机关提出申请。取水许可权限属于流域管理机构的，应当向取水口所在地的省、自治区、直辖市人民政府水行政主管部门提出申请。省、自治区、直辖市人民政府水行政主管部门，应对收到的申请提出意见，并连同全部申请材料转报流域管理机构，由流域管理机构进行审批，做出是否授予水权的决定。

2.5 小结

从国外水权制度的实践来看，水权制度的选择取决于实际水资源管理历史、目的以及水资源状况，具体运用需因地制宜、实事求是，以利于实现水资源的合理有效利用。水量较为充足的欧洲、美国东部多实行河岸权制度；而水资源相对短缺的美国西部地区则多以占有优先权制度为主，并辅以河岸权制度和惯例水权制度；日本也同时认可上游优先权和"时先权先"两种水权制度。此外，水权制度是随着水资源的日益紧缺而产生的，水资源利用经历了从无限制开放性用水阶段，到取水许可阶段，再到取水许可和水权转让相结合的阶段。

在我国，黄河、黑河等流域相继开展了初始水权分配试点，水权制度在实现水资源优化配置和科学管理、缓解水资源供求矛盾方面的作用日益显现出来。其中，"时间水权"与"水量水权"是我国水权分配的两种基本形式。"时间水权"以取水时长作为水资源使用权指标，历史上曾在西北干旱流域广泛使用，并在甘肃省讨赖河流域从清代沿用至今；"水量水权"以用水体积作为总量控制指标分配水权，以黄河的"87分水"和黑河的"92分水"为代表。"时间水权"是指以互不重叠的取水时段作为控制指标的水资源使用权形式，规定相互交错的取水时段并允许用水单位支配时段内的所有河道来水。依照"时间水权"进行分水,水权指标稳定,不受水文不确定性的影响;取水时长便于计量,管理机制简单;无需水库调蓄,易于操作实施。因此,"时间水权"可为"水量水权"改革提供借鉴和补充。

缺乏用水总量控制是"时间水权"的最大弊病。随着我国社会经济迅速发展、需水急剧增加以及生态系统加速退化,单一的取水时间限制已经不能协调人类与自然间的用水竞争,必须对社会经济用水施加总量控制。1987 年为了解决黄河下游日益严峻的断流问题,黄河干流 580 亿 m^3 水资源量被分配到了沿黄的各个省区,并配置 210 亿 m^3 的河道内冲沙用水。1992 年和 1997 年,黑河流域实施了上下游之间多年平均来流情况下和丰水枯水年年份的水量分配方案。多年平均来流情况下,上游来水 15.8 亿 m^3,向下游下泄 9.5 亿 m^3;在丰水年和枯水年,依据当年来水情况,在多年平均分水方案基础上"丰增枯减"。

黄河和黑河的水权实践,奠定了我国初始水权分配及其调度实现的基本框架。流域的水权分配分为两个关键步骤,第一是将多年平均天然径流量分配到流域内的行政区域或用水户,以取水许可的形式明晰区域或用户的多年平均水权;第二是给出丰水年和枯水年的水量分配方案,给出当年用水总量指标,考虑水文不确定性因素,依据"丰增枯减"等原则对指标进行滚动修正,即水权的调度实现。

参考文献

崔云胜. (2005). 从均水到调水——黑河均水制度的产生与演变 [J]. 河西学院学报, 21 (3): 33 - 37.

钞晓鸿. (2006). 灌溉、环境与水利共同体——基于清代关中中部的分析 [J]. 中国社会科学,(4): 190 - 204.

钞晓鸿. (2005). 清代汉水上游的水资源环境与社会变迁 [J]. 清史研究,(2): 1 - 20.

高而坤. (2006). 我国的水资源管理与水权制度建设 [J]. 中国水利,(21): 1 - 14.

高而坤. (2007). 中国水权制度建设 [M]. 北京:中国水利水电出版社.

甘肃省讨赖河流域水资源管理局,清华大学. (2010). 讨赖河流域分水制度变迁及其现代化水资源管理模式研究 [R].

甘肃省讨赖河流域水资源管理局. (2008). 甘肃省河西地区讨赖河流域主要河流初始水权分配方案(送审稿)[R].

胡智丹,郑航,王忠静. (2015). 黄河干流水量分配的演变及多数据流模型分析 [J]. 水力发电学报,34 (8): 35 - 43.

黄锡生. (2005). 水权制度研究 [M]. 北京:科学出版社.

李并成. (2002). 明清时期河西地区"水案"史料的梳理研究 [J]. 西北师大学报(社

会科学版），（6）：69 - 73．

李晶．（2008）．中国水权 ［M］．北京：知识产权出版社．

李奋华．（2010）．讨赖河流域分水制度解析 ［J］．甘肃水利水电技术，46（2）：39 - 41．

李奋华．（2010）．改革和完善讨赖河流域分水制度的构想 ［J］．人民黄河，32（9）：64 - 65．

刘韶斌，王忠静，刘斌，等．（2006）．黑河流域水权制度建设与思考 ［J］．中国水利，（21）：21 - 23．

裴源生，李云玲，于福亮．（2003）．黄河置换水量的水权分配方法探讨 ［J］．资源科学，25（2）：32 - 37．

清华大学．（2014）．石羊河流域治理水权框架与实施的过程控制关键技术 ［R］．

清华大学．（2016）．甘肃省讨赖河流域"水文-经济-社会"系统演化模拟及现代水权交易关键技术研究 ［R］．

沈满洪，陈锋．（2002）．我国水权理论研究述评 ［J］．浙江社会科学，（5）：175 - 180．

水利部黄河水利委员会．（1984）．黄河河川径流量的预测和分配的初步意见 ［R］．

水利部黄河水利委员会勘测规划设计研究院．（1996）．黑河水资源应急管理方案 ［R］．

水利部兰州勘测设计院．（1992）．黑河干流水利规划简要报告 ［R］．

水利部黄河水利委员会勘测规划设计研究院．（1996）．现状工程条件下黑河干流（含梨园河）水量分配方案 ［R］．

水利部黄河水利委员会黑河流域管理局，中国科学院寒区旱区环境与工程研究所．（2012）．黑河中游地区水资源开发利用效率评估 ［R］．

王培华．（2004）．清代河西走廊的水资源分配制度——黑河、石羊河流域水利制度的个案考察 ［J］．北京师范大学学报（社会科学版），（3）：92 - 99．

王亚华．（2004）．中国水资源使用权结构变迁：科层理论与实证分析 ［D］．

王忠静，郑航，王学凤，等．（2009）．中国水权制度现状评价及关键技术研究 ［R］．

汪恕诚．（2005）．C 模式：自律式发展 ［N］．中国水利报，2005 - 6 - 23．

翟银燕，孙卫．（2002）．中国水银行制度研究 ［J］．西北工业大学学报（社会科学版），（22）：4．

赵世瑜．（2005）．分水之争：公共资源与乡土社会的权力和象征——以明清山西汾水流域的若干案例为中心 ［J］．中国社会科学，（2）：189 - 203．

赵珍．（2005）．清代西北生态变迁研究 ［M］．北京：人民出版社．

张景平，郑航，齐桂花．（2016）．河西走廊水利史文献类编·讨赖河卷 ［M］．北京：科学出版社．

郑航．（2009）．初始水权分配及其调度实现 ［D］．

郑航，王忠静，刘强，等．（2011）．讨赖河流域"时间水权"制度及其水量分析 ［J］．水利水电技术，42（7）：1 - 5．

朱金峰．（2015）．黑河流域中下游水循环演变与水量调度响应规律研究 ［D］．

中国科学院可持续发展战略研究组．（2007）．2007 中国可持续发展战略报告——水：治理与创新 ［M］．北京：科学出版社．

中国科学院地理科学与资源研究所，中国第一历史档案馆. (2005). 清代奏折汇编——农业·环境 [M]. 北京：商务印书馆.

中国科学院兰州沙漠研究所. (1986). 黑河流域水资源合理开发利用问题研究 [R].

Hang Zheng，Clive Lyle，Zhongjing Wang. (2014). A comparative study of flexibility in water allocation in the context of hydrologic variability [J]. *Water Resources Management*，28 (3)：785 - 800.

第3章　我国水权制度建设的总体框架

水权制度是水资源管理的重要组成部分，是在社会经济发展和水资源日益短缺的情势下，随着人类对水资源利用可持续性进行不断探索而发展起来的。从国内外的水权制度建设实践中可以看出，水权与水市场是 20 世纪 70 年代后兴起的水资源管理新机制，已被世界许多国家采用，对遏制水资源超载、提高水资源利用效益起到了良好作用。水权制度是自然资源产权制度的一种，其目的是通过明晰产权解决水资源利用的"公地悲剧"（Hardin，1968）。其中，水权的界定、管理与交易是水权制度的核心。

3.1　初始水权的分配

初始水权分配是水权制度建设的基础。清晰界定初始水权，明确初始水权的主、客体，是规范用水秩序、规避用水冲突、实现水权流转并提高用水效益的基石。用水户如何获得水权是水权建设的基础问题（Qureshi 等，2009），其主要方式包括：河岸权、占用权及许可水权（Wang 等，2007）。河岸权规定临近河岸的用水户优先拥有水权，一般适用于水资源较丰富的地区（Teerink，1993）。占用权在 20 世纪美国西部开始使用，规定"先占用水体并将其投入有益使用者优先享有用水权"（Wurbs，1997）。此类水权一定程度上解决了干旱地区水资源配置问题，但对于经济迅速发展、新兴用水户剧增的地区不甚适用。许可水权，通过行政许可规定每个用户的用水上限，作为其水权的许可使用量。许可水权以政府行政分配为主，可充分发挥政府的监管作用，更好地保障水权分配的公平性。

近年，我国相继开展了以许可水权为核心的流域初始水权分配试点，如东北的大凌河，西北的黑河、塔里木河以及广东的东江等（Shen 和 Speed，2009）。这些试点以流域多年平均水资源量（或某一水文频率下的天然径流量）为分配基数，将其分配给流域内各行政区，以此作为该区域的用水总量指标。

在初始水权分配的过程中，如何保障区域间分水的公平、如何促进水资源的高效利用，是核心问题。国内外许多学者对此进行了研究，提出公平优先、兼顾效率、保障可持续等水权分配原则（Zheng 等，2012），采用区域面积、人口、用水量及用水效益等作为水量分配的依据指标（Cai 等，2002；Van der Zaag 等，2002；Wang 等，2009），建立了诸多初始水权分配的模型及方法（裴源生等，2003；Wang 等，2003；Mahjouri 和 Ardestani，2010），为初始水权分配的协商和决策提供了有效支撑。

在实践层面，依据我国现行的法律框架和水资源管理体制，在一个流域内，水权的取得及流转需要经历下列步骤：

（1）水权在地区之间的逐级分配，具体包括：①国家将水权分配到各省（自治区、直辖市）；②省（自治区、直辖市）将水权分配到地区；③地区将水权分配到县市。

（2）将水权落实到用水户，即用水户通过取水许可等法定方式取得水权。

（3）用水户出售水权或通过其他方式进行水权转让。

区域取得水权阶段是水资源使用权开始与所有权分离的第一步，是国家行使水资源所有权向各行政区域分配水资源使用权的过程，也是水资源的配置从宏观到中观的过程。这个过程是在各地区之间自上而下逐级进行的，是以公权力配置为特征的第一个阶段。由国家初次界定的流域、河道断面或水域的可开发利用水资源，初次分配给各行政区开发利用的权限以及各用水户最终被赋予的使用权限，即为初始水权。初始水权具体到在一个流域整体内的定义，就叫做流域初始水权。经过初始分配后，区域与用水户得到的水权为初始水权，参与流域内区域间分配的地区得到的水权是区域初始水权，最终的用水户得到的水权是用水户初始水权。对行政区域而言，它的初始水权是由国家从上而下向各行政区域分配的水资源使用权及依法负责配置、管理和保护等权限。对用水户而言，它的初始水权就是由地区各行政区域赋予的水资源使用权。在水市场中，交易的客体就是初始水权，包括区域的和用水户的初始水权，因此对用水户的初始水权也要严格进行登记和确认，以保证初始水权的基本权利，并对初始水权的调整、流转和终止进行规范。

3.2　水权的调度实现

黑河水量调度中"越丰水越难完成任务"的困境，充分显现了水文不确定性对于水权管理的影响，体现出通过水量调度调控进行水权实时管理的必要性。用水户获得水权后如何根据水权得到实际的水量，是水权建设的关键问题。一般来说，初始水权分配将流域多年平均天然径流量分配给流域内各区域及用户，给出了用户的静态水权量。由于水的流动性和波动性，初始水权分配方案不可能自动实施，需要对径流进行人工干预，将水量输送给用水户，在调度层面落实水权（郑航，2009）。在此过程中，如何根据多年平均的分水方案和当前的水情确定用户当前时段的配水量，已成为水权研究的热点问题（Rosegrant，等，2000；Solanes 和 Jouravlev，2006）。Rosegrant 等（2000）建立水文-经济模型分析了干旱情况下用户地表水水权配水量的减少过程，评估了水文不确定性对于水权交易经济效益的影响。Khan 等（2010）分析了澳大利亚新南威尔士州的灌溉水权调度实现模式，根据流域水库当前存水量和预测的年内来水量估算年内可用水量，与流域多年平均水权水量进行对比，如可用水量小于多年平均水权量则按比例缩减配水量；如可用水量大于多年平均水权量，则按照水权量进行供水。Zaman 等（2009）建立了耦合水权调度实现过程的流域水量调度模拟模型，应用于澳大利亚维多利亚州的典型灌区，分析研究了供水设施空间分布和输水能力对跨区域水权交易的限制，识别了研究区域水市场供水网络中的"瓶颈点"。

我国学者针对水权调度实现问题，相继在黄河、塔里木河、黑河及石羊河开发出了自适应、滚动修正的水量调度系统及水权调度实现技术（王光谦等，2006；赵勇、裴源生，2006；胡军华，2007；Zheng 等，2013）。此外，《黄河水量调度条例》和《黑河干流水量调度管理办法》也规定，"根据水量分配方案和年度预测来水量、水库蓄水量，按照同比例丰增枯减、多年调节水库蓄丰补枯的原则"进行水量实时调度，保障流域水权分配方案的实施。这些研究和实践为我国的水权管理提供了方法、积累了经验，但成果尚不丰富，应用亦未成体系。此外，我国许多水权试点流域还未开展水权的调度实现工作，存在"水权一分了之、缺乏调度管理"的问题。进一步开展水权的调度实现研究，是深化我国水权制度建设的重要内容。

3.3 水权流转与交易

水权交易是水权制度建设的最终目标，是通过产权制度实现水资源市场配置、提高用水效益的主要手段。水权交易涉及水资源学、管理学、经济学、财务以及信息管理技术等，需要考虑交易的水量范围、市场的准入机制及交易规则、交易的定价及付款流程等，是一项复杂的系统工程（Zaman 等，2009）。目前，美国、澳大利亚、智利及墨西哥等许多国家已经开展了水权交易实践，其中澳大利亚的水权交易较为成功。澳大利亚从 20 世纪 80 年代开始水权制度改革，90 年代完成墨累-达令河流域的用水总量控制，规定流域内任何新用户（灌溉开发、工业用途和城市发展）的用水都必须通过购买现有的用水水权来获得（Australian Productivity Commission，2003）。2009 年，墨累-达令河流域年水权交易量达 20 亿 m³，占当年用水总量的 48%（Australian National Water Commission，2013）。在我国，水权交易在 2000 年后逐渐兴起，形成区域间、行业间及农户间的若干交易试点，包括浙江省东阳与义乌的水量交易（胡鞍钢、王亚华，2001），内蒙古、宁夏"工业-农业"行业水权转换（李国英，2007），以及甘肃黑河流域农民水票交易（刘韶斌等，2006），等等。但由于行政体制、经济模式及水资源管理制度等原因，我国水市场尚不发育，水权交易还未成体系，更缺乏交易的制度框架和技术体系，需要长期的研究和探索。

2016 年，中国水权交易所股份有限公司（以下简称中国水权交易所）在北京成立，旨在贯彻党中央、国务院关于建立水权水市场的战略决策部署，充分发挥市场机制在水资源配置中的重要作用，促进水资源的合理配置、高效利用和有效保护，打造符合国情水情、具有国际影响力的国家级水权交易平台。截至 2017 年，中国水权交易所撮合的水权交易主要是地区之间较大水量的交易，对于流域片区及区域内部不同行业间、灌区内部不同用户间的水权交易业务尚较少。这种情况是容易理解的。水权交易是涉及水文循环和水资源管理的复杂行为。为了保障水权交易的公平和有效，水权交易中介和管理结构需要对买卖双方所处位置的水循环特征、取水条件、水利调蓄工程及用水计量情况非常熟悉，并具有相当完备且实时更新的用水监测数据，才能对水权交易进行精确的管理。作为全国范围的水权交易中心——中国水权交易所，目前还处于发展阶段，不可能完全掌握全国所有流域及地区的水资源和水权情况，因而无法在短时间内在全国范围、在个体用户层面开展水权交易撮合工作。其近期的主要工作是跟踪和撮合省区或地市之间大型水权交易。远期来看，如何根据市场需求拓展水权交易的业务范围，有序推进各大流域水权交易中介机构（交易中心或者交易所）的建设、实现水权交易业务的稳步发展，建立层次清晰、制度完备、运作规范、良性发展的水权交易平台体系，是中国水权交易实践需要进一步努力的方向。

3.4　水权交易的风险防范

明晰水权、通过市场来配置水资源是一种高效的资源配置方式，但市场不是万能的，任何市场都存在着失灵的可能性。水资源的一些特性使水市场失灵的可能性比一般的商品市场更大。国外部分地区的经验也表明，建立水权交易制度存在多种障碍和影响因素，包括政治、法律、行政、文化、技术和地理等多个方面。我国的水权制度尚处于起步阶段，许多内在的矛盾并没有充分暴露，但我们可以根据市场经济的一般性原理，并国外成熟水权市场的实践中吸取经验教训，提前加以防范。

首先是水资源信息的不确定性带来的风险。水权市场主要依靠水价的指示作用在不同部门、区域进行水资源配置。但要使水价真实反馈市场供求关系，必须要求市场信息准确而且对称。水市场信息是否准确直接影响了水市场和水权制度能否有效地发挥预定作用。然而，水资源信息恰恰具有很大的不确定性。水资源的供给取决于地理环境和气候条件，随机性较强，在现有的科技条件下很难准确预测，而且必须花费很高的成本；水资源的需求，特别是农业灌溉需求受到天气的影响，波动较大，也很难预测。完善的水市场信息应包括水权交易价格、水权性质、水使用权期限、水量、水质、流域水流量稳定性、当地水交易的限制性规定、输送水工程的可靠性及便利性、买卖双方的基本状况和资信状况、交易的支付方式、水权交易的程序等。这些信息存在于许多不同的行政机构和水资源管理部门中，统筹管理相当困难。这就可能使得水资源的供需双方都很难获得准确的水信息，限制了水权水市场的作用。

其次，水权交易费用也是决定水权制度成败的关键。狭义上讲，交易费用是指与交易有关的费用，包括寻找交易对象、谈判和讨价还价、订立合同、履行合同及防止违约的费用等；广义上讲，交易费用是指制度的运行成本，包括制度的确立及制定成本、制度的实施成本、制度的监督及维护成本。交易费用的大小直接决定市场运行的效率，高昂的交易费用会导致市场的低效运行或失灵。如果水权交易制度的设置过于复杂，或者由于水资源不确定性带来的信息收集成本过高，就将导致水市场失灵。澳大利亚新南威尔士州水权交易的经验表明，当地短期水权市场发育较好，但长期水权市场发育迟缓的原因，就在于长期产权界定不清、产权收益缺乏足够的稳定性导致交易成本过高。

再次，水作为一种特殊的商品，具有比其他商品强得多的公共产品属性。水权制度中个人权益和公共利益有可能存在更大的矛盾，如何巧妙地取得平衡正是水权制度必须着重解决的。墨西哥由于政府干预过多，妨碍了水市场的充分发展，就是典型的反例。由于市场的马太效应，水权制度建立后，如何更好地保护在交易中处于弱势的一方特别是农户的利益，也是水权制度必须面对的。

我们必须采取各种措施预防水市场失灵，才能充分发挥水权制度高效配置水资源的作用。首先，我们应该对水权制度作更细致的研究，建立和完善水权法律制度，清晰界定水权。完善现有水法中有关水权及水市场方面的规定，使水权交易及水市场运行有法可依。其次，设计一套规范、易操作的水权交易制度，明确各方利益相关人的权责和参与程序，完善各部分规章制度；在制度设计中特别加强对农民等弱势群体的保护，加强用水户协会的农民利益代言人性质，确实保护农民利益。再次，管理部门要及时调整管理模式，实现向服务型管理转变；还要加强对水市场的管理，对水市场运行过程的各个环节进行有效监督，加强交易信息的审查和公示。最后，要加强基础设施建设，特别是用水计量监测系统的建设，进一步降低交易成本，使水权交易高效运行。

追溯水权制度的改革进程，水权交易制度最先在美国西部实行，之后被越来越多缺水国家和地区采用，如智利、澳大利亚等。激励这些国家或地区引入市场机制、实施水权交易的诱导因素，就是严重的水资源短缺以及原有水资源分配系统的低效率。今天，我国被同样的问题困扰，通过十几年的理论研究和试点实践，充分认识到明晰水权、确立水权交易制度是解决严重的水问题的必由之路。而水权制度带来的许多积极效应，如提高用水效率，合理配置水资源，推动水利部门管理体制改革，促进农村和农业发展，保护农民权益，保护环境，等等，充分显示了水权制度巨大的经济效益和社会效益，具有强大的生命力。当然，在建立水权制度的过程中，我们也要清醒地认识到水权制度可能存在的弊端，如水资源信息的不确定性以及交易费用问题等。对此我们应该继续深入研究，结合国内外的实践经验，在制度设计中提前加以防范和解决。可以预期，水权制度作为我国水资源管理体制的一场革命，必将极大地改变我国的水资源管理面貌，尽早实现水资源的可持续利用，有力支撑社会经济又好又快发展。

3.5　小结

水权制度建设总体框架如图 3-1 所示，包括初始水权分配、水权调度实现以及水市场三个关键部分。初始水权分配是将流域多年平均的天然径流量即通常所说的水资源量分配到流域内各行政区并逐级分解到各个用水行业和用户。分配获得的水量体积作为区域或用户的初始水权量，在数量上与其取水许可量或用水总量指标相当。水权的调度实现，结合当年的来水量和水库存水量，对多年平均水权量进行增减，给出当年的用水总量指标，在水文不确定情况下保障用户获得水权。水市场，是水权持有者进行水权交易和流转的场所，可支持多年平均初始水权的永久性交易以及当年用水指标的临时性交易，包含区域之间、行业之间以及用户之间多层面的交易形式。初始水权分配、水权调度实现以及水权交易构成了水权制度的基本框架，初始水权分配给出了用户的长期水权指标，水权调度实现明晰了用户当年的用水指标，水市场允许用户对长期水权和当年水权进行交易。

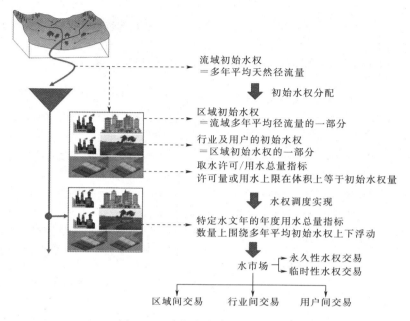

图 3-1　水权制度建设总体框架

参考文献

胡鞍钢，王亚华．（2001）．从东阳-义乌水权交易看我国水分配体制改革［J］．中国水利，（6）：35-37．

胡军华．（2007）．塔里木河流域水权适时控制及管理研究［D］．

姜文来．（2000）．水权及其作用探讨［J］．中国水利，（12）：13-14．

李国英．（2007）．黄河水权转换的探索与实践［J］．中国水利，（19）：30-31．

刘斌，田义文．（2009）．论我国水权初始分配制度的完善［J］．商业时代，（11）：76-77．

刘韶斌，王忠静，刘斌，等．（2006）．黑河流域水权制度建设与思考［J］．中国水利，（21）：21-23．

刘妍，郑丕谔．（2008）．初始水权分配中的主从对策研究［J］．软科学，22（2）：91-93．

孟令杰，孟祺，尹云松．（2008）．流域初始水权分配研究进展［J］．长江流域资源与环境，17（5）：734-739．

裴源生，李云玲，于福亮．（2003）．黄河置换水量的水权分配方法探讨［J］．资源科学，25（2）：32-37．

王光谦，魏加华．（2006）．流域水量调控模型与应用［M］．北京：科学出版社．

王蓉，许旭．（2009）．论资格水权与实时水权的界定与中国水权建设［J］．中国发展，9

（3）：6－14.

王宗志，胡四一，王银堂.（2010）.基于水量与水质的流域初始二维水权分配模型［J］.水利学报，41（5）：524－530.

赵勇，裴源生，于福亮.（2006）.黑河流域水资源实时调度系统［J］.水利学报，37（1），82－88.

郑航.（2009）.初始水权分配及其调度实现［D］.

清华大学，中澳合作中国水权制度建设项目组.（2008）.中国水权制度建设项目二期——内蒙古黄河南岸灌区水权制度建设试点报告［R］.

Australian National Water Commission.（2013）. Water trading data resource［EB/OL］. http：//archive. nwc. gov. au/markets/trading/water－trading－data－resource.

Australian Productivity Commission.（2003）. Water rights arrangement in Australia and overseas［R］. Commission research paper.

Cai X.，McKinney D. C. and Lasdon L. S.（2002）. A framework for sustainability analysis in water resources management and application to the Syr Darya Basin［J］. *Water Resour Res*. 38（6）：1085.

Hardin Garrett.（1968）. The Tragedy of the Commons［J］. *Science*，162（3859）：1243－1248.

Khan S.，Dassanayake D. and Gabriel H. F.（2010）. An adaptive learning framework for forecasting seasonal water allocation in irrigated catchments［J］. *Nature Resource Model*. 23（3）：324－353.

Mahjouri N. and Ardestani M.（2010）. A game theoretic approach for interbasin water resources allocation considering the water quality issues［J］. *Environ Monit Assess*. 167（1－4）：527－544.

Ostrom E.（2000）. Private and Common Property Rights［M］. In：B Bouckaert and G De Geest（ed）Encyclopedia of Law and Economics，Vol. Ⅱ：Civil Law and Economics. Edward Elgar，Celtenham，United Kingdom，pp 332－379.

Qureshi M. E.，Shi T.，Qureshi S. E. and Proctor W.（2009）. Removing barriers to facilitate efficient water markets in the Murray－Darling Basin of Australia［J］. *Agriculture Water Management*，96（11）：1641－1651.

Rosegrant M. W.，Ringler C.，McKinney D. C.，Cai X.，Keller A. and Donoso G.（2000）. Integrated economic－hydrologic water modeling at the basin scale：The Maipo river basin［J］. *Agric. Econ.*，24（1）：33－46.

Shen D. and Speed R.（2009）. Water resources allocation in the People's Republic of China［J］. *Int. J. Water Resour. Dev.* 25（2）：209－225.

Solanes M. and Jouravlev A.（2006）. Water rights and water markets：Lessons from technical advisory assistance in Latin America［J］. *J. Irrig. Drain. Eng.*，55（3）：337－342.

Teerink J. R.（1993）. Water allocation，rights and pricing：examples from Japan and the United States [R] // John R. Teerink and Masahiro Nakashima. World Bank technical paper, No. 198. Accessed from http: //nla. gov. au/nla. cat - vn1217013. World Bank, Washington, D. C.

Van der Zaag P. , Seyam I. M. and Savenije H. H. G. (2002). Towards measurable criteria for the equitable sharing of international water resources [J]. *Water Policy*, 4 (1): 19 - 32.

Wang L. , Fang L. and Hipel K. W. (2003). Water resources allocation: a cooperative game theoretic approach [J]. *J. Environ. Informat.*, (2): 11 - 22.

Wang L. , Fang L. and Hipel K. W. (2007). Mathematical programming approaches for modeling water rights allocation [J]. *J. Water Resour. Plann. Manage.*, 133 (1): 50 - 59.

Wang Z. , Zheng H. and Wang X. (2009). A harmonious water rights allocation model for Shiyang River Basin, Gansu Province, China [J]. *Int. J. Water Resour. Dev.*, 25 (2): 355 - 371.

Wurbs R. A. (1997). Water availability under the Texas water rights system [J]. *J. Am. Water Works Assoc.*, 89 (5): 55 - 63.

Zaman A. , Malano H. and Davidson B. (2009). An integrated water trading - allocation model, applied to a water market in Australia [J]. *Agric. Water Manage.*, 96 (1): 149 - 159.

Zheng H. , Wang Z. J. , Hu S. Y. and Wei Y. P. (2012). A comparative study of the performance of public water rights allocation in China [J]. *Water Resources Management*, 26 (5): 1107 - 1123.

Zheng H. , Wang Z. J. , Hu S. Y. and Malano H. (2013). Seasonal Water Allocation: Dealing with Hydrologic Variability in the Context of a Water Rights System [J]. *Journal of Water Resources Planning and Management*, 139 (1): 76 - 85.

第 4 章　初始水权分配关键技术

中国的水权分配，广义上指流域、河段断面或区域的水资源使用权，按照一定规则和机制在各用水实体之间分配和再分配的过程，其包括初始水权分配和水权交易；狭义上指水权的最初分配，即水资源初始使用权分配，分配各级用水户对水的使用权，即通常所说的"明晰水权"。

纵观我国已经进行的水权制度建设试点，初始水权分配方法不尽相同，各具特色。分析不同地区水权分配的特征，总结初始水权分配技术要点，提炼关键要素，对因地制宜选择合理的水权分配路径有积极的理论探索和实践指导意义。

4.1　初始水权分配的主要原则

初始水权分配的原则作为分配依据和约束，是分配中最为关键和重要的环节。原则解决水量按照什么准则进行分配、分配时考虑哪些因素，其直接影响分配的结果。原则正确与否直接关系到水量分配的合理性、可接受性及实施的成败。由于水资源系统的复杂性，分水原则亦多种多样。不同地区、不同水源、不同用水对象在进行水量分配时考虑的因素不同，适宜的分配原则也不同。根据水量分配的关键要素，选择适宜地区情况的水量分配原则，按照原则进行分配和协商，提出科学且可接受的水量分配方案，是初始水权分配的关键环节。

但是，水资源的多来源、多用途及多目标性导致了水量分配应考虑众多原则。水量分配必须综合协调水资源利用各种目标，按照优先顺序权衡各种不同原则。下述中外水资源初始使用权分配理论研究及实践中提出的水量分配原则，为本书水资源初始使用权分配原则的研究提供了基础。

4.1.1　国外分配原则

河岸权原则（Riparian Ownership）源于英国的普通法和 1804 年拿破仑法典。河岸权规定水权属于沿岸的土地所有者。也就是说，水权与地权捆绑在一起，只有当地权发生转移时，水权才可以随着转移。在实行河岸权的流域，不论是上游还是下游，沿岸所有水权都是平等的，只要水权所有者对水资源的利用不会影响下游的持续水流，那么对水量的使用就没有限制，也不会因使用时间先后而建立优先权。占用优先原则（Prior Appropriation Doctrine）源于 19 世纪中期美国西部地区的用水实践。占用优先原则不认可用户对水体的占有权，但承认对水的用益权。其主要法则：一是时先权先（first in time，first in rights），先占用者有优先使用权；二是有益用途（beneficial use），即水的使用必须用于能产生效益的活动；三是不用即作废（use it or lose it）。公共水权原则（Public Water Rights）在一些实行大陆法系的国家和地区，往往通过立法的形式，将水权的归属进行具体的界定。一般认为，公共水权包括三个基本原则：一是所有权与使用权分离；二是水资源的开发和利用必须服从国家的经济计划和发展规划；三是水资源的分配一般是通过行政手段进行的。该原则在美国西部被采用，作为改善占用优先原则不足的补充原则，目的是确保公共用水和保护公共利益。

此外，世界上大多数国家都有自己独特的惯例水权原则。惯例水权原则并非是明确的水权制度，它是由于惯例形成的各种水权分配形式，往往与历史上水权纠纷的民间或司法解决先例以及历史上沿袭下来的水权分配形式有关。它往往是占用优先原则、河岸权原则、平等用水原则、条件优先原则等多种原则的综合体，如美国采取的印第安人水源地原则。

从国外分配原则看，具体实施何种分配原则，与相应的实际情况紧密相关。如水量较为充足的欧洲和美国东部多实行河岸权原则；而水资源相对短缺的美国西部地区则多以占有优先原则为主，并辅以河岸权原则和惯例水权原则；日本则同时认可上游优先和"时先权先"两种原则。水资源初始使用权分配原则的选择取决于实际水资源管理历史、目的以及水资源状况，具体运用需因地制宜、实事求是，以利于实现水资源的合理有效利用。

4.1.2　国内分配原则

由于我国的政治经济体制、水资源管理方式等与上述国家不同，这些国家的分配原则只能供我们参考，不能照搬于我国。汪恕诚（2001）在谈到水资源初始使用权分配原则时说："第一，人的基本生活用水要得到保障，每个人都享有同等的基本生活用水权利。第二，优先权因素，一是水源地优先原则；二是粮食安全优先原则；三是用水效益优先原则；四是投资能力优先原则；五是用水现状优先原则。第三，优先权是变化的。"董文虎（2002）认为，水资源初始使用权是国家的政治权力，水资源的分配应是宏观规制、权益主体性质的。水资源初始使用权应设置以下原则：资源共享；生活（生存）、属地、特许"三优先"；宏观调控；总量控制；不损害他人；有偿使用；不宜买（卖）断原则（指一个国家范围内）。刘斌（2003）认为，水资源初始使用权确定的主要原则有：尊重历史、维持现状和微观调整。林有桢（2002）提出，水资源初始使用权分配原则应体现先上游后下游，先域内后调引，先生活再生产和娱乐，先传统（原取用水比例）再立新（重新分配取用水比例）。张仁田等（2002）认为，水资源初始使用权分配的基本原则应遵循：灵活性、安全性、实际机会成本、预见性、公平性、政治和公众可接受性原则。陈锋（2002）认为，界定水资源初始使用权时应遵守以下原则：坚持水资源国家所有（所有权）不变；基本用水与生态用水优先原则；水源地优先与用水现状优先原则；地表水与地下水要同时建立。蒋剑勇（2003）认为，水资源初始使用权的界定不同于一般的资产，因此，必须遵循可持续发展原则、效率原则和补偿原则。补偿原则是必要的，但是必须是在水资源初始使用权界定之后，如工业用水挤占农业用水时，才需要实施。葛吉琦（2003）提出，确定水资源初始使用权主要是确定水资源初始使用权归属，随着时代的变化，水资源初始使用权确定的原则也在变化；确定水资源初始使用权的主要原则有岸地原则、占用原则和民法原则。党连文（2004）提出，水资源初始使用权确认的优先原则有：以人为本，基本生活用水需求优先；尊重客观规律，合理的河道内外生态环境需水优先；实事求是，现状河道外生产用水需求优先；尊重社会发展规律，相同产业发展水资源生成地需求优先；尊重价值规律，先进生产力发展用水需求优先；以省为单元的区域、中央直属生产需水企业的民主协商；中央政府拥有适量备用。葛敏（2004）认为，水资源初始使用权分配应采用有效性、公平性和可持续性原则。2007 年 12 月 5 日，水利部颁布的《水量分配暂行办法》中规定："水量分配应当遵循公平和公正的原则，充分考虑流域与行政区域水资源条件、供用水历史和现状、未来发展的供水能力和用水需求以及节水型社会建设的要求，妥善处理上下游、左右岸的用水关系，协调地表水与地下水、河道内与河道外用水，统筹安排生活、生产、生态与环境用水。"我国近年来各水权实践地区的分水原则情况如表 4-1 所示。

表 4-1　　　　近年我国各地水资源初始使用权分配原则一览

流域	省份	分水时间	分　配　原　则
霍林河	内蒙古、吉林	2006 年	政府宏观调控、协商确定原则； 水资源流域统一配置原则； 总量控制与定额管理相结合原则； 公正、公平、公开原则； 水资源现状利用和发展需水统筹考虑原则
大凌河	内蒙古、辽宁	2006 年	公平原则。不同地区、不同人群享有生存和发展的平等用水权； 水资源统一配置原则。地表水与地下水、地表水干流与支流统一配置，水质与水量统一考虑；

流域	省份	分水时间	分配原则
大凌河	内蒙古、辽宁	2006 年	政府宏观调控、协商调整原则； 生活、生产与生态环境用水统筹兼顾原则。用水的优先序：①生活需水；②最小生态环境需水；③二、三产业需水；④农业灌溉需水； 以供定需为主原则； 水资源利用现状和发展需水统筹考虑原则； 总量控制与定额管理相结合原则； 分级确认原则
漳河	河北	2003 年	节约用水； 上下游、左右岸统筹兼顾、团结治水； 尊重历史，面对现实，适当考虑发展，兼顾工程现状及用水现状
卫河	河北	2003 年	可持续发展原则； 基本生活需求和适时适量考虑生态需求优先原则； 尊重历史、着眼现实原则； 统筹兼顾、资源共享原则； 坚持平等、兼顾效益原则
黄河	—	1984 年	优先保证人民生活用水和国家重点建设工业用水； 黄河下游冲沙入海用水是黄河水资源平衡中需要优先考虑的问题； 保障农业灌溉用水； 黄河航运与渔业用水，采取相机发展的原则，不再单独分配； 黄河水资源的开发利用要上下兼顾，统筹考虑； 地下水原则上不再增加开采量
黑河	甘肃	1992 年	总量控制原则； 平行线原则； 逐月滚动修正原则； 允许误差和多退少补原则； 投资、工程、效益三挂钩原则
石羊河	甘肃	1990—2006 年	体现水资源国家所有原则； 基本用水优先、公平与效率兼顾原则； 尊重历史、立足现状、兼顾未来的原则； 民主协商与集中决策相结合的原则
塔里木河	新疆	2005 年	有效性原则； 公平原则； 系统性原则； 协调性原则； 优先性原则

流域	省份	分水时间	分 配 原 则
抚河	江西	2005 年	尊重用水现状原则； 公平原则； 公平与效率兼顾原则
晋江	福建	1996 年	尊重历史、占用优先和公平的原则； 着眼现在、适度放眼未来原则

　　通过以上文献和实践研究，将收集到的相关原则共 60 余项进行收集、统计、合并和分类，形成了 3 大类 20 余项基本原则，具体见表 4-2。基于以上水资源初始使用权分配原则的理论和实践，提出本书建议采用的水资源初始使用权分配原则，即：①优先保障原则；②综合权衡原则；③统一分配原则；④留有余量原则。

表 4-2　　　　　　　　　水资源初始使用权分配原则分类总结

原则类别	具 体 原 则
指导思想类	可持续原则； 合理有效利用原则； 安全性原则； 粮食安全用水保障原则； 注重综合效益原则
具体分配类	基本生活用水保障原则； 生态环境用水保障原则； 占用优先原则； 河岸权原则； 公平性原则； 效率优先原则； 水源地优先原则； 条件优先权原则
补充类	可行性原则； 灵活性原则； 政治和公众接受原则（公众信任原则、公共托管原则、公众参与、政府最终决策原则）； 留有余量的原则； 责权利一致原则； 地下水所有权的相对性和绝对性原则； 有限期使用原则

4.1.2.1　优先保障原则

　　优先保障原则包括基本生活用水、基本生态用水、基本粮食用水保障原则。在水资源的多种用途和目标中，保障人类生存和发展是至关重要、不容动摇的，因此水量分配必须优先保障人类生存和发展用水。水资源的服务对象既包括经济社会系统，也包括生态环境用水，二者之间是一种对水资源的竞争关系，人类在追求经济社会不断发展的同时也希望生态环境更好，但这两个目标又没有可以直接进行比较的统一口径，因此在进行水资源初始使用权分配时，必须对这一问题进行回答，即确定生态环境用水和经济社会用水的合理比例。生态环境用水保障原则就是要求解决这个问题。保障生态环境用水是可持续发展原则的核心。生态环境用水包括基本生态用水和发展生态用水两个层次。基本生态用水，主要指保障流域生态环境维持现状、不再恶化所需的水量，包括维护河道基流、下游湖泊湿地、沿岸天然植被的用水；发展生态用水，主要指流域生态状况一定程度恢复和提高所需的水量，一般依据流域水资源丰富程度及生态环境恢复目标而定。基本生态用水保障流域生态现状，发展生态用水则保障流域生态可持续发展。中国人口多、消费量大，国际市场无法保证粮食需求，粮食安全对中国社会稳定与发展非常重要。稳定的农业灌溉用水是保障粮食安全的必要手段之一。因此，在水资源初始使用权分配中，应根据地区实际情况，考虑地区粮食安全保障，优先保障基本粮食生产用水。同时粮食安全保障原则也是对处于经济弱势的农业用水权力的照顾，一定程度上体现了公平原则。

4.1.2.2　综合权衡原则

水资源初始使用权分配是多准则问题，不同的分配准则将产生不同的用水效益与成本，在很多情况下不同原则之间存在竞争和矛盾。在初始水权分配实践中，主要的原则有按人口分配、按面积分配、按产值分配、按现状分配、混合分配等。各种分配原则存在竞争性关系，难以同时满足，需统筹兼顾。竞争性原则主要指在分配中不必完全优先保障，但需要统筹兼顾、综合平衡的原则。竞争性原则主要包括公平性和高效性原则。公平性原则包括占用优先原则、人口优先原则、面积优先原则、水源地优先原则、缺水率优先原则、利用率优先原则。

占用优先原则，是指按照现状已用水量进行分配。人口优先原则是指按照各区人口数量进行分配，人口多的区域获得相应较多的水权量。面积优先原则是指按照各分配单元土地面积或者耕地面积进行分配。水源地优先原则指按照各分配单元所产水资源量进行分配。缺水率优先原则指按照所各单元缺水量或者缺水率进行分配。利用率优先原则指各区按照水资源利用效率，即耗水量与取水量的比值，进行分配。高效性原则主要指按照单方水 GDP 产量进行分配，即单方水 GDP 产量越高的地区或用户获得相应更多的水权量。在水量分配中，如果仅按照其中一种分配准则或模式进行分配，难以实现水量分配的全面和可用。由于水资源的多目标性，水资源初始使用权分配必须兼顾多种准则，采用综合的分配模式。

在多数情况下，公平性往往会和高效性发生矛盾。公平性原则要求参与分配的各个利益方获得的权益要相当，而高效性原则要求水资源的使用权向使用效率高的地区和行业倾斜，二者一般很难兼顾。从理论和实践的经验来看，在水资源初始使用权分配过程中，公平性原则应该在一定程度上优先于高效性原则，或者说公平性原则应该更多地被考虑。水资源初始使用权分配本质上是利益的分配，因此从法律和伦理的角度来看需要更多地考虑公平性，而高效性原则在很大程度上可以通过分配使用权后的市场交易得到弥补。

在公平性内部，不同的分配准则体现不同意义上的公平性。例如在将流域水资源量分配到流域内各行政区的过程中，可以按照各区域人口进行分配，也可以按照各个地区的面积或者灌溉面积进行分配，人口、面积以及现状的用水情况等等都体现了不同意义上的公平性。单纯按照人口比例进行分配，对于人口数目较少但是用水需求较大的地区不公平；单纯按照现状用水量进行分配，对于人口多、面积大但是节水显著、用水量相对较少的地区更不公平。因此，需要根据具体情况综合权衡，世界上没有绝对的公平，水权分配只能尽量做到相对公平。

4.1.2.3　统一分配原则

实行地下水、地表水的水权统一分配，将地表水和地下水作为整体进行初始水权分配。由于地下水具有脆弱性，遭到破坏后难以恢复，世界上许多国家，如日本，将地下水作为储备水源，基本不进行开发利用。我国水资源总体上不足，尤其在水资源短缺的地区，应根据取水条件，优先利用地表水，然后分配地下水。

4.1.2.4　留有余量原则

流域的开发利用，必须预留出一定的水量以维持生态和环境的基本平衡以及应付干旱缺水之需。另外，不同流域地区经济发展程度各异，产业之间及用户之间需水高峰发生时期不同，人口的增长和异地迁移也会产生新的基本用水需求。因此，水权分配要适当留有余地，预留部分资源的水权，为生态和未来留有空间。国外一些发达国家，水资源的合理开发利用一般控制在 50%～60%。

综上所述，本书建议的水资源初始使用权分配原则见表 4-3。

表 4-3　　　　　　建议水资源初始使用权分配原则

类　　别	原　　则	建　　议
优先保障原则	基本生活用水保障原则	人均分配；100%保证
	基本生态用水保障原则	干旱区保证地下水位不下降
	粮食安全用水保障原则	95%保证率

类　别		原　则	建　议
综合权衡原则	公平	占用优先原则	采用多目标优化方法，在各行业间、各地区间进行水量分配协调
		按人口分配	
		按面积分配	
		水源地优先原则	
		缺水率优先原则	
	高效	效率优先原则	
统一分配原则		地下水保障原则	优先利用地表水，然后分配地下水
留有余量原则		留有余量原则	满足社会经济用水后，剩余水量预留，以协调未来发展

4.2　初始水权分配的关键要素

4.2.1　初始水权分配关键要素的识别

水权是以实现水的某种功能和效益为目的的权利，包括水量以及水权人对水量所具有的无形权利，如收益权、转让权等。水权是附在水量之上的权利表现，属于法学范畴的概念，而水量是水的数量表现，是属于技术范畴的概念。初始水权分配的关键要素主要集中在水量分配中，具体可分为四个方面：分配情景、分配范围、分配对象和分配形式。分配情景是指水量分配中所依据的需水水平年及分配有效期，反映了流域水权分配的基准及动态可调整性，体现了水量分配对流域社会经济发展的考虑；分配范围指待分配水源的范围，包括地表水、地下水，天然水资源量、可利用水资源量、可供水资源量以及水质问题等，体现了水资源不同划分的利用属性；分配对象主要指接受水量的客体，包括社会经济用水、生态用水、预留水量等，体现水资源服务目标的多样性；分配形式指分配的"标的"形式，包括水量、流量、取水量、耗水量等，体现水资源形态的变异性和利用方式的复杂性。水量分配范围，限定了待分配的水源，属于分配的主体范畴。水量分配对象，表明了水量的去向，属于分配的客体范畴。水量分配的主体和客体通过水量分配相衔接，分配情景及分配形式则体现了水量分配的过程特点。初始水权分配要素框架如图 4-1 所示。

以上述初始水权分配关键要素为框架，采用实证分析的方法，对我国初始水权分配的典型案例进行分析。我国水权制度建设试点地区分布及其初始水权分配特征见表 4-4。我国初始水权分配试点地区水资源禀赋及开发利用情况见表 4-5。

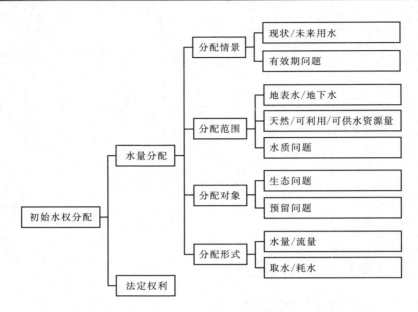

图 4-1　初始水权分配要素框架

表 4-4　　　　　　　　　　我国相关地区初始水权分配特征表

流　域	分配情景		分配范围			分配对象		分配形式	
	用水情景	有效期	地表水 地下水	天然水量 可利用量	水量 水质	生态用水	预留 水量	水量 流量	取水 耗水
塔河	现状	无	地表	天然量	水量	干流及下游 生态	有	水量	耗水
黑河	未来节水	无	地表	天然量	水量	下游湖泊	无	水量	耗水
石羊河	未来节水	无	地表地下	天然量	水量	林草灌溉	有	水量	耗水
卫河	现状	无	地表	天然量	水量	入海水量	无	水量	耗水
霍林河	现状	无	地表地下	天然量	水量	下游湿地	无	水量	耗水
大凌河	未来发展	无	地表地下	可利用量	水量	入海水量	有	水量	耗水
黄河	未来发展	有	地表	可利用量	水量	冲沙水量	无	水量	耗水
晋江	未来发展	有	地表	天然量	水量水质	无	有	流量	取水
抚河	未来发展	无	地表	可利用量	水量	河道内外	有	水量	取水
东江	未来发展	无	地表	可供水量	水量水质	河道内外	无	水量	取水
内蒙古 沿黄六盟	现状	有	地表	黄河过境 水量	水量	与农业 一同分配	无	水量	耗水

表 4-5 我国初始水权分配试点地区水资源禀赋及利用情况

序号	流域（年份）	水资源量/亿 m³			人均水资源量/m³	社会经济用水量/亿 m³	水资源开发利用率
		地表	地下	合计			
1	开都-孔雀河流域（2001）	40.75	1.81	42.56	4420	48.81	1.15
2	阿克苏河流域（2001）	95.33	11.36	70.00	5413	62.20	0.89
3	叶尔羌河流域（2001）	75.61	2.64	78.25	4216	84.43	1.08
4	和田河流域（2001）	45.04	2.34	47.38	3482	31.10	0.66
5	黑河（2001）	24.75	1.75	26.50	1420	32.60	1.23
6	石羊河（2000）	15.60	0.99	16.59	731	25.88	1.56
7	卫河（2006）	16.51	10.75	27.26	260	37.15	1.36
8	霍林河（2006）	4.68	13.13	17.81	883	10.84	0.61
9	大凌河（2006）	18.41	5.28	23.69	478	8.06	0.34
10	黄河（1984）	580.00	91.53	671.53	718	271.00	0.40
11	江西抚河（2005）	161.70	—	161.70	3158	34.32	0.21
12	泉州晋江（1996）	100.86	10.03	110.89	1467	23.02	0.21
13	东江（2007）	326.6	83.4	331.1	1430	79.85	0.24
14	内蒙古沿黄六盟（2004）	58.60	0.00	58.60	691	62.20	1.06

注 缺少江西抚河流域地下水水资源量数据。

4.2.2 初始水权分配试点的要素特征

4.2.2.1 初始水权分配的有效期

根据国外水权制度实践，水权既要具有稳定性，同时也要具有可调整性。稳定性指分水方案在其有效期内一般不可更改；可调整性就是在稳定期结束后，要根据经济社会发展以及生态环境变化的需要进行适当调整。从我国其他一些资源产权制度所规定的权利期限看，如住宅用商品房产权期限为 70 年、耕地承包期限一般为 30 年，水资源使用权也应规定一定有效期。2004 年 4 月开始，水利部松辽水利委员会、中国水利水电科学研究院水资源所、水利部发展研究中心等开展了松辽流域初始水权分配的专题研究工作，提出从"流域向区域、区域向用水户"两个层次划分松辽流域水资源使用权初始分配类型和拥有期限。第一层次按用水类型分为国民经济用水、生态与环境用水、公共用水和政府预留水量，期限整体定为 30 年。第二层次按水资源功能和开发利用方式分为取水、水能开发、水域占用和航道设置等使用权，期限定为 5～30 年。2005 年，江西省开展了抚河流域水权分配试点。江西抚河流域水资源较丰富，较长时期内不会发生水量短缺的情况，水权期限倾向于 30 年。福建省泉州市于 1996 年制订了《泉州市晋江下游水量分配方案》，对晋江流域金鸡闸以下的水资源按县级行政区进行了分配。2000 年以后，产生了重新调整初始水量分配的现实需求，经综合权衡和多方协商，维持原有分配方案不变。

4.2.2.2　现状及未来水量分配

流域现状及未来用水情况是水量分配中需考虑的要素之一。基于各区域及行业现状用水比例进行水量分配，体现了占用优先的原则；以未来需水为基准进行分配，则体现了对社会经济发展用水的考虑。2005 年甘肃省水利厅组织编制了《石羊河流域重点治理规划》，将 2010 年作为规划水平年进行流域初始水权分配。石羊河流域进行初始水权分配之时，流域处于严重超载状态，没有剩余水量供未来发展使用，反而需通过各种手段压缩用水，才能达到流域初始水权分配指标的要求。这种基于压缩用水的水量分配，直接触动各方的现有利益，改革成本和阻力较大。改革成本和阻力一般与现有利益调整幅度成正比。石羊河流域综合治理中的水权分配是对流域现有利益格局做出重大调整，因而其改革困难很大、成本很高、世间罕有。这也是石羊河流域综合治理备受各方关注的原因之一。1984 年黄河水利委员会编制了《黄河河川径流量的预测和分配的初步意见》，针对 2000 年的用水需求进行预测，对黄河干流河川径流量进行了省际间的分配。江西省抚河流域水量分配方案遵循"结合现状用水需求，合理预测未来水平年用水需求"的原则，针对 2030 年的用水需求预测进行初始水权分配。黄河以及抚河流域的水量分配考虑了未来发展变化，没有对既得利益者造成较大触动，降低了协调难度和阻力。

4.2.2.3　地表水及地下水分配

我国水权试点以地表径流的分配为主，但在一些地表水资源短缺的地区，对地下水进行了分配，如石羊河、霍林河等流域对流域可开采的地下水进行了分配。石羊河流域将 0.99 亿 m^3 不重复地下水量作为地下水资源总量进行了分配，并开展了地下水量监测管理工作。在我国北方干旱半干旱流域，由于降雨偏少，社会生产对于地下水的依赖非常严重。有的地区出现地下水资源的严重超载和持续的地下水漏斗，如西北一些内陆河流域和华北平原。在这些地区，需要根据地下水超载和开发利用情况，核算制定地下水用水总量控制指标。通过定额管理，逐年压减地下水用水量，直至用水量缩减到地下水可更新量或者与地表水的不重复量。在一些不方便进行地表水供水或不具备地表水供水条件的地区，主要水源为地下水，如果其地下水开采量超出其地下水初始水权量，则应等量减少其地表水配水或者减少与其处于同一地下水含水层上的相邻地区的地下水或地表水配水，在流域层面进行地表水和地下水的统一管理和总量控制。

1987 年黄河水量分配方案中没有分配地下水，导致出现了一些问题。引黄指标 43.1 亿 m³ 的山西省，近年地表耗水量仅 10 亿 m³ 左右，但其地下水开采量大幅度增加，导致地下水水位严重下降，地下水对黄河河道的补给减少，从而影响了地表水的水量。增采的地下水大部分与地表水重复，但未计入山西的耗水指标中，这显然是有失公平的。同时，1987 年《黄河可利用水量分配方案》颁布至今，黄河流域地下水开采量已从 82 亿 m³ 增加 2014 年的 124 亿 m³（2014 年黄河水资源公报），超出黄河流域 105 亿 m³ 的地表水地下水不重复量（根据 2014 年黄河水资源公报，2014 年黄河利津站以上区域地下水资源量为 368.79 亿 m³，其中与天然地表水量之间的重复计算量为 263.43 亿 m³，不重复量为 105.36 亿 m³）。2014 年黄河总耗水量为 431.07 亿 m³，其中地表水耗水 338.69 亿 m³，占比 78.6%，地下水耗水 92.38 亿 m³，占比 21.4%。可以看出，地表水耗水控制在 370 亿 m³ 的总量内，但地下水的耗水尚无总控。

4.2.2.4　天然水资源量、可利用水资源量及可供水资源量分配

在试点流域中，大部分以天然水资源量（流域上游出山口的多年平均天然径流量）为初始水权分配的总量（基数）；部分流域，如大凌河、黄河、抚河分配流域水资源最大开发比例下的可利用量；少部分流域，如东江流域则指把流域工程可供水量作为总量进行分配。1984 年黄河水量分配，在正常年份河川径流量中扣除冲沙水量，将余下水量作为黄河可利用量进行分配，优先保证了河流冲沙及生态用水，为日后黄河水量统一调度及断流治理打下了坚实的基础。早在 20 世纪 80 年代，在各省规划需水量超出流域可利用水量一倍的情况下，黄河水量分配中仍然预留 200 多亿 m³ 的冲沙水量，实为难能可贵，值得当前的水权分配工作借鉴。2006 年 4 月，水利部松辽水利委员会编制完成了《大凌河流域省（自治区）际初始水权分配方案》（征求意见稿），将扣除入海水量后的径流量作为水资源可利用量进行分配，体现了水权制度建设中权利与义务的结合，用水户从河流取水的同时，必须承担维护河流健康和生命的义务。广东省东江流域基于流域内水库（新丰江、枫树坝、白盆珠水库）的运行调度方式，制定流域近期水量分配方案和远期水量分配方案。按照现状以发电为主的水库调度运行方式，制定流域近期水量分配方案；按照远期以防洪供水为主的水库调度运行方式，制定远期水量分配方案。这种基于水库调度运行方式，核算可利用水量并进行初始水权分配的做法，在我国南方丰水地区较为常用。

4.2.2.5　考虑水质要求的水量分配

初始水权分配方案中是否需要包括水质要求？流域分配到各区域、各区域再分配到用户的初始水权的水质如何？这个问题在目前的初始水权分配试点实践中还没有统一的解决方案。总的来说，我国南方水质污染严重且面临水质性

缺水问题的流域,在初始水权分配时,明确提出了水质控制方案。福建晋江流域依据水权分配方案,制定了《晋江、洛阳江上游水资源保护补偿专项资金管理暂行规定》,规定水资源保护专项资金由下游受益县(市、区)按初始水权分配比例合理分摊,依托水权让受益地区、受益者向水环境保护区提供经济补偿。这种以水权为基础的流域环境保护补偿模式,是以初始水权分配为核心进行流域水资源保护的一种借鉴模式。在广东,东江流域基于水量分配方案以及水库现状和未来调度方式下的污染物(以 COD 和氨氮为控制指标)容许入河排放量,提出了流域各控制断面的水质达标要求。

4.2.2.6　生态水量分配

当前我国水权制度建设实践中绝大部分地区分配了生态水量,其生态需水主要考虑下游湖泊湿地需水及河流入海水量等。跨内蒙古自治区和吉林省的霍林河水量分配主要协调上游内蒙古霍林郭勒煤电产业用水和下游内蒙古科尔沁草原湿地、国家级自然保护区吉林省向海湿地的生态用水。水量分配方案将湿地作为用水户,分配相对充足的水量以保证湿地生态。生态系统相对工业企业处于弱势地位,没有能力进行工程建设和水权转换。而工业企业具有迫切的用水需求和较高的产值效益,有进行工程建设和实施水权转换的动力和能力。所以优先保证生态水权是利益分配博弈过程中公平性的体现。霍林河流域初始水权分配试点工作为我国生态用水和工业用水矛盾较突出地区的初始水权分配提供了借鉴。

4.2.2.7　预留水量分配

政府预留水量用以满足流域社会经济发展中的不可预见因素和各种紧急情况下水资源的非常规需求。辽宁大凌河流域水量较充足,用水矛盾不突出,其初始水权分配中将满足入海水量要求后剩余水量中大于生态基流的部分作为预留水量。在我国南方,江西抚河以及福建晋江流域的初始水权分配方案中,政府预留水量分别占整个分配水量的 10% 和 20% 多,但没有规定预留水量的使用和再次分配机制。塔里木河流域水权分配基本未考虑预留水量,仅在水资源利用率较低的和田河预留了 4.19 亿 m^3 的待分配水量。在石羊河流域,《石羊河流域重点治理规划》中分配了 7316 万 m^3 水量作为全流域应急调度的预留水量,由流域管理机构统一调配,不再向各县区分配。目前石羊河流域处于水资源超载状态,分配预留水量的合理性和必要性还有待进一步探讨。

4.2.2.8　水量与流量分配

初始水权的形式可包括水量和流量。水量分配指针对某一时间段、某一断面上水体体积进行分配;流量分配指对某一时间段、某一断面上过流流量的分配。目前,大部分地区以水量形式制定水权分配方案,晋江流域通过金鸡拦河闸调度，分配闸下流量。泉州晋江流域水资源相对丰富，针对晋江金鸡闸的枯水流量进行水权分配，抓住了主要矛盾，从宏观层面构筑了晋江流域各行政区域用水的最低保障体系和解决上下游水事纠纷的平台。经过10年的运行考验，泉州水量分配方案运行情况良好，并在水权分配框架的基础上解决了一系列水资源管理问题。流量分配的指标简单，操作便捷，易于监控，但会给区域水权向个体取水权的分配带来一定的不适宜性，主要体现为流量分配如何与以水量为基础的取水许可相衔接，如何保证区域公共水权向个体取水权的顺利转化等。

4.2.2.9 取水量与耗水量分配

水量边界完整的初始水权分配应全面考虑流域内的取水量、耗水量、退水量、损失量等水量形式，明确各种损失水量、回归水量的使用权归属，为流域节水及水权转换奠定基础。一般来说，各种取水量、耗水量、退水量、损失量之间的关系如式（4-1）～式（4-3）所示。用水户从河道的取水量 WA_i 及用水户的毛耗水量 WC_i^{gross} ，是区域及用户层面初始水权分配所关注的重点。

$$WA_{ri} = WA_i + WRLoss_{ri} \tag{4-1}$$

$$WA_i = WC_i^{gross} + WT_i \tag{4-2}$$

$$WC_i^{gross} = WC_i^{net} + WILoss_i \tag{4-3}$$

式中：WA_{ri} 为用水单元 i 从水库处的取水量；WA_i 为用水单元在河道处的取水量；$WRLoss_{ri}$ 为水库到用水单元取水口处的损失量；WC_i^{gross} 为用水单元的毛耗水量；WT_i 为用水单元的退水量；WC_i^{net} 为用水单元的净耗水量，如灌溉田间净耗水量；$WILoss_i$ 为用水单元取水口到农田田间或者工厂厂区之间的损失量。

一般来说，水库蒸发渗漏损失量以及水库到用水单位取水口间损失量的使用权，应由流域管理单位所有；用水单元内部井、渠的供水损失量应由用水单位负责。如用水单位在这些位置通过节水减少了水量损失量，节约水量的使用权应由用水单位所有。

4.2.3 要素路径选择的规律性分析

通过上述要素分析可以看出，各典型流域的初始水权分配具有一定的规律性，具有明显的时代特征和地域差异。以人均水资源量表征流域的水资源禀赋，作为横坐标；以水资源开发利用率表征流域水资源超载情况，作为纵坐标，将表4-5中的流域点画在二维图中，分析各流域水量分配的路径选择情况，描述水量分配特征与流域水资源禀赋及水资源开发程度的关系，如图4-2～图4-6所示。

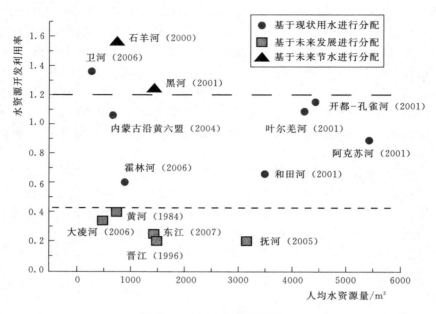

图 4-2　要素：水量分配情景

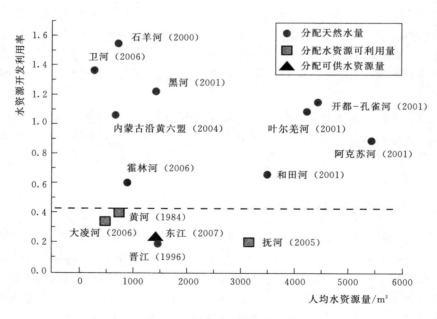

图 4-3　要素：水量分配范围

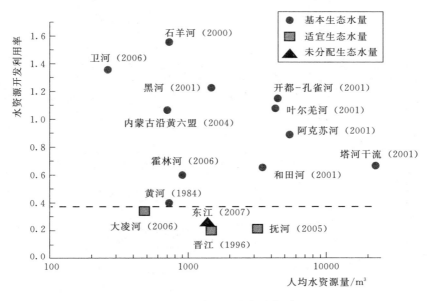

图 4-4 要素：生态水量分配

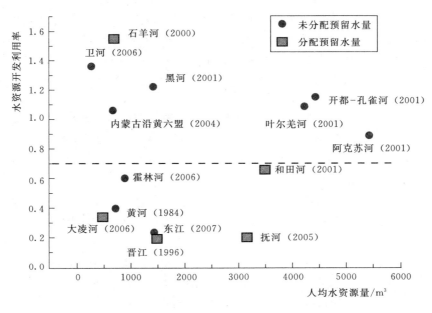

图 4-5 要素：预留水量分配

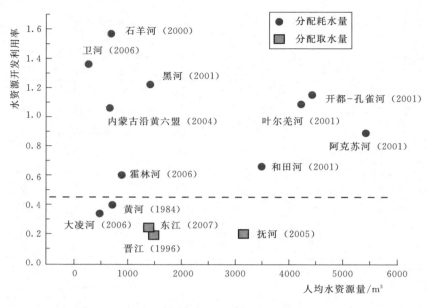

图 4 - 6　要素：取水量及耗水量

可以看出，水资源开发利用率对初始水权分配的路径选择有较为明显的影响。水资源开发利用程度较低的流域较充分考虑了生态用水、预留水量以及社会经济未来用水增长，将流域合理开发比例下的可利用水量以取水量形式分配至各区域。水资源开发利用程度较高的流域则基于现状用水比例，以总水资源量作为分配范围，针对用水单位的耗水量进行分配。处于超载状态的石羊河及黑河流域则压缩现状用水进行水量分配，所分配水量小于流域现状需水量。

图 4 - 7～图 4 - 10 为试点流域初始水权分配方案中对有效期、地下水、水质，以及水量和流量的规定。第一，考虑水权分配方案有效期的流域较少，水权分配方案是否需设定有效期，有效期多长，到期之后如何调整，应是初始水权分配中需要研究解决的关键技术问题。第二，水资源"量的短缺"是目前我国尤其是北方干旱区流域水资源管理面临的主要问题，大部分流域优先进行了水量分配，而未考虑水质的要求，而在水量丰沛但面临水质性缺水问题的东江，则考虑了水质问题，进行了排污总量控制。第三，以"水量体积"作为流域初始水权分配的"标的"能给人以较完整的水量预期，而流量分配则更易于操作，但难以和以水量为基础的取水许可相衔接。在取水许可制度普遍实施的情况下，近年来初始水权分配都以水量作为分配指标，仅 20 世纪 90 年代的晋江水权分配采取了流量形式，体现了水量分配的时代特征。

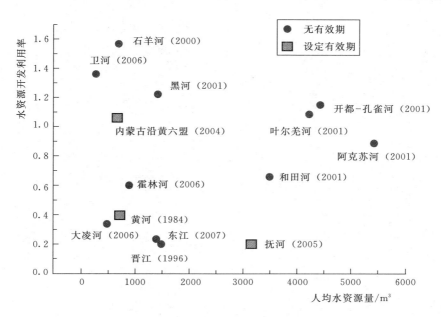

图 4-7 要素：水量分配有效期

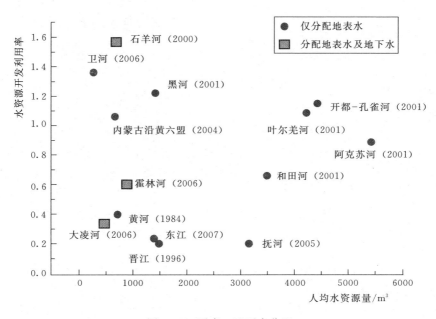

图 4-8 要素：地下水分配

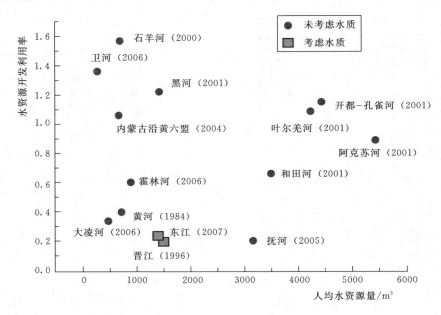

图 4 - 9　要素：水质问题

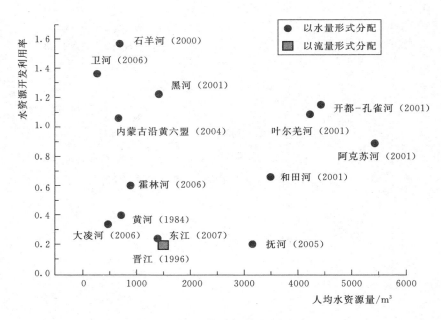

图 4 - 10　要素：水量和流量指标

4.3 初始水权多准则分配模型

水量分配原则是水量分配的依据和约束,是分配中最为关键和重要的环节。在数学模型中,分配原则表现为模型计算的准则。描述水量分配的过程,需要选取特定的指标量化分配原则,建立解决多准则优化问题的数学模型。本书以原则满意度函数的形式定量化描述水量分配的原则,刻画水量分配过程中分配原则的满足程度,并采用优化求解方法,给出满意度最大的水量分配方案。

4.3.1 水量分配原则的数学表达

4.3.1.1 基本用水保障原则

基本用水保障原则包括基本生活用水保障原则、基本生态用水保障原则和粮食安全用水保障原则。基本生活、基本生态及粮食安全用水,关乎人类生存、社会发展和稳定,需优先保障。一般情况下,应从流域总水资源量中将这部分基本水量扣除,剩余水量作为社会经济可利用量进行分配。

1. 基本生活用水保障原则

基本生活用水主要是指城市的家庭生活用水、农村的家庭生活用水和牲畜用水。基本生活用水相对于生产性用水具有更高级别的优先权,需要首先满足。基本生活用水保障原则的内涵包括两个方面:公平分配和优先保障。保障基本生活用水是保障人权的体现,应平等地分配每个人的基本生活用水,进而确定流域基本生活用水总量;同时,基本生活具有最高的优先级。基本生活用水的总量确定和分配方式如式(4-4)~式(4-6)所示。

$$W_{LB} = \sum_{i}^{n} W_{LBi} = \sum_{i}^{n} (Q_{LBi} \cdot POP_i) \qquad (4-4)$$

$$W'_{LB} = W_{LB} \qquad (4-5)$$

$$W_{A1} = W_T - W'_{LB} \qquad (4-6)$$

式中:W_{LB} 为流域基本生活需水总量;W_{LBi} 为第 i 分区基本生活需水量;Q_{LBi} 为第 i 分区的生活用水定额;POP_i 为第 i 分区总人口;W'_{LB} 为分配的流域基本生活水权量;W_{A1} 为扣除基本生活用水后剩余可分配的水量;W_T 为流域总水资源量;n 为参与水量分配的分区总数。

2. 基本生态用水保障原则

在水量分配中,维持流域当前的生态状况是最基本的要求,基本生态用水具有较高的优先级别。以维持现状生态状况为目标,确定流域基本生态需水,并按照优先原则全额分配基本生态用水,是基本生态用水保障原则的内涵。基本生态用水的总量确定和分配方式如式（4-7）～式（4-10）所示。

$$E_{t+1}(Index) - E_t(Index) \geqslant 0 \qquad (4-7)$$

$$F(W_{EB}) = F(\sum_{i=1}^{n} W_{EBi}) = \min(E_{t+1}(Index) - E_t(Index)) \qquad (4-8)$$

$$W'_{EB} = W_{EB} \qquad (4-9)$$

$$W_{T1} = W_{A1} - W'_{EB} \qquad (4-10)$$

式中：$Index$ 为生态情况指标，如石羊河流域以风沙防护林的灌溉面积表征生态建设情况；$E_t()$、$E_{t+1}()$ 分别为 t、$t+1$ 时刻的生态健康函数，表示流域的生态健康状况，式（4-7）表示 $t+1$ 时刻的生态健康状况要优于 t 时刻的生态健康状况；W_{EBi} 为第 i 分区基本生态需水量；W_{EB} 为流域基本生态需水总量；$F()$ 为生态系统的用水效用函数；W'_{EB} 为分配的流域基本生态水权量；W_{T1} 为流域可利用水资源总量。

式（4-8）表示，维持 $t+1$ 时刻的生态健康状况不劣于 t 时刻的生态健康状况所需要的最小生态用水即为基本生态需水。

3. 粮食安全用水保障原则

中国人口多，粮食消费量大，粮食安全对于社会稳定与发展非常重要。稳定的农业灌溉用水是保障粮食安全的必要手段之一。因此在水量分配中，应根据实际情况考虑地区粮食安全保障，优先保障基本粮食生产用水。根据地区基本粮食生产指标、平均粮食亩产及灌溉定额，计算基本粮食保障用水总量，并予以优先保障。粮食安全保障原则如式（4-11）和式（4-12）所示，原则要求流域粮食安全用水保障程度要大于 95%。

$$W_{ABi} = w_i \cdot \min(Crop_i) \qquad (4-11)$$

$$RBS = \min(RBS_i) = \min(\frac{WR_{ABi}}{W_{ABi}}) \geqslant 0.95 \quad i = 1, 2, \cdots, n \qquad (4-12)$$

式中：W_{ABi} 为第 i 分区基本粮食生产需水量；w_i 为第 i 分区单方粮食生产需水量；$\min(Crop_i)$ 为基本粮食生产要求；WR_{ABi} 为第 i 分区的基本粮食生产配水量；RBS_i 为第 i 分区基本粮食用水保障程度，取所有分区中最小的基本粮食保证程度代表流域基本粮食保障情况。

4.3.1.2 可持续发展原则

水资源的分配和管理应以自然生态及人类社会的可持续发展为前提，保障生态环境用水是可持续发展原则的核心。流域生态需水可分为基本生态需水和适宜生态需水两部分。基本生态需水应遵循基本用水保障原则予以优先分配。适宜生态水权的保证率不及基本生态水权高，应依据生态建设需求，综合权衡分配。可持续发展原则的数学形式如式（4-13）～式（4-15）所示，要求在综合权衡流域生态恢复目标和社会经济需水的前提下，尽量满足生态需水要求。

$$E_{t+1}(Index) - E_t(Index) \gg 0 \tag{4-13}$$

$$F(W_{ED}) = F(\sum_{i=1}^{n} W_{EDi}) \geqslant \min(E_{t+1}(Index) - E_t(Index)) \tag{4-14}$$

$$0 \leqslant \frac{W'_{ED}}{W_{ED}} \leqslant 1 \tag{4-15}$$

式中：W_{EDi} 为第 i 分区适宜生态需水量；W_{ED} 为流域适宜生态需水量；W'_{ED} 为分配的流域适宜生态水权量。

式（4-13）表示，适宜生态水量使得 $t+1$ 时刻的生态健康状况远远高于 t 时刻的生态健康状况。

4.3.1.3 公平原则

水量分配中公平原则相对复杂，内涵也比较丰富，需要考虑用水、人口、面积、产水量等多方面的因素。本书提出的公平原则包括 4 项子原则：占用优先原则、人口优先原则、面积优先原则、水源地优先原则。以上分配原则体现了不同意义上的公平性，需进行综合考虑，进行相对公平的分配。一般来说，占用优先原则是较具代表性的公平原则。

1. 占用优先原则

占用优先原则，指依据各分水单元的实际用水现状将水量按比例进行分配。它是被国外广泛认可并使用的一项最基本也是最重要的水量分配原则。其原因主要有两个：①符合物权精神和一般的人类伦理逻辑；②便于操作，实施成本小。我国水资源总体短缺，且由于制度和历史等原因造成了河岸权制度的实施难度很大。因此，占用优先原则是我国在进行初始水量分配时应该遵循的一个重要原则。占用优先原则如式（4-16）所示。式（4-16）结果如果等于 1，表明各区域的水权与现状耗水比例一致，可按各区现状用水量比例进行分配。

$$\frac{\min(\frac{WR_i}{WO_i})}{\max(\frac{WR_i}{WO_i})} = 1 \quad i = 1,2,\cdots,n \tag{4-16}$$

式中：WR_i 为第 i 分区所分配的社会经济水权量（不包括基本生活、生态水权）；WO_i 为第 i 分区现状社会经济用水量（不包括基本生活、生态用水）。

2. 人口优先原则

人口数量也是公平地进行水量分配应当考虑的因素之一。人口优先原则如式（4-17）所示，要求按照各区人口比例进行分配，各地区人均水量一致。

$$\frac{\min(\frac{WR_i}{Pop_i})}{\max(\frac{WR_i}{Pop_i})} = 1 \quad i = 1,2,\cdots,n \tag{4-17}$$

式中：Pop_i 为第 i 分区人口数量。

3. 面积优先原则

我国面积广阔，水资源空间分布不均，依据地区或者耕地面积进行水量分配是流域尤其是农业水量分配可采用的原则之一。面积优先原则如式（4-18）所示，要求按照各区面积比例进行分配，各区亩均水量一致。

$$\frac{\min(\frac{WR_i}{Area_i})}{\max(\frac{WR_i}{Area_i})} = 1 \quad i = 1,2,\cdots,n \qquad (4-18)$$

式中：$Area_i$ 为第 i 分区区域或农田灌溉面积。

4. 水源地优先原则

水源地或流域上游具有天然的取水优势，一般占用较高比例用水量。水源地优先原则符合流域现状用水秩序，是公平原则所考虑的内容之一，如式（4-19）所示，要求按照各区产水量进行分配，各地区分水量与其产水量的比例一致。

$$\frac{\min(\frac{WSR_i}{WC_i})}{\max(\frac{WSR_i}{WC_i})} = 1 \quad i = 1,2,\cdots,n \qquad (4-19)$$

式中：WC_i 为第 i 分区地表产水量；WSR_i 为第 i 分区所分配的地表社会经济水权量（不包括基本生活、生态水权）。

4.3.1.4　效率原则

效率原则主要考虑水资源利用的经济效益，一般基于各分水单元的单方水产值将水量按比例进行分配。多数情况下，公平性往往会和高效性发生矛盾，从法律和伦理的角度来考虑，在水量分配过程中公平性原则应该在一定程度上优先于效率原则。在实践中，效率原则在很大程度上可以通过分配使用权后的市场交易得到弥补。效率优先原则如式（4-20）所示，要求将水量全部分配给水资源利用效益最高的地区。

$$\frac{\sum_{i=1}^{n}(WR_i \cdot \frac{GDP_i}{WO_i}) - \sum_{i=1}^{n}WR_i \cdot \min(\frac{GDP_i}{WO_i})}{\sum_{i=1}^{n}WR_i \cdot \max(\frac{GDP_i}{WO_i}) - \sum_{i=1}^{n}WR_i \cdot \min(\frac{GDP_i}{WO_i})} = 1 \quad i = 1,2,\cdots,n$$

$$(4-20)$$

式中：GDP_i 为第 i 分区基准年 GDP 值。

4.3.2　水量分配多准则模型构建

由于水资源的多用途性及利用形式的多样性，水量分配过程要实现保障基本用水、维持可持续发展、确保公平以及促进高效利用等目标，属于多目标的决策问题。生态环境可持续的目标要求尽量满足生态系统需水，这往往会与人类经济社会用水发生矛盾；公平分配要求参与分配的各利益方获得的水量要相当，而高效利用要求水量分配向使用效率高的地区和行业倾斜，公平和效率一般很难兼顾。在水资源短缺的情况下，生态用水与社会经济用水的矛盾、公平分配与高效利用之间的矛盾表现更为突出，难以调和。因此，综合协调水量分配的多种目标，给出相对优化的水量分配方案，是水量分配建模的主要内容。

本书采用多目标优化的方法建立水量分配的多准则模型，为全面、综合地进行初始水权分配提供数学模型平台；以满意度函数的形式量化分配原则，求解各原则综合满意度最大的水量分配方案作为最优的初始水权分配方案。分配数学模型主要由两部分组成：①目标函数；②约束条件。

4.3.2.1 目标函数

采用加权法将多目标问题变成单目标问题，并在约束条件中设置权重系数均大于 0，保证加权后的单目标问题的最优解就是基本用水保障原则、可持续发展原则、公平原则、效率原则下多目标问题的非劣解。加权后以综合满意度最大为初始水权分配数学模型的目标函数：

$$\max S = \omega_1 \cdot RES + \omega_2 \cdot RBS + \omega_3 \cdot RFS + \omega_4 \cdot RHS \qquad (4-21)$$

式中：RES 为生态用水保障原则满意度；RBS 为粮食生产保障原则满意度函数；RFS 为公平性原则满意度；RHS 为高效性原则满意度；$\omega_j (j = 1, 2, \cdots, 4)$ 为不同原则满意度权重系数。

1. 生态用水保障原则满意度函数

$$RES = \begin{cases} \dfrac{W'_{ED}}{W_{ED}} & W'_{ED} < W_{ED} \\ 1 & W'_{ED} \geqslant W_{ED} \end{cases} \qquad (4-22)$$

式中：RES 为生态用水保障原则的满意度；W_{ED} 为流域适宜生态需水总量；W'_{ED} 为分配的流域适宜生态水权量。

2. 粮食生产保障原则满意度函数

$$RBS_i = \begin{cases} \dfrac{WR_i}{W_{ABi}} & WR_i < W_{ABi} \\ 1 & WR_i \geqslant W_{ABi} \end{cases} \qquad i = 1, 2, \cdots, n \qquad (4-23)$$

$$RBS = \begin{cases} 1 & \min(RBS_i) = 1 \\ \dfrac{\min(RBS_i - 0.95)}{1 - 0.95} & 0.95 < \min(RBS_i) < 1 \\ 0 & \min(RBS_i) \leqslant 0.95 \end{cases} \qquad (4-24)$$

式中：RBS_i、RBS 为粮食生产保障原则的满意度，如某分区分配的水量小于其粮食安全需水的 95%，则此原则不获满足；WR_i 为第 i 分区分配的社会经济水权量（不包括基本生活、生态水权）；W_{ABi} 为第 i 分区基本粮食生产需水量。

3. 公平性原则满意度函数

采用加权平均的方式，综合考虑现状、人口、面积、产水量因素，建立公平性原则满意度函数，进行公平性原则内部子原则的协调。

$$RFS = \beta_1 \cdot RF_1 + \beta_2 \cdot RF_2 + \beta_3 \cdot RF_3 + \beta_4 \cdot RF_4 \qquad (4-25)$$

式中：RFS 为公平性原则的满意度；β_j（$j = 1,2,\cdots,4$）为各种公平性子原则满意度权重系数；RF_1、RF_2、RF_3 及 RF_4 分别为占用优先原则、人口优先原则、面积优先原则以及水源地优先原则的满意度。

（1）占用优先原则。

$$RF_1 = \frac{\min(\frac{WR_i}{WO_i})}{\max(\frac{WR_i}{WO_i})} \quad i = 1,2,\cdots,n \qquad (4-26)$$

式中：RF_1 为占用优先原则满意度，如完全按照各地区现状用水量比例进行分配，则该原则满意度最大，也就是说各地区之间分配水量与现状用水量的比例一致。

（2）人口优先原则。

$$RF_2 = \frac{\min(\frac{WR_i}{Pop_i})}{\max(\frac{WR_i}{Pop_i})} \quad i = 1,2,\cdots,n \qquad (4-27)$$

式中：RF_2 为人口优先原则满意度，如完全按照各地区人口比例进行分配，即各地区人均水量一致，则该原则满意度最大。

（3）面积优先原则。

$$RF_3 = \frac{\min(\frac{WR_i}{Area_i})}{\max(\frac{WR_i}{Area_i})} \quad i = 1,2,\cdots,n \qquad (4-28)$$

式中：RF_3 为面积优先原则满意度，如完全按照各地区面积比例进行分配，即各地区亩均水量一致，则该原则满意度最大。

（4）水源地优先原则。

$$RF_4 = \frac{\min(\frac{WR_i}{WC_i})}{\max(\frac{WR_i}{WC_i})} \quad i = 1,2,\cdots,n \qquad (4-29)$$

式中：RF_4 为水源地优先原则满意度，如完全按照各地区产水量比例进行分配，即各地区分配水量与其产水量的比例一致，则该原则满意度最大。

4. 高效性原则满意度函数

$$RHS = \frac{\sum_{i=1}^{n}(WR_i \cdot \frac{GDP_i}{WO_i}) - \sum_{i=1}^{n} WR_i \cdot \min(\frac{GDP_i}{WO_i})}{\sum_{i=1}^{n} WR_i \cdot \max(\frac{GDP_i}{WO_i}) - \sum_{i=1}^{n} WR_i \cdot \min(\frac{GDP_i}{WO_i})} \quad i = 1, 2, \cdots, n$$

(4-30)

式中：RHS 为高效性原则的满意度，如将水量全部分配给单方水产值最大的区域，则该原则满意度最大。

4.3.2.2 约束条件

1. 水量平衡约束

$$W'_{LB} = W_{LB} = \sum_{i=1}^{n} W_{LBi}$$

(4-31)

$$W'_{EB} = W_{EB} = \sum_{i=1}^{n} W_{EBi}$$

(4-32)

$$W_T \geqslant W'_{LB} + W'_{EB} + W'_{ED} + \sum_{i=1}^{n} WR_i$$

(4-33)

式中：W_{LB}、W'_{LB} 为流域基本生活需水量及分配的水权量；W_{EB}、W'_{EB} 为流域基本生态需水量及分配的水权量；W'_{ED} 为流域适宜生态水权量；W_T 为流域水资源总量。

2. 非负约束

$$WR_i \geqslant 0 \quad i = 1, 2, \cdots, n$$

(4-34)

3. 非劣解约束

$$\begin{cases} \omega_j \geqslant 0 \\ \sum_{j=1}^{4} \omega_j = 1 \end{cases} \quad j = 1, \cdots, 4$$

(4-35)

$$\begin{cases} \beta_j \geqslant 0 \\ \sum_{j=1}^{5} \beta_j = 1 \end{cases} \quad j = 1, \cdots, 5$$

(4-36)

4.3.3 多准则模型求解算法

本书建立的水量分配数学模型是一个有约束的非线性优化模型，需要选择合适的非线性优化算法求解。对于优化问题，通常采用迭代法求它的最优解。迭代法的基本思想是：从一个选定的初始点 x_0 出发，按照一定的迭代规则产生一个点列 $\{x_k\}$，使得当 $\{x_k\}$ 是有穷点列时，其最后一个点是问题的最优解；当 $\{x_k\}$ 是无穷点列时，它有极限点，并且任一极限点是问题的最优解。

一个算法是否收敛，通常和初始点 x_0 的选取有关。如果只是当初始点充分接近 x^* 时，算法产生的序列 $\{x_k\}$ 才收敛到 x^*，则称算法是局部收敛的；如果对任何初始点 x_0，算法产生的序列 $\{x_k\}$ 都收敛于 x^*，则称算法是全局收敛的。评价一个算法的好坏，最重要的衡量标准之一是它的收敛速度。

通常，求解非线性优化问题（NLP）的算法可以分为两类。一类是数学规划法。对于无约束变量的 NLP 问题，常用的方法有最速下降法、共轭方向法、变尺度法和牛顿法等方法；对于带有约束变量的 NLP 问题，常用的方法有拉格朗日乘子法、罚函数法、序贯二次规划法（SQP）、可行方向法和复合形法等。另一类是随机搜索法。常用的随机搜索法大都属于进化算法（Evolutionary Algorithm）的范畴，包括遗传算法、模拟退火算法、微粒群优化算法以及混沌优化算法等。数学规划法有成熟的理论基础，但算法复杂，且只有对可行域为凸集的问题，才可以保证得到最优解。相对来说，随机搜索法简单，易于编程，并且对问题的可行域没有限制。

遗传算法（Genetic Algorithm）是模拟生物界遗传和进化过程而建立起来的一种搜索算法，体现着优胜劣汰、适者生存的竞争机制。遗传算法的基本思想是从一组随机产生的初始解，即"种群"开始进行搜索，种群中的每一个个体，即为问题的一个解，称为"染色体"；遗传算法通过染色体的"适应值"来评价染色体的好坏，适应值大的染色体被选择的概率高，相反，适应值小的染色体被选择的可能性小，被选择的染色体进入下一代；下一代中的染色体通过交叉和变异等遗传操作，产生新的染色体；经过若干代之后，算法收敛于最好的染色体，该染色体就是问题的最优解或近似最优解。遗传算法的优点是可以处理非光滑甚至是离散的问题，而且处理速度相对较快，缺点是编码不太容易，算法能很快地收敛到最优点附近，但要达到最优点需要很长的时间。

模拟退火算法（Simulated Annealing）源于统计力学中固体物质的退火过程与一般组合优化问题间的相似性。在对固体物质进行退火处理时，通常先进行加温熔化，使其中的粒子可以自由运动，随着温度的逐渐下降，粒子也逐渐形成了低能态的晶格。若在凝结点附近的温度下速率足够慢，则固体物质一定会形成最低能量的基态，这一过程和金属的初始状态无关。理论上已经证明，通过模拟退火过程可以找到全局最优解。模拟退火算法的主要优点之一就是能以一定的概率接收目标函数值不太好的状态；主要缺点是为得到一个好的近似最优解，需要进行反复迭代运算，收敛速度较慢。

微粒群优化算法（Particle Swarm Optimization）是基于模拟自然生物群体行为的优化技术。其基本思想是让一群鸟在空间里自由飞翔，每个鸟都能记住它曾经飞过的最高位置，然后就随机地靠近那个位置，不同的鸟之间可以互相交流，它们都尽量靠近整个鸟群中曾经飞过的最高点，这样经过一段时间，就可以找到近似的最高点。微粒群优化算法与遗传算法相同，都属于进化算法，都需要一个随机的种群作为初始解，然后通过对初始解进行某些变化而使其逐步靠近最优解。与遗传算法相比，微粒群优化算法避免了二进制编码的麻烦，而且操作更加直观。但由于该方法的基本参数是固定的，其在对某些函数优化上的精度较差，需要混合其他算法以提高优化性能。

混沌优化算法（Chaos Optimization Algorithm）的基本思想是利用混沌运动的遍历性特点，即混沌运动能在一定范围内按其自身的规律不重复地遍历所有状态，将混沌状态引入到优化变量中，然后利用混沌变量进行寻优搜索。该方法适用于连续复杂对象的优化问题。混沌优化方法继承了随机搜索算法的优点，但是搜索具有一定的盲目性，当搜索起始点选择不合适或遍历区间很大或控制参数及其控制策略选取不合适时，算法可能需要花费很长的时间才能取得较好的优化性能。

本书所建立的水量分配多准则模型形式较为简单，需要算法以较快的速度给出近似最优解，对于求解的全局最优性要求不严格。通过对上述非线性优化算法的比较，综合考虑模型对算法精度、收敛速度以及通用性的要求，选择目前应用较广且寻优速度较快的遗传算法进行模型求解。遗传算法的收敛与否，不仅与模型简化方式、迭代次数和变异算子的选择等有关，而且与是否采用最优保存策略等有关。为了测试算法的稳定性，以石羊河流域为例，设定方案 1 ～方案 3 参数（表 4 - 6），得到图 4 - 11 和图 4 - 12 所示的初始水权分配结果。

表 4 - 6   方案 1 ～方案 3 参数设定

方案	基 本 参 数				基 本 数 据		
	迭代次数	个体数目	交叉概率	是否取优	总水量/亿 m³	生态需水量/亿 m³	基本生活需水量/亿 m³
方案 1	10000	100	0.05	是	16.60	1.00	0.71
方案 2	10000	100	0.6	是	16.60	1.00	0.71
方案 3	15000	100	0.6	是	16.60	1.00	0.71

从图 4 - 11 和图 4 - 12 可见：在不同方案下，适应度近似收敛至同一数值；在 3 个方案的初始水权分配中，每个地区以及生态用水的分配比例基本一致。

分配数学模型步骤如下：

（1）确定研究对象并进行分区。研究对象是指研究的全部空间范围，一般以流域为单元进行，也可以是已经取得确定使用权、需要继续向下分配的较高级别的行政区；分区是指在研究对象空间范围之内的行政区。

（2）确定研究对象水资源量（W_T）。这里的水资源量可以是地表水资源

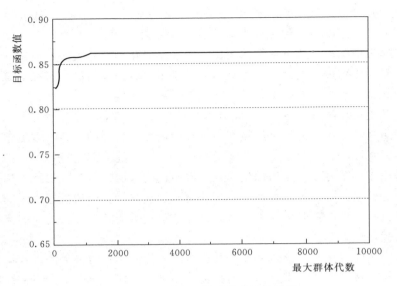

图 4-11　石羊河流域遗传算法收敛性

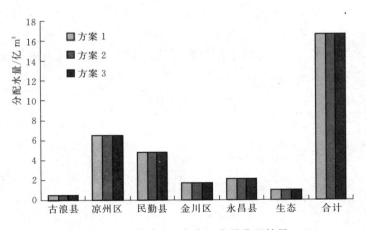

图 4-12　方案 1~方案 3 水量分配结果

量或地下水资源量。

（3）确定原则权重系数 ω_j 和 β_j。采用专家调查法和层次分析法确定原则权重系数。通过过半数、几何平均值、算术平均值和不满意度最小几种准则确定原则指标重要性判断矩阵；采用特征向量法或对数最小二乘法计算权重系数。

（4）求解模型得到初始水权分配方案。根据建立的模型，采用遗传算法进行求解，得到确定的计算结果，即可作为研究对象的初始水权分配方案。初始水权分配数学模型计算流程见图 4-13。

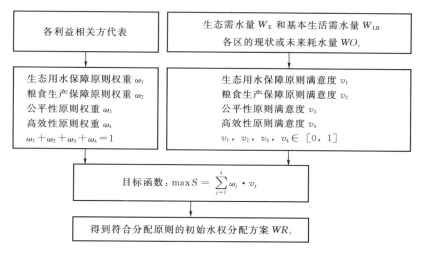

图 4-13　初始水权分配数学模型计算流程

4.4　流域初始水权分配的分析框架

基于上述初始水权分配要素的分析，提出流域初始水权分配的分析框架，包括：①确定分配目标；②选择分配原则；③划定分配范围；④评价水资源量；⑤核实现状用水情况或者预测未来用水需求；⑥确定水量分配的指标形式和分配对象；⑦制定初始水权分配方案；⑧进行方案比选和评价等。具体包括：

（1）明确初始水权分配的目标。分配方案有效期是在明确水权分配目标阶段应考虑的问题。不同的水权分配目标决定了是否设定分配有效期及有效期的长短。

（2）依据初始水权分配的目标和流域特点，选择分配原则。分配原则是初始水权分配的灵魂和基础，起到提纲挈领、指导分配的作用。在初始水权分配工作之初，必须根据流域特点对分配原则进行认真筛选和协商。

（3）在初始水权分配目标、原则的基础上，划定水量分配的数量和质量范围。即解决是否分配地下水、分配全流域水量还是流域可利用水量、是否考虑水质等问题。

（4）按照水量分配范围，进行流域水资源评价，确定流域地表水、地下水水资源总量，进一步量化水权分配的资源边界。待分配水资源总量的空间范围是水权分配主体的限定前提条件之一。比如，分配全流域水资源总量还是分配流域出山口以下水资源量，也是在水资源评价步骤中需要考虑的问题。

（5）依据水资源评价结果及流域的水资源开发利用程度，选择水量分配的用水情景。对于干旱超载地区，重点在于核实现状用水；对于水资源相对丰富地区，重点在于需水预测，确定未来需水要求。分配情景的选择，是水权分配中一个重要的技术问题，其直接决定了水权分配方案的协调难度及实施方式。

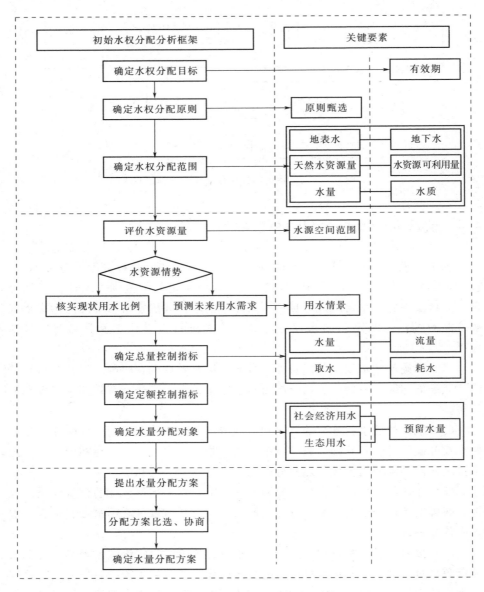

图 4-14　流域初始水权分配分析框架及关键要素

（6）依据水资源量评价及流域现状、未来用水情况，确定水量分配总量控制的指标形式。其具体包括水量及流量、取水量及耗水量等。

（7）确定水量分配的对象，即区域、行业、生态及预留。分析流域生态保护程度、目标和水资源管理水平，统筹分配生态水权；具备条件的地区，可考虑分配政府预留水量。

（8）依据以上工作，制定水量分配方案，将水量分配到地区、行业和用户。

（9）召集水量分配中各利益相关方代表进行方案协商，最终确定水量分配方案，并报上级水资源行政主管部门审批。

流域初始水权分配分析框架及关键要素如图 4-14 所示。

4.5 小结

初始水权分配关键技术包括分配的关键要素识别与调控、分配的数学模型这两个核心内容。初始水权分配关键要素包括分配情景、分配范围、分配对象和分配形式四个方面。分配情景是指水量分配中所依据的需水水平年及方案的有效期；分配范围指待分配水源的范围，包括地表水、地下水、天然水资源量、水资源可利用量、可供水资源量等；分配对象主要指接受水量的客体，包括社会经济用水、生态用水、预留水量等；分配形式指分配的"标的"形式，包括水量、流量、取水量、耗水量等。在我国的初始水权分配试点中，南北方不同流域对这些要素的调控方式差别很大，如何根据流域水资源禀赋特征和开发利用特点，总结我国水权分配试点的经验，提出因地制宜的水权分配要素调控方式，是建立国家层面初始水权分配总体框架的关键技术内容。

本书提出两个关键指标——以人均水资源量表征流域的水资源禀赋、以水资源开发利用率表征流域水资源超载情况，并以之对黄河、黑河、石羊河、塔里木河、大凌河以及东江等 14 个水权分配试点进行分类，发现水资源开发利用率对初始水权分配的要素调控和路径选择有较为明显的影响。水资源开发利用程度较低的流域较充分考虑了生态用水、预留水量以及社会经济未来用水增长，将流域合理开发比例下的可利用水量以取水量形式分配至各区域。水资源开发利用程度较高的流域则基于现状用水比例，以总水资源量作为分配范围，针对用水单位的耗水量进行分配。处于超载状态的西北地区石羊河及黑河流域则压缩现状用水进行水量分配，所分配水量小于流域现状需水量。

初始水权分配的原则，规定了竞争性用水条件下用户的用水优先顺序，是核算用水总量的依据。不同的原则直接导致不同的水量分配结果。如何采用数学化的方法描述分配原则对分配结果的影响，建立基于原则量化的分配模型，计算得出分配方案，是初始水权分配的核心技术。本书采用满意度函数的方式建立水量分配原则的数学表达，以多原则综合满意度最大为目标，建立了初始水权分配的多准则优化模型。模型可通过遗传算法优化求解，给出定量的初始水权分配方案。该模型通过综合协调公平、高效与可持续性等原则，给出原则满意度最大的水权分配方案，可用于流域到区域以及区域到用户等各级水权分配层面的方案计算。

参考文献

陈锋．（2002）．水权交易的经济分析 ［D］．

毕荣山，杨霞，项曙光．（2004）．利用微粒群优化算法求解非线性规划问题 ［J］．青岛科技大学学报（自然科学版），25（2）：125 - 128．

党连文．（2004）．流域初始水权确认中一些问题的思考 ［J］．中国水利，（2）：16 - 18．

董文虎．（2002）．不同经济性质水的配置原则和管理模式——四论水权、水价、水市场 ［J］．水利发展研究，2（5）：1 - 6．

甘肃省水利厅，甘肃省发展和改革委员会．（2006）．石羊河流域重点治理规划 ［R］．

葛吉琦．（2003）．水权的确定和转让 ［J］．中国水利，（8）：11 - 13．

葛敏．（2004）．水权初始分配模型探讨 ［D］．

贺骥，刘毅，张旺，等．（2005）．松辽流域初始水权分配协商机制研究 ［J］．中国水利，（9）：16 - 18．

蒋剑勇．（2003）．水权理论初论 ［J］．浙江水利水电专科学校学报，（3）：10 - 13．

江西省水利厅，江西省水利科学研究院．（2005）．江西省抚河流域水量分配方案研究报告 ［R］．

李晶．（2008）．中国水权 ［M］．北京：知识产权出版社．

林有祯．（2002）．“初始水权”试探 ［J］．浙江水利科技，（5）：1 - 10．

刘斌．（2003）．关于水权的概念辨析 ［J］．中国水利，（1）：32 - 33．

沈静．（2006）．流域初始水权分配研究 ［D］．

乔建华，孔慕兰，迟鹏超．（2005）．松辽流域初始水权分配类型和拥有期限研究 ［J］．中国水利，（9）：13 - 18．

水利部松花江辽河流域水利委员会．（2006）．大凌河流域省（自治区）际初始水权分配方案（征求意见稿）［R］．

汪恕诚．（2001）．水权和水市场——谈实现水资源优化配置的经济手段 ［J］．水电能源科学，（1）：1 - 5．

王蓉，韩金强，王忠静，等．（2006）．石羊河流域水权制度建设分析及存在问题 ［J］．中国水利，（21）：24 - 26．

王蓉，祝水贵，杨永生，等．（2006）．江西省水权制度建设与探讨 ［J］．中国水利，（21）：6 - 8．

王蓉，王忠静，许虎安，等．（2006）．塔里木河流域水权制度建设的特点及问题分析[J]．中国水利，（21）：18-20.

王薇．（2004）．高效非线性优化算法在水环境系统中的应用研究[D].

王学凤．（2006）．干旱区水资源分配理论及流域演化模型研究[D].

王忠静，卢友行，沈大军，等．（2006）．泉州市晋江流域水权制度建设与思考[J]．中国水利，（21）：30-32.

王忠静，郑航，刘斌，等．（2006）．霍林河流域水权制度建设特点及思考[J]．中国水利，（21）：27-29.

谢新民，王志璋，王教河，等．（2006）．松辽流域初始水权分配中确定政府预留水量的研究[J]．中国水利水电科学研究院学报，4（2）：128-132.

杨秀峰．（2007）．现代优化算法的研究及其在二层非线性全局规划中的应用[D].

张仁田，童利忠．（2002）．水权、水权分配与水权交易体制的初步研究[J]．水利发展研究，（5）：13-17.

郑雪莲．（2005）．非线性最优化问题的若干算法研究[D].

第5章 水权调度实现关键技术

用水户获得水权后如何根据水权得到实际的水量，是水权建设的关键问题。一般来说，初始水权分配将流域多年平均天然径流量分配给流域内各区域及用户，给出了用户的静态水权量。由于水的流动性和波动性，初始水权分配方案不可能自动实施，需要对径流进行人工干预，将水量输送给用水户，在调度层面落实水权（郑航，2009）。在此过程中，如何根据多年平均的分水方案和当前的水情，确定用户当前时段的配水量，已成为水权研究的热点问题（Rosegrant 等，2000；Solanes 和 Jouravlev，2006）。我国学者相继在黄河、塔里木河、黑河及石羊河开发出了自适应、滚动修正的水量调度系统及水权调度实现技术（王光谦等，2006；赵勇、裴源生，2006；胡军华，2007；Zheng 等，2013）。《黄河水量调度条例》和《黑河干流水量调度管理办法》也规定，根据水量分配方案和年度预测来水量、水库蓄水量，按照同比例丰增枯减、多年调节水库蓄丰补枯的原则进行水量实时调度，保障流域水权分配方案的实施。这些研究和实践为我国的水权管理提供了方法、积累了经验，但我国许多水权试点流域还未开展水权的调度实现工作，存在"水权一分了之、缺乏调度管理"的问题。进一步开展水权的调度实现研究，是深化我国水权制度建设的重要内容。

5.1 水权调度实现的概念

20 世纪 70 年代以来，国内外学者对水资源系统优化调度问题进行了许多探索。1974 年 Becker 和 William W－G 对美国中央河谷工程中的 Shasta 和 Trinity 两库系统建立了线性规划与动态规划相结合的实时优化调度模型，揭开了实时调度的篇章。William W－G（1992）建立了水电火电系统实时优化调度模型，采用动态规划模型进行实时调度。N. 伯拉斯所著的《水资源科学分配》系统地总结和研究了水资源调度分配理论与方法。在国内，张勇传院士1981 年提出了以曲面调度图为依据的发电水库统计预报调度方法，1984 年将模糊集理论用于水库调度中，提出了适应型水库调度模型，1986 年又将最小二乘法用于水电站群实时优化调度中，得出了联调水库不同时段的运行公式。胡振鹏、冯尚友（1988）提出了前向卷动决策与动态规划结合的汉江中下游防洪系统实时优化调度方法。刘国纬等（1991）对多年调节水库系统的实时调度进行了研究。李占瑛等（1991）针对湖区除涝排水系统的实时优化调度问题，建立了随机动态规划和确定性动态规划相结合的实时调度模型。费良军、施丽贞（1991）用多元非线性多项式逐步回归方法，将优化调度得到的最优策略序列回归成有关因素的预报公式来进行水库实时调度。邵东国等（1998）建立了南水北调中线工程的自优化模拟实时调度模型。胡四一、王银堂等（2001）应用大系统递阶分析原理，建立了南水北调中线工程优化调度模型。何新林、郭生练等（2002）开发了灌溉实时优化调度决策支持系统。上述水量实时调度方法一般以防洪或供水等作为调度目标，基于径流及需水的实时预测做出优化决策，其基本流程如图 5-1 所示。

图 5-1 水量实时调度基本流程

目前，在以水权制度为核心的水资源管理改革新形势下，水权成为流域用水总量控制和管理的依据，落实初始水权分配方案成为水量调度的新目标。图 5-2 为水权制度下水量实时调度的基本流程。该调度需耦合上时段已供水量和本时段预测来水量，对决策实施负反馈，并实时修正供水计划，滚动逼近水权水量指标，以保证用户用水权益。针对此问题，王光谦、魏加华等（2006）结合黄河、塔里木河流域水权管理的科学与实践问题，提出了自适应控制模型和基于复杂适应系统的水量优化配置理论。赵勇、裴源生等（2006）基于黑河分水提出了"宏观总控、长短嵌套、实时决策、滚动修正"的流域水资源实时调度模式和自适应控制系统。河海大学的唐德善教授及合作者（2006，2007）提出了塔里木河流域适时水权的概念，建立了塔河流域径流预报和适时水权运行管理系统。

图 5-2 水权制度下水量实时调度基本流程

上述基于水权的水量调度研究基本勾绘出了水权调度实现的方法轮廓，但缺乏系统性，在理论深度和应用广度上都有不足，缺乏对不同水量调蓄能力及配水规则下水权管理效果及风险的深入研究。

5.2 水权调度实现的框架

水权实时管理的调度实现框架如图 5-3 所示。

(1) 于调度年初预测当年来水量，根据来水预测和流域长期水权分配方案，按照"丰增枯减"规则或其他增减规则，按比例增加或削减年度配水量；并根据用户年内需水过程情况，制定年度水量分配方案（包括每个月的配水量），确定本年度的水权量及各时段的水量调度目标。

(2) 在调度年内，根据年内的降雨和径流发生情况，每时段（如月）进行年度总来水量的滚动预测，并根据更新的年度来水情况，按比例增加或削减年度配水量，对年度水量分配方案进行滚动修正。所得到的配水量，本书称之为实时水权配水量，在有些国家如澳大利亚也称为"季节性水权"（Seasonal Water Allocation）。

(3) 以水权配水指标的满足程度最大为目标，按照"月调整、年结算"的调度方式进行多水库联合优化调度，计算时段实际供给用水户的水量，获得用水户水权的满足程度和缺水量。上时段未能满足的水权量，计入下时段的配水指标进行补供。

(4) 年底结算水权供水的缺水量，缺水量不转入下一年。用户获得的多年平均供水量应与其长期水权相当。

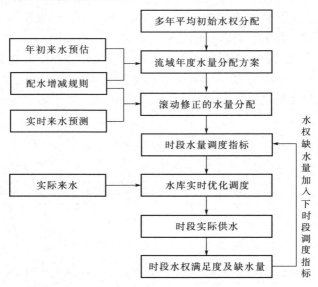

图 5-3 水权调度实现框架

5.2.1　长期水权分配

长期水权分配是指将流域多年平均水资源量分配至流域内各用水区域，建立流域多年平均意义上的初始水权分配方案，实现流域水权的空间分配。分配中综合考虑流域人口、面积、用水效率、现状用水比例、未来用水需求等因素，但不考虑水文不确定性和径流年内变化以及水库调度能力的影响。

5.2.2　径流滚动预测

水权实时管理的本质是解决径流的流动性、不确定性与静态的长期初始水权分配方案之间的矛盾。认识径流的变动规律，分析其时空变异性和不确定性，一定程度上预测未来的流量，是水权实时管理的基本需求。根据已知来水信息的多少，可将流域径流预测分为两类：①在调度年初，参考以往各年的径流情况，预测当年的来水量，本书称之为年际径流预测；②在调度年内，根据年内已发生的来水情况，进行当年总来水量的预测，本书称之为年度径流预测。

5.2.2.1　年际径流预测

从径流量自身演变规律的角度出发，考虑河流年际来水量的趋势性和周期性，采用时间序列方法，将径流量时间序列分解为趋势项、周期项和随机项（胡军华，2007）进行年际径流量预测，适用于年初对整个年度来水量进行预测。径流量水文序列属于时间序列。从统计意义上讲，时间序列就是将某一指标在不同时间上的不同数值按照时间先后顺序排列而成的数列。这种数列由于受到各种偶然因素的影响，往往表现出某种随机性，彼此之间存在着统计上的依赖关系。水文序列一般由确定成分和随机成分组成。确定成分有一定的物理概念，随机成分由不规则的振荡和随机影响造成，用随机序列理论进行研究。根据径流量水文序列的特性，可以将之分解为：趋势项 $A(t)$，周期项 $H(t)$，随机项 $B(t)$ 和误差项 $\varepsilon(t)$，即：

$$x(t) = A(t) + H(t) + B(t) + \varepsilon(t) \tag{5-1}$$

其中误差项 $\varepsilon(t)$ 反映了预测值与实测值之间的绝对误差大小。

（1）趋势项分析：时间序列中稳定和有规则的变动称之为趋势。本书采用一元线性回归的方法计算序列的趋势项，即：

$$A(t) = a + bt \tag{5-2}$$

（2）周期项分析：上述时间序列经过分离趋势项以后，设所剩序列为 $H(t) = x(t) - A(t)$。可以利用频谱分析法来进行周期分析。对序列的周期项一般假定为式（5-3）的形式，称其中的每个项为一个分波。

$$H(t) = a_0 + \sum_{i=1}^{\infty} A_i \sin(\omega_i t + \varphi_i) \tag{5-3}$$

（3）随机项分析：时间序列在分离出趋势项、周期项之后，剩余的序列用自回归移动平均模型（ARIMA）进行分析。ARIMA 预测模型及其参数估计如下：

设 $\{B_t, t = 1, 2, 3, \cdots\}$ 是平稳时间序列，如果 $\{B_t\}$ 可表示为：

$$B_t = \theta_0 + \phi_1 B_{t-1} + \cdots + \phi_p B_{t-p} + \theta_1 \varepsilon_{t-1} - \cdots - \theta_q \varepsilon_{t-q} \tag{5-4}$$

其中 $\{\varepsilon_t\}$ 是均值为零、方差为 δ_{pq}^2 的白噪声序列，那么称 $\{B_t\}$ 为 (p, q) 阶自回归移动平均模型。设已给历史数据 B_1，B_2，$\cdots$，B_n，我们要确定模型的阶数 (p, q) 以及相应的自回归系数 ϕ_1，ϕ_2，$\cdots$，ϕ_p 和移动平均系数 θ_0，θ_1，θ_2，$\cdots$，θ_q，并利用所得模型对 $\{B_t\}$ 进行预测。

5.2.2.2　年度径流预测

调度年内，随着时间推移，流域来水量逐渐累积，可用于预测当年总来水量的信息也逐渐丰富。如何利用已知来水信息预测全年的径流量，是水权调度实现中径流预测的主要问题。从统计上可将此问题看作是已知来水信息与未来来水情况的多元拟合问题，可通过分析多个年份的逐月累计来水量与当年来水总量的关系建立拟合模型，根据已知来水情况预测全年来水量。

利用人工神经网络方法，根据已知来水量逐月滚动预测当年全年径流量。人工神经网络（Artificial Neural Network，ANN）是由巨量的简单神经元构成的，以分布并行方式运行，能在不同层次上模仿和延伸人脑智能、思维和意识等功能的复杂非线性自适应动力学系统。BP 网络是目前最成熟且应用最广泛的一种人工神经网络，由输入层、若干隐含层和输出层组成，每层又有若干个神经元，如图 5-4 所示。由于 ANN 是一种可以实现非线性函数无限逼近的方法，所以近年来在水文过程模拟、水文预测中也得到了广泛的应用。可通过神经网络模型拟合年内已知来水量与年度总来水量的关系，建立预测模型进行年度径流预测。

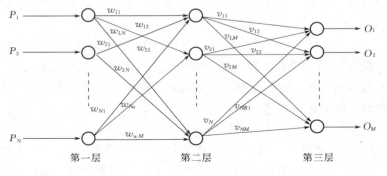

图 5-4　BP 网络结构图

5.2.3 年度配水及其滚动修正

黄河及黑河的水量调度都依据"丰增枯减"的规则进行年度水量分配。具体为,根据流域来水的丰枯变化,对区域及行业多年平均初始水权进行"丰增枯减",建立实时水量分配方案,计算各区域及行业的实时水权配水量。在调度年内,随着时间推移,每隔固定时段滚动进行当年来水量的预测,根据"丰增枯减"规则,对上一时段得出的水量分配方案进行放大或缩减,实施水权配水的滚动修正。

5.2.4 时段配水与用水总量指标

依据滚动修正获得的水量分配方案确定各用水单元的水权配水量,并以此作为时段供水的目标指导水库调度。如果时段供水量小于当时段的水权配水量,则产生水权范围内的缺水。这种缺水属于用水户用水权利的损失,应当通过适当的方式予以补偿。在水权调度实现中,可将该时段的水权缺水量按照一定规则加入到下时段的水权配水量中,作为下时段的用水总量指标进行调度。因此,时段用水总量指标等于本时段水权配水量与上时段未满足水权量之和。

5.3 水权调度实现的配水规则

5.3.1 "丰增枯减"规则

"丰增枯减"是国内广泛使用的配水规则,主要内容可以概况为:在丰水年,各用水单元同比例增加配水量;枯水年,同比例缩小配水。《黄河水量调度条例》规定,根据水量分配方案和年度预测来水量、水库蓄水量,按照同比例丰增枯减、多年调节水库蓄丰补枯的原则进行水量实时调度,保障流域水权分配方案的实施;《黑河干流水量调度管理办法》规定"黑河干流年度水量调度方案根据国务院批准的黑河干流水量分配方案、三省区和东风场区用水计划建议、水库和水电站运行计划建议、莺落峡水文断面年度预测来水量,按照丰增枯减的原则编制"。"丰增枯减"规则已经在黄河与黑河水量调度中应用数年,在两流域水资源管理和配置中发挥了重要作用。该规则由于概念简明、操作便捷,在国内其他流域如塔里木河等流域的水量调度中被采用。

"丰增枯减"规则如图5-5所示。图中,t 为时段序号,$W(t)$ 是 t 时段预测的流域年度来水总量;$\overline{R}$ 是流域多年平均初始水权量;$S(t)$ 是流域年度配水量的增减比例；$R(t)$ 是 t 时段滚动修正的年度配水总量。

"丰增枯减"规则虽然简便易用，但是也存在明显的问题。首先，枯水年各用水单元同比例缩减配水量会影响供水保证率，造成用水效益损失。以黄河为例，各用水部门，包括市政生活、工业和农业用水，具有不同的保证率，不宜在枯水年同比例缩减用水。依次类推，沿黄河各省区的水源组成、用水结构、用水需求和耐旱程度不

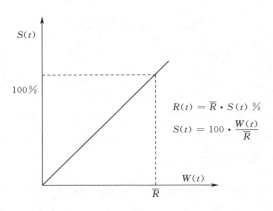

$$R(t) = \overline{R} \cdot S(t)\%$$
$$S(t) = 100 \cdot \frac{W(t)}{\overline{R}}$$

图 5-5 "丰增枯减"规则示意图

一，因此也不应按同等比例缩减用水。既然如此，有必要进一步明确流域的干旱应急分水方案，在特定干旱情况下，按照一定优先顺序缩减各地区和各行业的用水，而不是"一刀切"的同比例缩减（Shao 等，2009）。其次，在丰水年增加配水，增加的配水量可能超出某些用水户的调度调蓄能力，进而无法利用。如农业灌溉用水户，在不具备充足的水量调蓄能力的情况下，丰水年增加的配水无法储存利用，只能沿河道泄走。黄河干流有数座大型水库，为黄河水量调度提供了较为充足的调蓄空间，有能力存储丰水年沿岸各省区增加的配水量，蓄丰补枯。再次，"丰增枯减"规则下，配水量随来水量的增减而波动，把径流的水文不确定性及其风险直接转加到用户身上，容易造成供水效益的损失，不利于水权的稳定和实施。

国内已经有许多学者注意到"丰增枯减"规则有一定的适用条件，不能对所有水权对象一概而论。李晶等（2015）提出，"由水资源具有流动性、不确定性等特性所决定，在坚持实行计划用水管理的同时，应当将计划用水管理与水权相挂钩，如通过建立水权优先序原则，明确不同水权保障的优先序；对于同一类型的水权，则按照'丰增枯减'原则进行管理，提高水权人的权利预期和保障等"。胡四一等（2010）提出，"在中国北方，例如黄河流域，各行政区的允许取水量随着来水频率的减小而增大，就是通常所说的'丰增枯减'原则；而在中国南方那些水资源开发利用程度相对较低的地区，严格遵守这一原则并不适宜。这是因为，现阶段甚至未来一段时间，大多数年份流域实际取水总量小于与水资源可利用量相适应的允许取水量，考虑到限制用水对区域经济发展的制约作用，所以区域允许取水量可在一定范围内随来水频率的增大而适度增加，换言之，'丰增枯减'原则的遵守存在一个阈值问题"。李国英（2010）提出，"工业项目出资进行节水工程建设，节约出来的水量不等于转换给工业

项目的用水量，有以下几方面的原因：第一，在枯水年份要按照丰增枯减的原则进行同比例折扣。根据《黄河水量调度条例》的有关规定，在来水偏少的枯水年份，按照同比例丰增枯减的分配原则，对各省（自治区）、各行业的用水量进行同比例折扣，工业用水保证率一般在95%以上，而农业用水保证率为50%～75%，为了保证枯水年份工业项目的正常用水，其节水工程的节水量必须留有安全空间，节水量要超出转换水量一定比例才能保证满足工业项目正常用水量"。王亚华（2003）提出，"1998年修订的同比例丰增枯减的分水方案，具有规则简明的优点，但没有考虑不同枯水年份各地区的降雨特征和用水过程，应研究是否可以制定符合流域水资源变化规律的动态分水方案"。李国英（2003）指出，"现在黄河水量相对减少，可是用水量却相对在增加，人们在引水发展经济的同时，忽视了黄河自身的生命存在。把水引干了，河流是要枯竭的。在黄河枯水期，按照'丰增枯减'的原则，黄河分配水量不可能完全满足地区灌溉需求，建议采取两条措施来度过枯水期难关：一是枯水年打井抽用地下水，丰水年再回补地下水，使地下水水量恢复平衡；二是调整灌区种植结构，减少种植水稻等耗水量大的农作物数量"。胡继连（2002）认为，"增加用水可能会诱致用水浪费，降低用水效率；分水比例大的地区已是既得利益者，再同比增水会导致新的不公平"。刘晓岩（2002）提出，"用水量同比例丰增枯减不利于水资源优化配置和合理利用，降低了水资源的利用效率"。由此可见，"丰增枯减"的配水规则在水权调度实现中具有一定的局限性。在丰水年来水量超出用水户可利用能力，或者枯水年用水单元的用水保证率不一致的情况下，"丰增枯减"规则不完全适用。针对这些问题，本书提出一种新的配水规则，即"丰不增、枯不减"规则。

5.3.2　"丰不增、枯不减"规则

"丰不增、枯不减"规则的内容如下：

（1）区域间实时水量分配。在流域到区域层面，依据"丰增枯减"规则，依实时来水情况对区域多年平均水权进行增减，滚动修正区域分配水量。以黄河为例，沿黄河各省区一般具备一定水量存蓄能力，丰水年增加的水权配水量，可存至枯水年使用。因此，"丰增枯减"规则在区域层面水量分配中一般适用。

（2）行业间实时水量分配。行业用水分配，在丰水年维持社会经济（生活用水和工农业生产用水）的配水稳定；在干旱情况下，首先减少农业配水。具体为，当预测来水量大于流域多年平均水权量时，按照多年平均水权量稳定供水，将剩余水量下泄到湿地湖泊等生态系统，补充生态用水；当预测来水量小于流域多年平均水权量时，缩减生态配水，通过生态系统的缓冲维持社会经济

供水稳定；当生态配水缩减至基本生态用水红线时，启动应急配水预案，依次缩减农业灌溉、工业生产配水。

"丰不增、枯不减"规则如图 5-6 所示。图中符号意义同前。

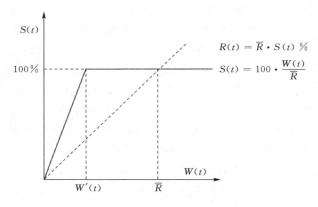

$$R(t) = \overline{R} \cdot S(t) \ \%$$

$$S(t) = 100 \cdot \frac{W(t)}{\overline{R}}$$

图 5-6　"丰不增、枯不减"规则示意图

由图 5-6 可见，与"丰增枯减"规则不同，"丰不增、枯不减"规则下，当流域来水量小于一定阈值 $W'(t)$ 时，启动"枯减"，减少水权配水量；当来水量大于 $W'(t)$ 时，维持水权配水的稳定。其中，$W'(t)$ 可根据流域社会经济系统的用水保证率要求和水库系统供水能力，通过水量配置模拟模型计算得到。"丰不增、枯不减"规则采用生态系统（湿地或尾闾湖等天然水体）作为社会经济水权调度实现的缓冲，在丰水年将多余的水量下泄到生态系统，生态系统超额配水；在枯水年，缩减生态系统的配水水权，维持社会经济供水稳定。长期看，"丰不增、枯不减"规则可以在多年平均意义下满足生态系统的配水要求，同时将径流年际变化带来的水文风险转嫁到生态系统，进而增强了社会经济系统的水权配水稳定性。类似的理念已经被许多学者所采纳，如Tsur 和 Graham-Tomasi（1991）提出用地下水作为缓冲，缓解地表水水文不确定性，增强地表水供水的稳定性。

"丰不增、枯不减"的理念已经在澳大利亚水权管理中使用（Zaman 等，2009），如图 5-7 所示。在澳大利亚维多利亚州，当流域预测来水量小于长期水权量时，缩减水权配水量；当来水量大于长期水权量时，按照水权量进行供水，不进行"丰增"。在澳大利亚昆士兰州，当来水量大于水权量时，不增加水权配水量，但是，如遭遇特别丰水，当来水量大于两倍的水权量时，增加配水。这种配水规则具有澳大利亚本地的特点。由于澳大利亚农户的灌溉面积较大，很多农户具有农场和农场水库，具备一定的水量存储、调蓄能力，可以存储丰水年增加的配水量。

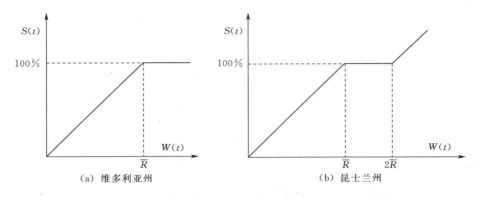

图 5-7 澳大利亚维多利亚州和昆士兰州的水权配水规则

综上，"丰增枯减"规则的弊病是将危机管理常态化，用水户持续承担风险；"丰不增、枯不减"的优势是将水文风险转移至生态系统，极端情况下农业用水户才承担风险。"丰不增、枯不减"规则已经被 2011 年国务院批准的《敦煌水资源合理利用与生态保护综合规划（2011—2020 年）》所采纳，规定"甘肃省疏勒河流域水资源管理局和党河流域水资源管理局根据流域来水情况和引哈济党调水量，依据批准的水权分配方案，结合节水工程进度和用水实际，编制党河流域和疏勒河流域年度水量调度预案，依据实际来水和降水情况，在丰水年及平水年，保持经济社会各行业用水稳定，增加或维持生态用水；枯水年份，经济社会各行业按保证重点、压缩一般的原则进行水量调度"。

5.4 水权调度实现的数学模型

5.4.1 模型构建

5.4.1.1 基于"丰不增、枯不减"规则的数学模型

基于"丰不增、枯不减"规则的水权调度实现的数学模型如下：

$$R_a(t,i,j) = \overline{R_a(i,j)} \cdot S_a(t) \% \tag{5-5}$$

$$S_a(t) = 100 \cdot W_a(t) / \sum_i \sum_j \overline{R_a(i,j)} \tag{5-6}$$

$$W_a(t) = \sum_t^T Q(t) + \sum_l V(t-1,l) + \sum_{t=1}^t \sum_i \sum_j P(t,i,j) - \sum_t^T TOL(t) - \sum_t^T MEF(t) \tag{5-7}$$

$$\sum_t^T TOL(t) = \sum_t^T \overline{TOL}(t) \cdot S_a(t) / \overline{S_a}(t) \tag{5-8}$$

$$\sum_t^T Q(t) = \begin{cases} Q_{a,50\%} & t=1 \\ \overline{ANN}\left[\sum_{t=1}^t Q(t)\right] & t>1 \end{cases} \tag{5-9}$$

式中：t 为时段（本模型中为"月"），T 为年内的总时段数目（本模型中为 12 个月）；$R_a(t,i,j)$ 是在 t 时段修正计算的区域 j 用户 i 的年度配水量；$\overline{R_a(i,j)}$ 为区域 j 用户 i 的多年平均初始水权量，由流域初始水权分配得到；$S_a(t)$ 为对流域内所有同质用户的配水同比例增减系数，它根据在 t 时刻预测的流域年度来水情况及可用水量计算得到，并在年内滚动修正；$W_a(t)$ 为 t 时刻预测的年度可用水量，等于 t 时刻到年底的累计来流量 $Q(t)$、t 时刻初的水库存水量 $V(t-1,l)$、从年初到 t 时刻已经供给出去的水量 $P(t,i,j)$ 之和，减去从 t 时刻到年底累计的水库蒸发渗漏和输水损失 $TOL(t)$ 以及从 t 时刻到年底累计的河道内最小生态需水量 $MEF(t)$，其中，累计的水库蒸发渗漏和输水损失 $\sum_t^T TOL(t)$ 采用历史观测数据通过经验拟合进行计算；$\overline{S_a}(t)$ 为历史多年系列中 t 时刻（如第 t 月）的多年平均水量分配系数；$\sum_t^T \overline{TOL}(t)$ 为历史多年系列中 t 时刻的多年平均水量损失；$\sum_t^T Q(t)$ 为 t 时刻到年底的预测来流量；在调度年初，按照平水年或 50% 频率来水年（$Q_{a,50\%}$）进行年度水量预测，在第一个时段以后（如第一个月后），根据第一个时段已发生的来流量，通过神经网络模型预测第二个时段到年底的来流量；$\overline{ANN}[\ ]$ 为通过历史径流数据训练得到的径流预测神经网络函数，自变量为年初到 t 时刻的径流量，函数结果为 t 时刻到年底的预测径流量。

在本模型中，年初采用 50% 保证率的径流量进行实时水权分配，并在年内采用神经网络模型对配水方案进行滚动修正。通过对多年径流系列的反复训练，神经网络模型的预测误差控制在 10% 以内（郑航，2009）。

中长期（如 3~9 个月）径流预报是水权调度实现中降低水文不确定性、保障水权分配有效实施的关键技术。目前，国际上主要有两种方式进行处理。其一，通过历史实测径流系列数据，采用概率统计等方法，对未来可能发生的来流进行预测（如 Cai 和 Rosegrant，2004；Wang 和 Robertson，2011）。这种方法往往受到实测数据系列短缺的限制，不可避免地存在较大预测误差，尤其是预测时段较长的情况下，精度往往难以满足水量调度要求。其二，在年内对配水方案进行滚动修正时，采用一个较低水平的预测来流量，以避免预测来流误差对水权调度实现的影响。举例来说，在澳大利亚的维多利亚州，式（5-9）

中的预测来流量 $\sum_t^T Q(t)$ 采用 99% 频率的枯水径流量，也就是说，按照最枯水情况预估 t 时刻到年底的来水流量，进而计算年内可用水量并配置实时水权（Zaman 等，2009）。这是一种非常保守的做法，好处是：t 时刻之后的实际来水有极大可能大于 t 时刻的预测值，如此，按照"丰不增、枯不减"规则或者"丰增枯减"规则，在滚动修正按 t 时刻计算的水权配水量时，很大概率是增加用户的配水量或者维持稳定供水，缩减配水的概率较小，有利于维持水权配水的稳定。这种做法通过低估流域内的可用水量，降低水文不确定性风险，维持稳定配水。

"丰不增、枯不减"规则下，当预测来水流量小于一定阈值时，按照优先次序依次缩减农业和工业配水，如式（5-10）～式（5-20）所示。

$$\sum_j R_a(t,i,j) = \sum_j \overline{R_a(i,j)} \cdot S_a(t) \% \quad j \in \{BE, DO, IN, AG, EE\}$$

$$(5-10)$$

$$D_a(i,j) = \overline{U_a(i,j)\,|_{S_a=100}} \quad j \in \{BE, DO, IN, AG\} \quad (5-11)$$

如 $W_a(t) \geqslant \sum\limits_{j \in \{BE,DO,IN,AG\}} \sum\limits_i D_a(i,j)$ 则

$$\sum_i R_a(t,i,j) = \sum_i D_a(i,j) \quad j \in \{BE, DO, IN, AG\} \quad (5-12)$$

$$\sum_i R_a(t,i,j) = W_a(t) - \sum_{j \in \{BE,DO,IN,AG\}} \sum_i D_a(i,j) \quad j \in \{EE\} \quad (5-13)$$

如 $\sum\limits_i [\sum\limits_{j \in \{BE,DO,IN\}} D_a(i,j) + \sum\limits_{j \in \{AG\}} \text{Min}D_a(i,j)] \leqslant W_a(t) \leqslant \sum\limits_{j \in \{BE,DO,IN,AG\}} \sum\limits_i D_a(i,j)$ 则

$$\sum_i R_a(t,i,j) = \sum_i D_a(i,j) \quad j \in \{BE, DO, IN\} \quad (5-14)$$

$$\sum_i R_a(t,i,j) = W_a(t) - \sum_{j \in \{BE,DO,IN\}} \sum_i D_a(i,j) \quad j \in \{AG\} \quad (5-15)$$

$$\sum_i R_a(t,i,j) = 0 \quad j \in \{EE\} \quad (5-16)$$

如 $\sum\limits_{j \in \{BE,DO,IN\}} \sum\limits_i D_a(i,j) \leqslant W_a(t) \leqslant \sum\limits_i [\sum\limits_{j \in \{BE,DO,IN\}} D_a(i,j) + \sum\limits_{j \in \{AG\}} \text{Min}D_a(i,j)]$ 则

$$\sum_i R_a(t,i,j) = \sum_i D_a(i,j) \quad j \in \{BE, DO\} \quad (5-17)$$

$$\sum_i R_a(t,i,j) = \sum_i \text{Min}D_a(i,j) \quad j \in \{AG\} \quad (5-18)$$

$$\sum_i R_a(t,i,j) = W_a(t) - \sum_{j \in \{BE,DO,AG\}} \sum_i D_a(i,j) \quad j \in \{IN\} \quad (5-19)$$

$$\sum_i R_a(t,i,j) = 0 \quad j \in \{EE\} \quad (5-20)$$

式中：j 为用水部门（行业），BE，DO，IN，AG，EE 分别代表基本生态用水、生活用水、工业用水、农业用水和适宜生态用水（或称生态补水）。$\overline{U_a(i,j)}\big|_{S_a=100}$ 为区域 i 用户 j（基本生态、生活及工农业生产）的多年平均用水量或多年平均水权量，由历史用水系列取平均得到；$D_a(i,j)$ 为基本生态、生活和工农业生产的实际需水量，模型中以各部门的多年平均用水量（或多年平均水权量）作为其实际需水量；$\text{Min}D_a(i,j)$ 为区域 i 用户 j 的最小需水量。

由式（5-10）～式（5-13）可以看出，根据"丰不增、枯不减"规则，当流域或供水系统的年度可用水量 $W_a(t)$ 大于用水部门（基本生态、生活、工业、农业）的实际需水（或多年平均水权量）时，各部门按照需水（或多年平均水权）进行供水，多余水量作为生态补水；当流域年度可用水量 $W_a(t)$ 小于用水部门（基本生态、生活、工业、农业）的实际需水（或多年平均水权量）时，不对生态进行补水，适时缩减农业配水。由式（5-17）～式（5-20）可以看出，当可用水量 $W_a(t)$ 小于基本生态、生活与农业最小需水量之和的时候，保证农业生产最小需水量，适时缩减工业用水量。$\text{Min}D_a(i,j)$ 代表区域 i 部门 j 的最小需水量。农业最小需水量是指保障区域粮食生产红线的配水量，用以维持一个区域的基本粮食生产（Rosegrant 和 Cai，2001；Yang，等，2003；Khan 等，2009）。如果 $W_a(t)$ 继续减少，则依次减少工业和生活配水量。

在本模型中，生态用水被分为两部分：基本生态用水和适宜生态用水（生态补水）。前者用于满足生态系统的基本用水需求，包括维持河口最低水位、维持河流最小生态流量、维持干旱区流域最小地下水埋深等。后者主要用于生态修复和生态景观等用水需求。之所以将生态用水分为基本和适宜两部分，是为了在干旱情况下按照不同优先级别对生态系统进行配水。基本生态用水在平水年和枯水年都完全得到满足；适宜生态用水则作为缓冲用水，在丰水年接纳多余的水量，在枯水年不获得配水。

5.4.1.2 多水库联合优化配水模型

基于配水模型［式（5-5）～式（5-20）］，以配水结果作为供水目标，输入到流域多水库联合调度模型（以下简称水库调度模型），逐时段进行水库调度模拟计算。在这个过程中，将水库的存水量和损失水量作为反馈变量，输入到配水模型中，用以计算年度可用水量 $W_a(t)$。也就是说，在本模型中，配水模型［式（5-5）～式（5-20）］和水库调度模型［式（5-21）～式（5-29）］是分离的两个模块，配水模型为水库调度模型提供调度目标，水库调度模型为配水模型提供水库存水量和损失量以计算流域的年度可用水量。两个模块互相嵌套，耦合进行计算。其中，配水模型采用 Fortran

编写，水库调度模型采用 GAMS 进行编写。通过 Fortran 模块逐时段调用 GAMS 进行模型的滚动运行。GAMS 是 "General Algebraic Modeling System"（一般性代数仿真系统）的缩写，最早是由世界银行的 Meeraus 和 Brooke（Meeraus and Brooke Kendrickm，1992）所研发。GAMS 是数学编程和优化的高级建模系统，由一个语言编译器和一个稳定的集成各种高性能的求解器组成。

采用多目标优化方法进行生态、生活和生产各部门的供水权衡。通过各部门供水加权平均的方式，将多目标问题转化为单目标问题，构建目标函数。面向水权调度实现的多水库联合优化配水模型如式（5-21）～式（5-29）所示。

1. 目标函数

$$\text{Max}\Big[\sum_i \sum_j \theta_j \cdot H(t,i,j)\Big] \tag{5-21}$$

$$H(t,i,j) = P(t,i,j)/T(t,i,j) \tag{5-22}$$

$$T(t,i,j) = F[R(t,i,j),L(t-1,i,j)] \tag{5-23}$$

$$R(t,i,j) = R_a(t,i,j) \cdot f[D(t,i,j),D_a(i,j)] \tag{5-24}$$

$$L(t-1,i,j) = R(t-1,i,j) - P(t-1,i,j) \tag{5-25}$$

式中：$H(t,i,j)$ 为 t 时刻区域 i 用户 j 的供水满足度；θ_j 为各用水部门的供水权重，根据各部门供水优先级确定，比如生活和工业用水的供水权重要大于农业用水的供水权重，各区域之间供水采用同样权重，以保证各区域之间水权公平；$P(t,i,j)$，$T(t,i,j)$ 分别为 t 时段区域 i 用户 j 的供水量和供水目标（水权配水量与上时段未能满足的水权量之和），以用户 j 的取水口作为计量断面；$L(t-1,i,j)$ 为 $t-1$ 时段的供水缺少量；$F(\ )$ 为 $t-1$ 时段和 t 时段之间的缺水量转移函数，一般情况下，$t-1$ 时段的缺水量直接加入 t 时段的水权配水量作为 t 时段的供水目标；$f(\ )$ 为将用户 j 的年度配水量依据其年内需水过程转换成每个月配水量的函数；$R(t,i,j)$ 为逐时段滚动修正的用户 j 的水权配水量，对于农业灌溉，该配水量包括农业灌溉的耗水量和退水量；$R_a(t,i,j)$ 为在 t 时刻预测的区域 i 用户 j 的全年配水量；$D_a(i,j)$ 为区域 i 用户 j 的年度需水量；$D(t,i,j)$ 为区域 i 用户 j 在 t 时段的需水量；$R(t-1,i,j)$ 为用户 j 在 $t-1$ 时段的水权配水量；$P(t-1,i,j)$ 为用户 j 在 $t-1$ 时段的供水量。

在本模型中，上游用户向河道的退水量被认为是上游用户水权的一部分，而非下游用户的水权量。这是因为，首先，从权利配置的角度上讲，上游用户对其退水量拥有使用权，其有权决定退水量的大小；其次，退水量具有不确定性和变动性，难以保证稳定的数量，不应作为下游用户的水权。本水权调度模型主要应用于中国北方的干旱半干旱区域，用户尤其是农业灌溉用户取水后的退水量很少，水流绝大部分耗散于灌溉过程中，因此未对退水量进行单独分析。

2. 模型约束

$$Rp(t,l) = \sum_{i \in l} \sum_{j \in l} \left[P(t,i,j)/\eta_{ij} \right] \tag{5-26}$$

$$V(t,l) = V(t-1,l) + Rf(t,l) - Rp(t,l) - Ra(t,l) \tag{5-27}$$

$$Rp(t,l) \leqslant MaxRp(t)_l \tag{5-28}$$

$$DeadV_l + LeakageR(t,l) + EvapR(t,l) \leqslant V(t,l) \leqslant MaxV(t,l) \tag{5-29}$$

式中：$Rp(t,l)$ 为水库 l 的毛供水量，以水库供水渠道起点计量；η_{ij} 为从水库供水闸门到用户 i 的水量利用系数，反映供水损失情况；$V(t,l)$ 为水库 l 在 t 时段末的库容；$Rf(t,l)$ 和 $Ra(t,l)$ 为时段 t 的实际入库径流量和水库弃水量；$MaxRp(t)_l$，$MaxV(t,l)$，$DeadV_l$，$LeakageR(t,l)$ 和 $EvapR(t,l)$ 分别为水库 l 的最大供水能力、最大库容、死库容以及渗漏和蒸发损失。

5.4.2　模型敏感性分析

分析式（5-21）中供水权重对优化结果的影响。在敏感性分析中，基本生态用水、生活和工业用水的供水权重设置为 1.00，农业和适宜生态用水的供水权重从 0.50~1.00 之间取值。采用 30 年径流系列作为输入，计算案例流域（甘肃省石羊河流域）的水权配水量（供水目标）和相应供水量之间的差值，并取多年平均作为计算结果。对比分析不同供水权重情况下缺水量的变化情况，进行模型敏感性分析。

以"丰增枯减"规则为例，进行模型运算，结果见表 5-1。

表 5-1　"丰增枯减"规则下水权调度实现模型的供水权重敏感性分析

方案	供水权重				水权配水量和供水量的平均差值/%			
	基本生态用水	生活工业用水	农业用水	适宜生态用水	基本生态用水	生活工业用水	农业用水	适宜生态用水
1	1.00	1.00	1.00	1.00	0.08	−0.25	−0.43	−0.66
2	1.00	1.00	1.00	0.75	0.08	−0.21	−0.42	−1.16
3	1.00	1.00	1.00	0.50	0.08	−0.18	−0.41	−1.88
4	1.00	1.00	1.00	0.25	0.08	−0.10	−0.38	−4.85
5	1.00	1.00	0.75	0.75	0.08	−0.15	−0.44	−0.70
6	1.00	1.00	0.50	0.50	0.08	−0.12	−0.44	−1.25

由表中 6 个方案的计算结果可以看出，随着适宜生态用水的供水权重从

1.00 减少到 0.25 时，生活工业用水和农业用水的供水量更接近其水权配水指标。与此同时，当适宜生态用水的供水权重小于 0.75 时，适宜生态用水的供水逐渐减少，与其水权配水指标的差距越来越大。相反，当农业用水的权重从 1.00 减少到 0.75 时（方案 5），适宜生态用水的权重从 0.25 增加到 0.75，适宜生态用水与其配水指标间的差距明显减少，供水增加。在方案 6 中，农业用水的权重进一步减少到 0.50，适宜生态用水的权重从方案 5 的 0.75 减少到 0.50，在这种情况下，生活工业用水的供水情况稍有改善（从 −0.15 变为 −0.12），但是适宜生态用水的供水情况相比方案 5 变差很大（从 −0.70 变为 −1.25）。综上分析，依据基本生态用水、生活工业用水的供水优先级高于农业和适宜生态用水的原则，综合权衡不同权重组合方案下各用水部门实际供水和配水指标的差值变化情况，选取方案 5 作为多水库联合优化配水模型目标函数的权重。

5.5 水权调度实现的风险分析

　　水资源由于其形态的流动性和水文的不确定性，存在着权利边界无法稳定界定的客观风险。气象预测的准确性不高，特别是中长期气象预测精度较低，也为水权的调度实现带来一定主观风险。用水户的水权一旦确定，便具有法律效力，在一般情况下不可随意改变，而流域来水的不确定性和径流预测的不准确性，为水权的实现带来了一定风险。这种风险对于水权制度的权威性、有效性影响重大。

5.5.1 风险的识别及度量

5.5.1.1 水权调度实施中的风险

　　径流预测是水权调度实现的关键环节，来水预测的准确与否直接影响水权调度实现的风险。目前，对河流来水进行准确预测还存在着较大的困难，特别是对于来水影响因素复杂，来水量随机性大、时空分布极为不均的河流，预测来水量与实际来水量不可避免存在一定的偏差。如果预测来水量与实际来水量偏差较大，特别是当预测下一年是枯水年份，而实际却是平水年份甚至是丰水年份时，按照"丰增枯减"规则进行水量实时分配将造成年度水权增高而年初供水不足，年度水权与实际供水量之间存在较大的"赤字"。同时，如果年初预测为枯水年份，按照"丰增枯减"相应缩减配水量并调整用水行为，比如改变种植结构、减少灌溉面积等，可能会对社会经济造成一定损失。即使当年实际为平水年或丰水年，也难以挽回年初径流预测误差造成的社会经济损失。这种由于径流预测误差造成的水权及供水的可能损失，即为径流预测误差对流域水权管理的风险。径流预测的准确性不高，特别是中长期预测精度较低，是水权调度实现中存在风险的主要原因。

5.5.1.2　风险的定义及度量

1. 风险的定义

目前，学术界对风险的内涵还没有统一的定义，由于对风险的理解和认识程度不同，或对风险的研究角度不同，不同的学者对风险概念有着不同的解释，但可以归纳为以下几种代表性观点。

（1）风险是事件未来可能发生结果的不确定性。Mowbray（1995）称风险为不确定性；Williams（1985）将风险定义为在给定的条件和某一特定的时期未来结果的变动；March 和 Shapira（1987）认为风险是事物可能结果的不确定性，可由收益分布的方差测度；Markowitz 和 Sharp 等将证券投资的风险定义为该证券资产的各种可能收益率的变动程度，并用收益率的方差来度量证券投资的风险，通过量化风险的概念改变了大众对投资风险的认识。由于方差计算的方便性，风险的这种定义在实际中得到了广泛的应用。

（2）风险是损失发生的不确定性。Rosenbloom（1972）将风险定义为损失的不确定性；Crane（1984）认为风险意味着未来损失的不确定性；Brokett，Charnes，Cooper 和 Ruefli 等（1992）将风险定义为不利事件或事件集发生的机会，并用概率来进行描述。

（3）风险是指损失的大小和发生的可能性。朱淑珍（2002）在总结各种风险描述的基础上，把风险定义为："风险是指在一定条件下和一定时期内，由于各种结果发生的不确定性而导致行为主体遭受损失的大小以及这种损失发生可能性的大小。"王明涛（2003）在总结各种风险描述的基础上，把风险定义为："在决策过程中，由于各种不确定性因素的作用，决策方案在一定时间内出现不利结果的可能性以及可能损失的程度。"

2. 风险的度量

根据不确定性的随机性特征，为了衡量某一风险单位的相对风险程度，胡宜达、沈厚才等（2001）提出了风险度的概念，即"在特定的客观条件下、特定的时间内，实际损失与预测损失之间的均方误差与预测损失的数学期望之比。它是表示风险损失的相对变异程度（即不可预测程度）的一个无量纲量"。

5.5.2　水权实施风险度

水权配水量随流域来水情况而变动，调度年内每次径流预测及水量分配都会更新时段的水权配水量，在年末流域来水量已完全确定的情况下，结算的配水量即为当年的水权终值。为便于给出"水权实施风险度"的定义，首先界定年内预测水权、年终结算水权以及水权缺水量的概念。基于年内径流预测逐时段滚动修正的水权配水量称为年内水权，年末核算的水权为年终水权；定义时段水权缺水量为年内水权与供水量的差值，如果供水量大于水权量，则水权缺水量为零。水权缺水量表示了用水单位水权的供水量损失。

基于上述水权及其缺水量的概念，定义水权实施风险度为：年终结算的各时段水权缺水量与年内基于径流预测的水权缺水之间的均方误差与年内水权缺水的数学期望之比。水权实施风险度体现了径流预测误差对水权调度实现的风险，是对全年风险的衡量，表征了年度水权实施的风险。当年内径流预测误差较大，基于年内径流预测计算出的水权配水量将会与年末结算的水权量有较大差距，则当年的水权实施风险度较大，径流预测误差对水权管理的影响也较大。以月作为调度时段，水权调度实现风险度的计算如式（5-30）所示。

$$\delta_j = \frac{\sqrt{\sum_{t=1}^{12}\left[\sum_i L(t,i,j) - \sum_i L'(t,i,j)\right]^2 / 12}}{\sum_{t=1}^{12}\sum_i L(t,i,j)/12} \qquad (5-30)$$

$$L(t,i,j) = R(t,i,j) - P(t,i,j) \qquad (5-31)$$

$$L'(t,i,j) = R'(t,i,j) - P(t,i,j) \qquad (5-32)$$

式中：δ_j 为用户 j 水权调度实现的风险度；$L(t,i,j)$ 为时段 t 区域 i 用户 j 的缺水量，等于 t 时刻滚动修正获得的配水指标 $R(t,i,j)$ 与 t 时段实际供水量 $P(t,i,j)$ 的差值；$L'(t,i,j)$ 为区域 i 用户 j 的结算缺水量，等于年底结算的配水指标 $R'(t,i,j)$ 与实际供水量的差值。在年底，全年总来水量和可用水量均已知，根据确定的总来水量最后一次修正年内配水方案，最终确定的配水量即为年底结算的配水指标。该指标包含了每个用户每个时段的最终配水量，最终配水量与实际供水的差值即为结算的缺水量。

5.6 小结

水权的调度实现就是根据流域多年平均的初始水权分配方案和当前的水情，确定用户当前时段的配水量，给出特定年份的用水总量指标。水权调度实现是在初始水权分配的基础上实现用水总量控制的必要手段。黄河与黑河的水权分配和水量统一调度经验表明，缺乏调度实现的水权制度是"纸上谈兵"，无法实施。2006 年颁布的《黄河水量调度条例》提出："第十三条 年度水量调度计划，应当依据经批准的黄河水量分配方案和年度预测来水量、水库蓄水量，按照同比例丰增枯减、多年调节水库蓄丰补枯的原则，在综合平衡申报的年度用水计划建议和水库运行计划建议的基础上制订。第十四条 黄河水利委员会应当根据经批准的年度水量调度计划和申报的月用水计划建议、水库运行计划建议，制订并下达月水量调度方案；用水高峰时，应当根据需要制订并下达旬水量调度方案。第十五条 黄河水利委员会根据实时水情、雨情、旱情、墒情、水库蓄水量及用水情况，可以对已下达的月、旬水量调度方案作出调整，下达实时调度指令。"

据此，总结水权调度实现的技术，内容包括径流预测与可用水量评估、基于"丰增枯减"等规则的年度配水、径流实时预测与配水方案的滚动修正等环节。其中，配水规则是水权调度实现的核心内容，决定了如何根据来水预测和当前可用水量对用户的水权进行增加或缩减，直接影响年度配水指标的大小。"丰增枯减"是国内广泛使用的配水规则，主要内容为：在丰水年，各用水单元同比例增加配水量；枯水年，同比例缩减配水量。"丰增枯减"规则概念简明、操作便捷，已经在黄河、黑河等流域水量调度中应用数年，在其水资源管理中发挥了重要作用。但是，"丰增枯减"规则也存在明显的问题，由于各用水区域或单元的需水弹性和用水保证率不一致，导致在枯水年不宜同比例缩减配水量。此外，在丰水年增加的配水量可能超出用户的调度调蓄能力，无法利用而导致浪费。"丰增枯减"规则下，配水量随来水量的增减而波动，用水户直接承担水文不确定性带来的风险，不利于水权的稳定和实施。针对这一问题，本书提出了"丰不增、枯不减"的新型配水规则并给出了数学模型，总体上在丰水年不增加配水量，在平水年或枯水年维持配水的稳定，在极端枯水年按照一定优先顺序缩减配水。"丰不增、枯不减"规则利用自然生态作为配水的缓冲区域，在丰水年不增加社会经济系统的配水，将多余水量配给湿地等生态系统；在枯水年占用部分生态用水，维持社会经济用水的稳定。其本质上是将水文不确定性对水权调度实现的影响转移到给生态系统，保障水权的稳定。

参考文献

费良军，施丽贞. (1991). 回归分析在蓄引提灌溉及发电系统联合优化实时调度中的应用研究 [J]. 西北水资源与水工程，2 (3)：33 - 41.

葛颜祥，胡继连，解秀兰. (2002). 水权的分配模式与黄河水权的分配研究 [J]. 山东社会科学，(4)：35 - 39.

郭晓亭，蒲勇健，林略. (2004). 风险概念及其数量刻画 [J]. 数量经济技术经济研究，(2)：111 - 115.

何逢标，唐德善. (2007). 塔里木河流域适时水权：构架初始水权与水量调度间的桥梁 [J]. 干旱区资源与环境，21 (3)：11 - 14.

何新林，盛东，郭生练，等. (2004). 内陆干旱灌区灌溉调度决策系统研究 [J]. 中国农村水利水电，(7)：12 - 14.

胡军华. (2007). 塔里木河流域水权适时控制及管理研究 [D].

胡军华，唐德善．（2006）．塔里木河流域适时水权管理践行综述［J］．人民黄河，28（12）：42－43．

胡军华，唐德善．（2006）．塔里木河流域适时水权管理研究［J］．人民长江，37（11）：73－75．

王银堂，胡四一，周全林，等．（2001）．南水北调中线工程水量优化调度研究［J］．水科学进展，12（1）：72－80．

胡宣达，沈厚才．（2001）．风险管理学基础——数理方法［M］．南京：东南大学出版社．

胡振鹏，冯尚友．（1988）．汉江中下游防洪系统实时调度的动态规划模型和前向卷动决策方法［J］．水利水电技术，（1）：2－10．

黄永皓，张勇传．（1986）．微分动态规划及回归分析在水库群优化调度中的应用［J］．水电能源科学，4（4）：29－36．

雷晓云，陈惠源，荣航仪，等．（1996）．水库群供水系统优化与实时调度研究［J］．西北水资源与水工程，7（2）：16－22．

李国英．（2010）．黄河水权转换成效及进一步开展的目标与措施［J］．中国水利，（3）：9－11．

李国英．（2003）．建立"维持河流生命的基本水量"概念［J］．人民黄河，25（2）：1－1．

李晶，王晓娟，陈金木．（2015）．完善水权水市场建设法制保障探讨［J］．中国水利，（5）：13－15．

李占瑛，郭元裕，彭克明．（1991）．除涝系统实时优化调度研究［J］．水利学报，（9）：42－48．

刘国纬，张立锦，张建云．（1995）．跨流域调水运行管理——中国南水北调东线工程实例研究［M］．北京：中国水利水电出版社．

刘晓岩，王建中，于松林，等．（2002）．黄河水市场的建立与水资源的优化配置［J］．人民黄河，24（2）：24－26．

N．伯拉斯．（1983）．水资源科学分配［M］．戴国瑞，冯尚友，孙培华，译．北京：水利电力出版社．

邵东国．（1998）．多目标水资源系统自优化模拟实时调度模型研究［J］．系统工程，16（5）：19－24．

王光谦，魏加华，等．（2006）．流域水量调控模型与应用［M］．北京：科学出版社．

王明涛．（2003）．证券投资风险计量、预测与控制［M］．上海：上海财经大学出版社．

王亚华．（2003）．完善黄河分水制度体系［J］．人民黄河，25（4）：19－22．

王宗志，胡四一，王银堂．（2010）．基于水量与水质的流域初始二维水权分配模型［J］．水利学报，41（5）：524－530．

赵勇，裴源生，于福亮．（2006）．黑河流域水资源实时调度系统［J］．水利学报，37（1）：82－88．

张勇传，李福生，杜裕福，等．（1981）．水电站水库调度最优化［J］．华中工学院学报，

9 (6)：49 - 56.

张勇传，邴凤山，熊斯毅. (1983). 模糊集理论和水库优化问题 [J]. 华中工学院学报，(5)：29 - 39.

朱淑珍. (2002). 金融创新与金融风险——发展中的两难 [M]. 上海：复旦大学出版社.

郑航. (2009). 初始水权分配及其调度实现 [D].

Brockett P. L., Charnes A., Cooper W., Kwon K. H. and Ruefli T. (1992). Chance constrained programming models for empirical analyses of mutual fund investment strategies [J]. *Decision Sciences*, 3 (4)：385 - 408.

Brooke A., Kendrick D. and Meeraus A. (1992). GAMS：A User's Guide [M]. Release 2.25. San Francisco：Scientific Press.

Cai X. and Rosegrant M. W. (2004). Irrigation technology choices under hydrologic uncertainty：A case study from Maipo river basin, Chile [J]. *Water Resources Research*, 40 (4), W04103.

Crane F. G. (1984). Insurance Principles and Practices [M]. 2nd ed. New York：Wiley.

Green G. P. and Hamilton J. R. (2000). Water allocation, transfers and conservation：links between policy and hydrology [J]. *International Journal of Water Resources Development*, 16 (2)：197 - 208.

Hecht - Nielsen R. (1989). Theory of the Back Propagation Neural Network [C]. Proceedings of the International Joint Conference on Neural Networks.

Khan S., Dassanayake D. and Gabriel H. F. (2010). An adaptive learning framework for forecasting seasonal water allocation in irrigated catchments [J]. *Natural Resourçe Modeling*, 23 (3)：324 - 353.

March J. G. and Shapira Z. (1987). Managerial perspectives on risk and risk taking [J]. *Management Science*, 33 (11)：1404 - 1418.

Mowbray A. H., Blanchard R. H. and Williams C. A. (1995). Insurance [M]. 4th ed. New York：McGraw - Hill.

Rosegrant M. W., Ringler C., McKinney D. C., Cai X., Keller A. and Donoso, G. (2000). Integrated economic - hydrologic water modeling at the basin scale：The Maipo river basin [M]. *Agricultural economics*, 24 (1)：33 - 46.

Rosegrant M. W. and Cai X. (2001). Water scarcity and food security：Alternative futures for the 21st century [J]. *Water Science & Technology*, 43 (4)：61 - 70.

Rosenbloom J. S. (1972). A Case Study in Risk Management [M]. New York：Meredith Corp.

Solanes M. and Jouravlev A. (2006). Water rights and water markets：Lessons from technical advisory assistance in Latin America [J]. *Journal of Irrigation and Drainage Engineering*, 55 (3)：337 - 342.

Tsur Y. and Graham – Tomasi T. (1991). The buffer value of groundwater with stochastic surface water supplies [J]. *Journal of Environmental Economics and Management*, 21 (3): 201 – 224.

Wang Q. J. and Robertson D. (2011). Multisite probabilistic forecasting of seasonal flows for streams with zero value occurrences [J]. *Water Resources Research*, 47 (2), W02546.

Williams A. (1985). Risk Management and Insurance [M]. New York: McGraw – Hill, 1985.

Willian W – G Yeh. (1985). Reservoir Management and Operations Model: A State – of – the – art Review [J] . *Water Resources Research*, 21 (12): 1797 – 1818.

Willian W – G Yeh. (1992). Optimization of Real – time Hydrothermal System Operation [J]. *Journal of Water Resources Planning and Management*, 118 (6): 636 – 653.

Yang H. , Reichert P. , Abbaspour K. C. and Zehnder A. J. B. (2003). A water resources threshold and its implications for food security [J]. *Environmental Science & Technology*, 37 (14): 3048 – 3054.

Zaman A. , Malano H. and Davidson B. (2009). An integrated water trading – allocation model, applied to a water market in Australia [J]. *Agricultural Water Management*, 96 (1): 149 – 159.

Zheng H. , Wang Z. J. , Hu S. Y. and Malano H. (2013). Seasonal Water Allocation: Dealing with Hydrologic Variability in the Context of a Water Rights System [J]. *Journal of Water Resources Planning and Management*, 139 (1): 76 – 85.

Zura J. M. (1992). Introduction to artificial neural network [M]. St. Paul: West Publishing Company.

第6章 甘肃石羊河流域初始水权分配及其调度实现

甘肃省石羊河流域地处内陆干旱区，属于资源性缺水地区。随着社会经济的发展，石羊河流域的水资源矛盾进一步加剧，上下游用水矛盾日益严峻，已成为我国干旱内陆河区水资源超载最为严峻的地区，并引起了一系列严重的社会问题。以水权制度建设为切入点理顺流域用水关系、重建用水秩序，以缓解严峻的水资源形势，保证流域的可持续发展，是石羊河综合治理及水资源管理改革的重点。本章以甘肃省石羊河流域为例，进行流域初始水权分配及其调度实现应用研究，具体内容包括石羊河流域初始水权分配、实时水量分配、水量优化调度以及水权调度实现的风险分析。

6.1 流域概况

石羊河流域位于甘肃省河西走廊东部，乌稍岭以西，祁连山北麓，东经 $101°41'\sim104°16'$，北纬 $36°29'\sim39°27'$ 之间。东南与甘肃省白银、兰州两市相连，西北与甘肃省张掖市毗邻，西南紧靠青海省，东北与内蒙古自治区接壤，总面积 4.16 万 km^2。石羊河流域深居大陆腹地，属大陆性温带干旱气候，流域行政区划包括武威市的古浪县、凉州区、民勤县全部及天祝县部分地区，金昌市的永昌县及金川区全部，以及张掖市肃南裕固族自治县和山丹县的部分地区、白银市景泰县的少部分地区，流域共涉及 4 市 9 县。全流域 2003 年总人口 226.89 万人，其中农业人口 174.57 万人，非农业人口 52.32 万人；耕地面积 556.75 万亩，其中农田灌溉面积 449.98 万亩，基本生态林地灌溉面积 26.46 万亩，农业人口人均农田灌溉面积 2.58 亩；国内生产总值（GDP）138.45 亿元，人均国内生产总值 6102 元。石羊河流域自东向西由大靖河、古浪河、黄羊河、杂木河、金塔河、西营河、东大河、西大河八条河流及多条小沟小河组成，河流补给来源为祁连山区大气降水和冰雪融水，产流面积 1.11 万 km^2，多年平均径流量 15.60 亿 m^3，见表 6-1。流域不重复的地下水资源量，包括降水、凝结水补给量和侧向流入量，为 0.99 亿 m^3，石羊河流域水资源总量为 16.59 亿 m^3。

表 6 - 1			石羊河流域各河出山多年平均径流量				单位：亿 m³	
西大河	东大河	西营河	金塔河	杂木河	黄羊河	古浪河	大靖河	合计
1.577	3.232	3.702	1.368	2.380	1.428	0.728	0.127	14.542

石羊河流域是甘肃省内陆河流域中水资源开发利用程度最高、用水矛盾最突出、生态环境问题最严重的地区。下游民勤县的生态恶化形势已极其严峻，其北部湖区的部分地区已显现"罗布泊"景象，部分居民因无法生存而沦为生态难民，远走他乡。为缓解流域水资源矛盾和严峻的生态恶化形势，2005 年，甘肃省水利厅、甘肃省发展和改革委员会完成了《石羊河流域重点治理规划》，并于 2007 年获国务院批准。石羊河流域行政区及水系示意图见图 6-1 和图 6-2。

图 6-1　石羊河流域行政区示意图

图 6-2　石羊河流域水系示意图

6.2　流域初始水权分配

基于石羊河流域各区域 2000 年的耗水比例，对其地表水、地下水资源量进行分配。2000 年流域总耗水量 17.1 亿 m³，大于多年平均水资源总量。在石羊河流域，基本生态主要指保护人工绿洲的防护林网体系，此部分用水由人工配置满足。根据《石羊河流域重点治理规划》，流域 2000 年林草灌溉面积为 26.26 万亩，灌溉定额为 391m³/亩，林草灌溉耗水量为 1.03 亿 m³。以流域 2000 年林草灌溉耗水量作为水量分配中的基本生态需水。根据《石羊河流域重点治理规划》，维持流域基本生态的绿洲防护林面积占农田灌溉面积的合理比例为 12%～15%。本次分配中，以 2000 年农田灌溉面积的 18% 作为流域适宜的生态面积，计算流域适宜生态需水量。流域 2000 年农田灌溉面积 446.11 万亩，相应的适宜生态面积为 80.30 万亩，按照现状林草灌溉定额，流域适宜生态需水量为 3.05 亿 m³（包含基本生态需求）。

采用第 3 章提出的流域水量多准则分配模型进行计算，模型采用的数据和权重见表 6-2 和表 6-3，石羊河水量分配结果和 2000 年耗水情况见表 6-4。流域现状基本生活和生态需水完全满足，各分区地表社会经济水权量均大于 2000 年地表社会经济用水量；而各区地下水权量在数量上均远小于其 2000 年地下用水量。基于 2000 年的耗水水平，石羊河流域地下水处于超载状态，地下水用量为 9.24 亿 m³，远远大于 0.99 亿 m³ 的流域地下水资源量。本次水量分配适当地改变了流域的用水结构，在流域水资源总量限制下，优先利用地表水，并缩减地下社会经济用水量。本次水量分配及 2000 年流域用水情况以及地表水和地下水用水比例的差异，见图 6-3、图 6-4。

表 6-2 石羊河 2000 年水资源及社会经济数据

分区	基本生活	基本生态	基本粮食	社会经济	现状耗水	地表耗水	地下耗水	人口	灌溉面积	GDP
	亿 m³	亿 m³	亿 m³	亿 m³	亿 m³	亿 m³	亿 m³	万人	万亩	万元
金川区	0.10	0.01	0.09	1.72	1.82	1.14	0.69	20.82	21.76	229000
永昌县	0.09	0.09	0.29	2.16	2.34	1.36	0.98	25.21	105.54	122000
凉州区	0.46	0.29	0.67	6.39	7.12	3.84	3.28	100.78	176.71	428000
民勤县	0.11	0.62	0.10	4.53	5.26	0.61	4.65	30.71	106.52	88000
古浪县	0.05	0.02	0.41	0.50	0.58	0.46	0.12	37.13	32.05	49200
合计	0.80	1.03	1.55	15.30	17.13	7.40	9.72	214.65	442.58	916200

表 6-3 初始水权分配原则的权重

原 则 权 重		公平性子原则权重	
生态保障原则	0.05	占用优先	0.40
粮食保障原则	0.15	人口优先	0.30
公平原则	0.50	面积优先	0.20
效率原则	0.30	水源地优先	0.10

表 6-4   石羊河水量分配结果和 2000 年耗水情况   单位：亿 m³

水权及耗水		古浪县	凉州区	民勤县	金川区	永昌县	流域
地表水权	水库损失						0.130
	基本生活	0.027	0.276	0.000	0.094	0.043	0.439
	基本生态	0.021	0.190	0.500	0.008	0.050	0.769
	适宜生态	0.044	0.859	0.730	0.057	0.336	2.026
	工业	0.033	0.256	0.039	0.499	0.028	0.855
	农业	0.381	4.855	3.582	0.873	1.700	11.391
	小计	0.506	6.435	4.852	1.530	2.157	15.480
地下水权	基本生活	0.026	0.170	0.109	0.008	0.050	0.362
	基本生态	0.001	0.097	0.125	0.000	0.035	0.258
	工业	0.000	0.004	0.002	0.000	0.001	0.007
	农业	0.004	0.124	0.166	0.030	0.038	0.363
	小计	0.031	0.396	0.401	0.037	0.124	0.990
合计		0.537	6.831	5.253	1.567	2.281	16.600
2000 年 地表耗水	基本生活	0.027	0.276	0.000	0.094	0.043	0.439
	基本生态	0.021	0.190	0.000	0.008	0.050	0.269
	工业	0.040	0.216	0.006	0.624	0.021	0.907
	农业	0.371	3.158	0.604	0.413	1.226	5.772
	小计	0.459	3.840	0.610	1.139	1.340	7.388
2000 年 地下耗水	基本生活	0.026	0.170	0.109	0.008	0.050	0.362
	基本生态	0.001	0.097	0.625	0.000	0.035	0.758
	工业	0.000	0.104	0.043	0.000	0.013	0.161
	农业	0.094	2.913	3.876	0.678	0.897	8.458
	小计	0.121	3.284	4.653	0.686	0.996	9.739
合计		0.580	7.124	5.262	1.824	2.337	17.127

注   水库损失为蔡旗断面以上多年平均损失量，据《石羊河流域重点治理规划》。

为检验多准则分配模型结果的合理性，将模型计算的水量分配方案与 2007 年国务院批准的《石羊河流域重点治理规划》提出的水量分配方案进行比较，如图 6-5 所示。可以看出，两方案较为接近，模型计算结果合理。模型结果中，民勤县所分水量与《石羊河流域重点治理规划》有一定差异，这是由于《石羊河流域重点治理规划》主要基于流域未来水资源配置和节水建设、针对 2020 年规划需水情况进行水量分配。经过流域综合治理，民勤县耗水量将大幅缩减。因而《石羊河流域重点治理规划》中民勤县所分水量较少。

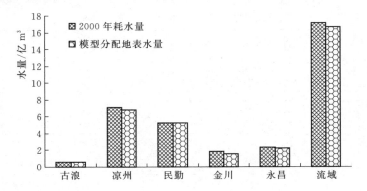

图 6-3　基于多准则分配模型的石羊河流域水量分配结果（1）

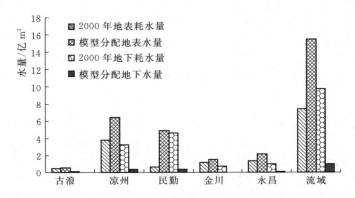

图 6-4　基于多准则分配模型的石羊河流域水量分配结果（2）

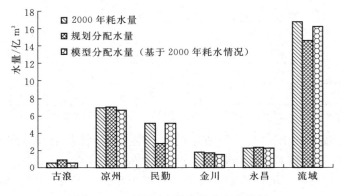

图 6-5　石羊河流域水量分配比较图

　　为了便于模拟水权的调度实现，进一步细化石羊河流域多年平均初始水权分配方案，将行政区的长期水权分配至灌区及行业，并参考工农业用水过程，将年水权分配至月、旬。表 6-5 为石羊河流域基于 2000 年用水比例的初始水权分

表6-5　石羊河流域基干2000年用水比例的初始水权分配方案

单位：万 m³

地区		地区	地表水权					地下水权				总水权					
			基本生活	基本生态	适宜生态	工业	农业	基本生活	基本生态	工业	农业	基本生活	基本生态	适宜生态	工业	农业	合计
武威市	古浪县	古浪	153.5	198.5	407.4	283.7	3022.9	122.6	8.0	0.0	34.2	276.2	206.5	407.4	283.7	3057.1	4230.9
		古丰	10.6	11.9	24.4	9.7	375.0	16.2	0.5	0.0	4.2	26.8	12.4	24.4	9.7	379.3	452.6
		大靖	103.9	3.2	6.5	32.4	413.5	121.2	0.1	0.0	4.7	225.1	3.3	6.5	32.4	418.2	685.5
	凉州区	黄羊	450.3	325.6	1060.7	315.0	4619.7	65.5	0.0	0.0	68.4	515.8	325.6	1060.7	315.0	4688.2	6905.3
		杂木	355.8	504.7	1661.1	550.3	10585.2	308.3	125.2	20.0	167.7	664.0	629.9	1661.1	570.3	10752.9	14278.2
		金塔	1453.5	442.8	1505.3	1175.6	5054.5	125.2	108.1	0.9	55.8	1578.7	550.9	1505.3	1176.5	5110.3	9921.8
		西营	500.4	486.5	1497.2	110.7	12279.3	122.0	60.3	1.7	115.2	622.4	546.8	1497.3	112.3	12394.5	15173.3
		清源	0.0	0.0	1032.1	89.1	6956.2	295.4	311.1	4.8	371.4	295.4	311.1	1032.1	93.9	7327.7	9060.2
		金羊	0.0	137.0	1013.6	103.1	3723.6	423.3	164.7	5.5	180.9	423.3	301.7	1013.6	108.6	3904.5	5751.8
		永昌	0.0	0.0	818.3	217.6	5327.8	358.8	202.7	11.6	284.5	358.8	202.7	818.3	229.3	5612.3	7221.3
		环河	0.0	0.0	901.1	46.4	2397.3	167.7	624.0	0.0	82.9	167.7	624.0	901.1	46.4	2480.1	4219.3
	民勤县	昌宁	0.0	0.0	366.2	3.4	2685.2	66.4	312.3	0.2	144.2	66.4	312.3	366.2	3.6	2829.4	3577.9
		红崖山	0.0	5000.0	6034.6	341.4	30739.7	852.1	309.2	18.3	1437.6	852.1	5309.2	6034.6	359.7	32177.4	44733.0
金昌市	金川区	东河	936.3	75.6	567.5	4993.0	8727.1	75.0	0.0	0.0	299.5	1011.3	75.6	567.5	4993.0	9026.6	15674.0
	永昌县	四坝	211.4	342.1	1093.3	15.8	5242.8	70.0	0.0	0.0	40.7	281.4	342.1	1093.3	15.8	5283.5	7016.1
		西河	77.0	0.0	476.7	153.0	1411.4	133.1	29.6	0.0	2.8	210.1	29.6	476.7	153.0	1414.2	2283.6
		清河	142.2	161.6	737.1	5.0	4302.7	70.0	0.0	0.1	17.2	212.2	161.6	737.1	5.1	4319.9	5435.9
			0.0	0.0	1054.1	105.6	6043.1	226.5	322.3	5.6	321.8	226.5	322.3	1054.1	111.2	6364.9	8079.0
流域合计			4394.9	7689.4	20257.3	8550.9	113907.2	3619.6	2578.2	68.7	3633.8	8014.1	10267.6	20257.3	8619.6	117541.0	164699.7

配方案；表 6-6 是石羊河支流西营河供水的西营河灌区的旬水权分配结果。

表 6-6　　　　　　　　西营河灌区多年平均旬水权分配结果　　　　　单位：万 m³

月	旬	地　　表					地　　下			
		基本生态	适宜生态	生活工业	农业	合计	基本生态	生活工业	农业	合计
1	上	0.00	0.00	16.97	0.00	16.97	0.00	3.43	0.00	3.43
	中	0.00	0.00	16.97	0.00	16.97	0.00	3.43	0.00	3.43
	下	0.00	0.00	16.97	0.00	16.97	0.00	3.43	0.00	3.43
2	上	0.00	0.00	16.97	0.00	16.97	0.00	3.43	0.00	3.43
	中	0.00	0.00	16.97	0.00	16.97	0.00	3.43	0.00	3.43
	下	0.00	0.00	16.97	0.00	16.97	0.00	3.43	0.00	3.43
3	上	0.00	0.00	16.97	0.00	16.97	0.00	3.43	0.00	3.43
	中	0.00	0.00	16.97	0.00	16.97	0.00	3.43	0.00	3.43
	下	0.00	0.00	16.97	0.00	16.97	0.00	3.43	0.00	3.43
4	上	32.18	99.04	16.97	812.23	960.42	3.99	3.43	7.62	15.04
	中	32.18	99.04	16.97	812.23	960.42	3.99	3.43	7.62	15.04
	下	32.18	99.04	16.97	812.23	960.42	3.99	3.43	7.62	15.04
5	上	20.59	63.37	16.97	519.71	620.64	2.55	3.43	4.87	10.85
	中	14.23	43.81	16.97	359.33	434.34	1.77	3.43	3.37	8.57
	下	18.42	56.71	16.97	465.08	557.19	2.29	3.43	4.36	10.08
6	上	20.22	62.20	16.97	510.12	609.51	2.51	3.43	4.78	10.72
	中	16.33	50.24	16.97	412.08	495.62	2.03	3.43	3.86	9.32
	下	25.89	79.70	16.97	653.62	776.18	3.21	3.43	6.13	12.77
7	上	26.78	82.44	16.97	676.11	802.31	3.32	3.43	6.34	13.09
	中	20.60	63.41	16.97	520.07	621.05	2.56	3.43	4.88	10.87
	下	27.66	85.13	16.97	698.26	828.03	3.43	3.43	6.55	13.41
8	上	46.25	142.34	16.97	1167.37	1372.93	5.74	3.43	10.95	20.12
	中	16.60	51.08	16.97	418.99	503.64	2.06	3.43	3.93	9.42
	下	19.91	61.28	16.97	502.57	600.73	2.47	3.43	4.71	10.61
9	上	19.91	61.28	16.97	502.57	600.73	2.47	3.43	4.71	10.61
	中	6.66	20.48	16.97	168.05	212.17	0.83	3.43	1.58	5.84
	下	11.10	34.14	16.97	280.08	342.29	1.38	3.43	2.63	7.44
10	上	11.10	34.14	16.97	280.08	342.29	1.38	3.43	2.63	7.44
	中	11.10	34.14	16.97	280.08	342.29	1.38	3.43	2.63	7.44
	下	12.21	37.56	16.97	308.09	374.84	1.51	3.43	2.89	7.83

月	旬	地　表					地　下			
		基本生态	适宜生态	生活工业	农业	合计	基本生态	生活工业	农业	合计
11	上	11.10	34.14	16.97	280.08	342.29	1.38	3.43	2.63	7.44
	中	11.10	34.14	16.97	280.08	342.29	1.38	3.43	2.63	7.44
	下	11.10	34.14	16.97	280.08	342.29	1.38	3.43	2.63	7.44
12	上	11.10	34.14	16.97	280.08	342.29	1.38	3.43	2.63	7.44
	中	0.00	0.00	16.97	0.00	16.97	0.00	3.43	0.00	3.43
	下	0.00	0.00	16.97	0.00	16.97	0.00	3.43	0.00	3.43
合计		486.50	1497.20	611.10	12279.30	14874.10	60.30	123.70	115.20	299.20

6.3　水权分配方案的调度实现

6.3.1　径流预测

6.3.1.1　年际径流预测

采用 1970—1999 年的历史径流系列，应用第 4 章描述的时间序列模型，对石羊河上游古浪河、黄羊河、杂木河、金塔河、西营河以及东大河、西大河的年径流量进行预测。其中 1970—1994 年的径流系列参与建模计算，1995—1999 年的径流系列用作模型检验。以古浪河为例，预测结果见图 6-6 和表 6-7。根据《水文情报预报规范》（GB/T 22482—2008），按合格率的高低可划分预报方案的等级，见表 6-8。合格率是指相对误差不大于 20% 的合格点据占全部点据的百分数。表 6-7 中，古浪河预测结果中相对误差不大于 20% 的合格点为 21 个，合格率为 84%，预留检验结果中相对误差不大于 20% 的合格点为 4 个，合格率为 80%，预报等级达到乙等偏上水平。

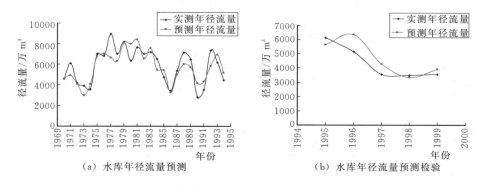

（a）水库年径流量预测　　　　　（b）水库年径流量预测检验

图 6-6　古浪河年径流量预测结果

表 6-7　　　　　古浪河年径流量时间序列预测结果　　　　单位：万 m³

	年份	实测径流	趋势项	周期量	随机量	拟合总量	相对误差	效果
建模	1970	4593.37	6067.68	−532.61	−941.71	4593.37	0.00	平均误差
	1971	6105.61	6050.46	−181.61	−969.70	4899.15	0.20	0.13
	1972	4144.50	6033.25	−1543.33	−415.04	4074.88	0.01	合格项数
	1973	3927.10	6016.03	−2631.16	−398.80	2986.07	0.16	21
	1974	3556.41	5998.81	−1447.16	−483.91	4067.74	0.09	合格率
	1975	7012.28	5981.59	761.26	76.73	6819.58	0.03	84%
	1976	6796.73	5964.37	1452.51	−405.78	7011.11	0.04	
	1977	8935.57	5947.16	672.21	19.69	6639.06	0.39	
	1978	7016.57	5929.94	489.40	−107.05	6312.29	0.12	
	1979	8207.18	5912.72	1371.51	806.05	8090.28	0.02	
	1980	6327.27	5895.50	1805.73	283.43	7984.66	0.28	
	1981	7666.72	5878.28	1303.06	1211.28	8392.63	0.12	
	1982	7004.80	5861.07	1061.17	−382.64	6539.59	0.08	
	1983	7191.78	5843.85	1304.88	404.74	7553.46	0.06	
	1984	6514.46	5826.63	617.99	−991.63	5453.00	0.18	
	1985	4729.31	5809.41	−1198.30	819.27	5430.38	0.12	
	1986	3458.22	5792.19	−2084.14	−448.06	3259.99	0.03	
	1987	5361.57	5774.98	−940.74	153.77	4988.00	0.06	
	1988	7152.82	5757.76	283.05	−21.03	6019.78	0.20	
	1989	6464.01	5740.54	−434.21	407.04	5713.37	0.13	
	1990	2829.42	5723.32	−1925.83	382.11	4179.59	0.24	
	1991	3548.00	5706.10	−1774.16	412.97	4344.92	0.14	
	1992	7353.14	5688.89	−170.56	315.14	5833.47	0.27	
	1993	6176.18	5671.67	673.58	578.46	6923.70	0.13	
	1994	4453.38	5654.45	176.46	−660.89	5170.02	0.13	
检验	1995	6127.22	5708.42	−215.67	146.00	5638.75	0.09	合格率
	1996	5163.87	5695.39	−21.08	677.54	6351.85	0.21	80%
	1997	3550.12	5682.36	−384.17	−1018.24	4279.95	0.13	
	1998	3490.43	5669.33	−1425.16	−882.50	3361.67	0.02	
	1999	3553.34	5656.30	−1590.01	−146.65	3919.64	0.06	

表 6-8　　　　　　　　预报方案的等级与合格率的关系

等级	甲等	乙等	丙等
合格率	>85%	70%~85%	60%~70%

黄羊河、杂木河、金塔河及西营河的径流预测结果见图 6-7~图 6-10。

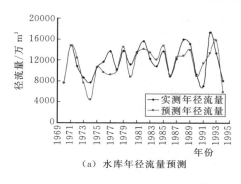
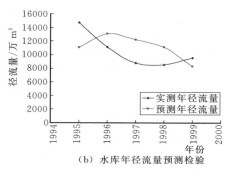

（a）水库年径流量预测　　　　　　　　（b）水库年径流量预测检验

图 6-7　黄羊河年径流量预测结果

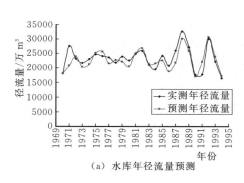
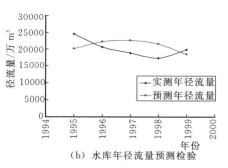

（a）水库年径流量预测　　　　　　　　（b）水库年径流量预测检验

图 6-8　杂木河年径流量预测结果

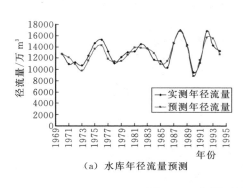
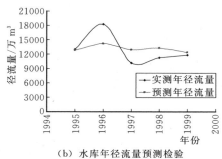

（a）水库年径流量预测　　　　　　　　（b）水库年径流量预测检验

图 6-9　金塔河年径流量预测结果

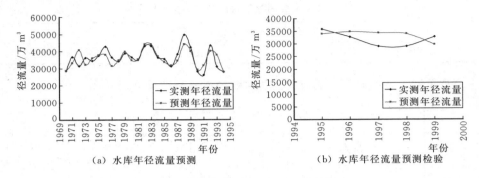

（a）水库年径流量预测　　　　　　（b）水库年径流量预测检验

图 6 - 10　西营河年径流量预测结果

6.3.1.2　年度径流预测

采用人工神经网络方法对石羊河流域各河流 30 年径流过程进行拟合分析，建立石羊河流域的年度径流预测模型。针对每条河流建立其神经网络径流预测模型，模型的主要功能是根据年内已知来水量预测河流的年度来水总量。每条河流建立 11 个年度径流预测模型，分别为以 9 月份径流量预测全年来水、以 9—10 月份来水总量预测全年来水、以 9—11 月份来水总量预测全年来水……，直至以 9 月至次年 8 月份来水总量预测全年来水。模型输入为河流 1970—1999 年逐月径流累计量，模型输出为预测当年径流总量。神经模型节点数为 1，通过增加模型隐含层的层数提高预测精度。以预测年径流量和当年实际径流量的差值作为误差，评价模型精度。以石羊河流域各河流 1970—1999 年月径流量序列进行计算，古浪河预测结果见表 6 - 9。表中给出了模型所采用的 BP 神经网络层数、节点数以及平均相对误差。由表中可以看出各月预测误差均小于 20%，并且随着时间推移和流域累计来流量的增加，年来水量预测误差逐渐减小。这也表明，通过逐月累计径流量预测年度来水量具有一定合理性。

表 6 - 9　　　　　　　　　　古浪河年径流量神经网络预测结果

BP 模型	层数	节点数	平均相对误差
9 月	7	1	0.185
10 月	7	1	0.125
11 月	7	1	0.148
12 月	7	1	0.170
1 月	7	1	0.156
2 月	7	1	0.154
3 月	7	1	0.151

续表

BP 模型	层数	节点数	平均相对误差
4 月	7	1	0.159
5 月	7	1	0.111
6 月	7	1	0.079
7 月	7	1	0.088
8 月	7	1	0.000
平均误差			0.127

6.3.2 配水方案的滚动修正

依据"丰不增、枯不减"规则和"丰增枯减"规则，拟定两种方案，在流域多年平均初始水权分配方案的基础上，依据流域来水的丰枯变化，在每个时段初进行流域水量分配方案的滚动修正，逐时段滚动更新每个用户的水权配水量。

6.3.2.1 方案 1："丰不增、枯不减"规则

根据"丰不增、枯不减"规则，建立任意来水保证率下的水量分配方案。图 6-11 及图 6-12 为按照"丰不增、枯不减"规则建立的石羊河流域不同来水保证率下各区域及行业的水量分配情况。在丰水年，各区域所分得水量在其多年平均水权基础上同比增加，枯水年相应减少；在行业水量分配中，丰水年不增加社会经济配水量，而将剩余水量补充生态，枯水年依次缩减适宜生态及农业水权。

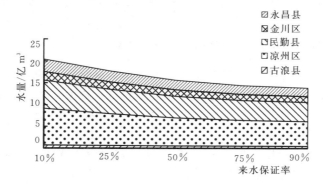

图 6-11 "丰不增、枯不减"规则下石羊河流域各区域水量分配情况

6.3.2.2 方案 2："丰增枯减"规则

依据流域来水的丰枯变化，按照"丰增枯减"规则对区域及行业的多年平均初始水权进行增减，建立流域实时水量分配方案。"丰增枯减"规则下，区域间水量分配结果与"丰不增、枯不减"规则相同，如图 6-11 所示；行业水量分配情况如图 6-13 所示，各行业配水量根据流域来水丰枯变化"丰增枯减"。

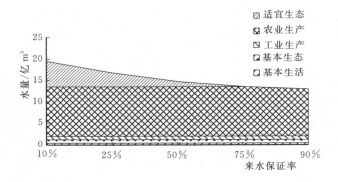

图6-12 "丰不增、枯不减"规则下石羊河流域各行业水量分配情况

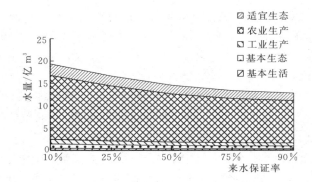

图6-13 "丰增枯减"规则下石羊河流域各行业水量分配情况

6.3.3 面向滚动配水方案的水库实时优化调度

本模型在流域径流实时预测和配水方案滚动修正的基础上,在每个时段,以当时段更新的配水方案为水库调度和供水目标,以时段缺水量最小为目标,按照"旬调度、月调整、年结算"的方式进行水量实时优化调度,计算各时段用水户的水权满足程度和缺水量。模型采用FORTRAN语言和GAMS软件实现。实时水量分配模块,采用FORTRAN语言编写。优化调度模块,采用规划软件GAMS实现。GAMS(General Algebraic Modeling System,即通用代数模型系统)是由世界银行的专家开发的面向应用的数学规划软件。它是一种构造模型的高级语言,该语言表述简洁,建模者易于理解,从而大大提高了用户的工作效率,扩展了数学规划技术在政策分析和决策中的应用。在美国的管理计划部门,GAMS是最为广泛应用的数学规划软件之一。

石羊河流域地表水地下水实时水量调度模型如图6-14所示。石羊河调度模型中包括7条河流、5个区县、16个灌区。以灌区作为最小需水单元、以

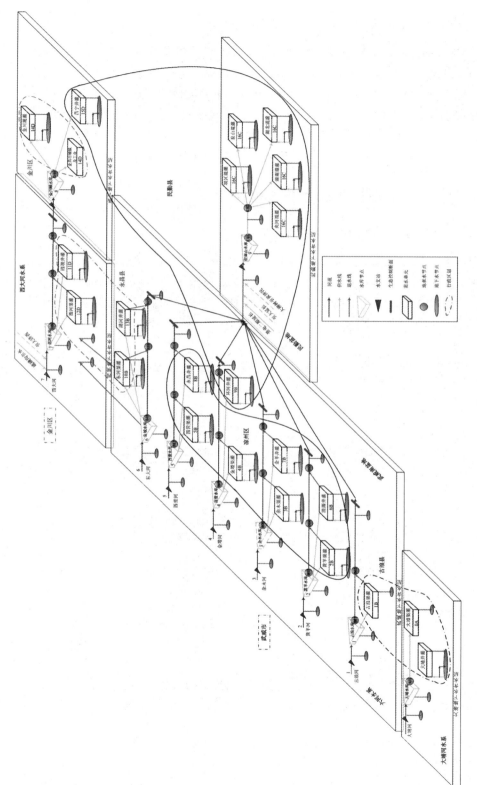

图 6-14 石羊河流域地表水地下水实时水量调度模型图

"旬"作为调度时段进行水权实时调控和水量调度。以每年 9 月至次年 8 月作为年调度时段。模型输入包括：石羊河流域长期水权分配方案、河流 1970—1999年的旬径流量（单位：万 m^3）；逐时段更新的年径流量预测数据；灌区生活、工业及农业的多年平均需水量及需水过程；水库起始水位、最大库容、供水能力、水位-库容曲线及旬蒸发渗漏比率；分区地下含水层面积、给水度；地下水潜流流量；地表输水及地下水开采的损失率、入渗率、灌区退水率，等等。

6.4　不同配水规则下的水量调度结果

6.4.1　多年平均情况下水权的满足度

图 6-15 和图 6-16 分别为按照"丰不增、枯不减"规则和"丰增枯减"规则，石羊河流域各灌区长期水权量、多年平均需水量和多年平均供水量比较图。由图中可以看出，两种水量分配规则下，流域供水量可满足其多年平均水权和需水。在多年平均意义下，两规则的调度结果差别不大。

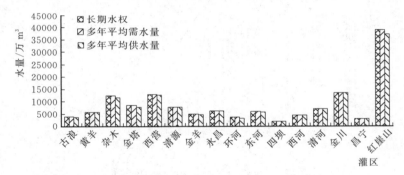

图 6-15　"丰不增、枯不减"规则下石羊河流域各灌区
长期水权、多年平均需水及供水情况

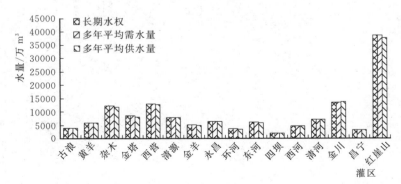

图 6-16　"丰增枯减"规则下石羊河流域各灌区长期水权、多年平均需水及供水情况

6.4.2 年度配水方案的满足度

为了识别"丰不增、枯不减"和"丰增枯减"两种规则下径流预测误差对于水权调度实现的影响，分析水文不确定情况下水权调度实现的风险，拟定四种情景进行计算和对比分析，分别为：

(1) 情景1：径流预测误差为零＋"丰增枯减"。

(2) 情景2：径流预测误差为零＋"丰不增、枯不减"。

(3) 情景3：径流预测误差为10%＋"丰增枯减"。

(4) 情景4：径流预测误差为10%＋"丰不增、枯不减"。

按照上述情景，采用第4章提出的水权调度实现模型进行计算。

6.4.2.1 基准调度情景：径流预测误差为零

情景1的年度水量分配方案如图6-17所示。图中，横坐标为流域不同来水保证率（年径流频率），其中，横坐标数值10%代表当年是10%频率的丰水年，即在统计意义上只有10%频次的年径流量大于该年径流量；横坐标数值为90%代表当年是90%频率的枯水年，即有90%频次的年径流量大于该年径流量。纵坐标分别为基本生态配水、工业和生活配水、农业配水和适宜生态配水的累计值。最下面的线是基本生态配水量，其上面叠加工业和生活配水量，形成图中第二条线；第二条线上叠加农业配水量，形成图中第三条线；其上再叠加适宜生态配水量，形成图中最上面的第四条线。第四条线表示基本生态、工业和生活、农业以及适宜生态的配水量总和，数值上等于流域的配水总量。此外，农业和适宜生态配水量的数值对应图中左侧纵坐标；基本生态以及工业和生活的配水量对应图中右侧纵坐标。按照叠加式作图方法，绘制情景2的年度水量分配方案，见图6-18。

对比图6-17和图6-18可以看出，与情景1"丰增枯减"规则不同，情景2"丰不增、枯不减"规则下，在75%频率年以上的丰水年（横坐标小于75%的点），基本生态、工业和生活以及农业用水的配水量不随年度水量增加而变化，在图6-18中表现为横坐标小于75%时，基本生态、工业和生活以及农业配水曲线为直线。同时，当来水为小于75%枯水年的径流量，按照"丰不增、枯不减"规则，不再为适宜生态用水配水（图6-18）。"丰增枯减"规则下，各用水部门的配水始终随年度径流量的变化而增大和缩减（图6-19）。

以图6-17和图6-18中的配水量作为调度目标，运行流域水库优化调度模型，各用水部门的供水结果以累计叠加形式绘制于图6-19和图6-20。图中，横坐标仍然为流域年径流频率，纵坐标为供水量。对比图6-17和图6-19（情景1的配水和供水）、图6-18和图6-20（情景2的配水和供水），可

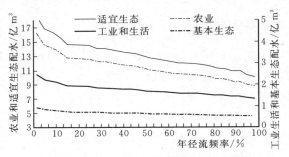

图 6-17　情景 1 的流域配水方案

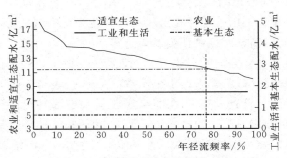

图 6-18　情景 2 的流域配水方案

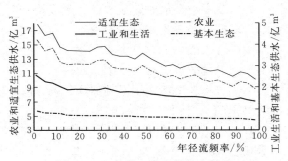

图 6-19　情景 1 的流域供水结果

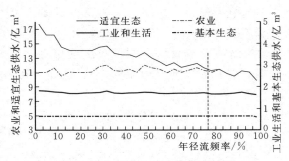

图 6-20　情景 2 的流域供水结果

以看出各部门的供水量与其配水量比较接近，供水曲线围绕配水曲线上下小范围波动。这种供水波动主要是缺水量在时段间流转所造成的，即时段的缺水量（配水量与供水量的差值）转入下一时段进行补供。

6.4.2.2 对比调度情景：径流预测误差为10%

在年度径流预测（神经网络模型）中引入径流误差10%，作为情景3和情景4，运行水量分配方案的滚动修正和水库调度，供水结果如图6-21和图6-22所示。其中，图6-21表示情景3（径流预测误差为10%＋"丰增枯减"）下各行业的供水结果；图6-22表示情景4（径流预测误差为10%＋"丰不增、枯不减"）下各行业的供水结果。对比图6-21（情景3）和图6-19（情景1），在"丰增枯减"规则下，引入径流预测误差之后的情景3的年度供水量在年际之间的波动明显大于没有径流预测误差的情景1。对比图6-22（情景4）和图6-20（情景2），在"丰不增、枯不减"规则下，引入径流预测误差之后供水量的波动与径流预测误差为零的情况相差无几。尤其是，社会经济供水量（工业生活与农业供水量之和）没有受到水文丰枯变化以及径流预测误差的影响。"丰不增、枯不减"规则在水权调度实现中更加稳健，更有利于保障水权的稳定。

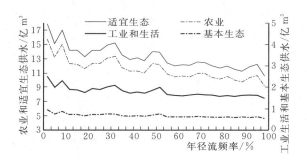

图6-21 情景3的流域供水结果

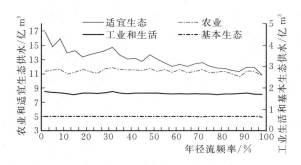

图6-22 情景4的流域供水结果

6.4.3　水权调度实现的风险

情景 3 和情景 4 下，石羊河水权调度实现的风险度结果如图 6-23 所示。图中，（a）、（b）、（c）、（d）四个子图分别表示基本生态用水、工业和生活用水、农业用水以及适宜生态用水的水权调度实现风险度；图中虚线表示"丰增枯减"规则下各部门的水权风险度，实线表示"丰不增、枯不减"规则下的风险度。

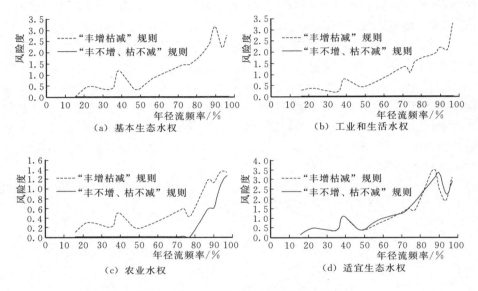

图 6-23　石羊河水权调度实现的风险

从图中可以看出，在"丰增枯减"规则下，各部门水权调度实现的风险总是大于零的，并且随着年度水量减少，风险逐渐增大。枯水年的水权实现风险大于丰水年。相反，"丰不增、枯不减"规则下，基本生态水权和工业生活水权的实现风险为零，因为这两个部门的水权不随来水丰枯变化；在来水量大于 75％ 频率年的时候，农业水权的实现风险也为零；只有适宜生态水权的实现风险始终大于零。也就是说，"丰不增、枯不减"规则在丰水年的时候，将水权调度实现的风险从社会经济系统转移到生态系统。在保障基本生态用水的情况下，在枯水年缩减适宜生态用水，并在丰水年将超出水权量的洪水下泄到生态系统，利用了生态系统的缓冲作用，减轻了水文不确定性和径流预测误差对于水权调度实现的影响。此外，在"丰不增、枯不减"规则下，只有高于 75％ 频率年的枯水情况，社会经济用户（如农业用户）的水权实现才承担水文风险，体现为对水权配水量的缩减。相比之下，"丰增枯减"规则的弊病就非常明显了，该规则使得各用水部门的水权持续承担水文风险，本质上是将危机管理常态化的做法，不利于水权的稳定。

6.5　小结

甘肃石羊河流域干旱缺水、农业无灌不植、上下游之间用水矛盾非常突出，流域水资源超载已经造成下游民勤县出现"罗布泊"景象。对水资源异常敏感的石羊河流域，迫切需要建立现代水权制度，规范用水秩序、协调用水矛盾、控制用水总量、恢复流域生态。因此，2007年国务院批准《石羊河流域重点治理规划》，提出以水权制度为核心系统性重构石羊河的水资源开发利用规则和秩序。目前石羊河流域已经基本完成了从流域到农户的初始水权分配，在部分灌区建成了水权调度实现的机制，在重点区域建立了农村用水者协会之间的水市场。可以说，石羊河流域是我国水权制度建设最为艰难，但是改革最为深入和成功的地区之一。

本书以石羊河流域为案例，将第4章提出的初始水权分配多准则模型和第5章提出的水权调度实现及其风险分析模型应用到该流域，计算了流域的初始水权分配方案，演算了"丰增枯减"和"丰不增、枯不减"规则下的年度配水方案，评估了不同配水规则的水权调度实现风险度。通过与国务院批准的《石羊河流域重点治理规划》中的初始水权分配方案进行比较，结果显示，本书提出的初始水权分配多准则模型具有良好的适用性和精度，可为水权分配决策提供技术支撑。此外，通过对比"丰增枯减"和"丰不增、枯不减"规则下水权调度实现的风险，用实际数据显性论证了"丰不增、枯不减"规则可将水权调度实现的风险从社会经济系统转移到生态系统，利用生态系统的缓冲作用减轻水文不确定性和径流预测误差对于水权调度实现的影响。相比之下，"丰增枯减"规则使得各用水部门的水权持续承担水文风险，将危机管理常态化，不利于水权的稳定。

第7章 水权交易的关键技术框架

水权交易是水权制度建设的最终目标，是通过产权制度实现水资源市场配置、提高用水效益的主要手段，一般包括跨区域水权交易、跨行业水权交易、同行业内部不同用户之间的交易三种形式。在我国，水权交易在2000年后逐渐兴起，形成了区域间、行业间及农户间的若干交易试点，包括浙江省东阳与义乌的水量交易，内蒙古、宁夏"工业-农业"行业水权转换、甘肃石羊河流域农村用水者协会之间的水权交易以及黑河流域的农民水票交易等。

2014年，习近平总书记提出"节水优先、空间均衡、系统治理、两手发力"的治水思路，赋予了我国新时期治水的新内涵、新要求、新任务，对推进中国水权水市场具有重大而深远的意义。同年，水利部印发了《关于开展水权试点工作的通知》，明确宁夏回族自治区、江西省、湖北省重点开展水资源使用权确权登记试点工作；明确内蒙古自治区、河南省、甘肃省、广东省，重点探索跨盟市、跨流域、行业和用水户间、流域上下游等多种形式的水权交易流转模式。2016年国家级的水权交易机构——中国水权交易所，在北京挂牌营业。

我国正在从国家层面全面推进水权交易和水市场建设。

7.1 水权交易的基本概念

水权交易作为水资源的再分配方式之一，是水资源使用权转让的一种形式。水权作为产权的一种，其交易的模式符合法律经济学的相关定义。因此，水权交易亦可以被视作经济主体之间对于水权的让与和取得。针对不同的角度，我们亦可以将水权交易进行多种分类。按交易的性质，可以将水权交易分为买卖的交易、管理的交易和限额的交易；按交易主体的不同，可以将水权交易分为政府与政府之间的交易、政府与用水户之间的交易、用水户与用水户之间的交易等；按水权交易时间长短，可分为临时交易、永久交易与水权租赁。

水权交易是人、水、钱三者的互动，是水流、信息流以及资金流的综合交互过程。在"水"方面，包括水权的确权、取水许可、用水计划、水量计量监测以及调度供水等方面工作。这些内容规定了水资源的权属、使用规则、条件以及监管机制，是水权交易的基础。在"人"方面，涉及买家、卖家、监管者、中介者以及受影响的第三方。这些内容是资源交易的基本组分。"第三方影响"主要指，水权交易导致水资源分布和用途的变化对下游生态和水质等的影响。在"钱"方面，主要包括交易定价、付款、合同、卖水收益的使用和审计、债务、投机和风险规避等等。"人-水-钱"三位一体的水权交易概念（图7-1）基本覆盖了水权分配、管理和交易所涉及的各方面对象和步骤，可为分析水权提供框架性思路。

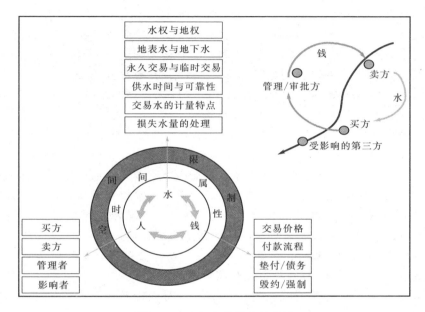

图 7-1 水权交易概念示意图

7.2 水权交易的国内外研究进展

7.2.1 水权交易的理论和机制研究

水权交易的基础理论和运行机制研究是水市场建设和发展的首要支撑。20世纪80年代以来，国外学者掀起了水权交易研究的热潮，其研究可分为两个阶段。第一个阶段是1980—1999年，研究主要以水市场属性、特征、效果以及运行机制的定性描述、概念分析和理论演绎为主，缺少实际的水权交易案例和数据。第二个阶段是2000年至今，随着美国、澳大利亚、西班牙等国家水市场的日趋成熟以及水权交易案例和数据的增多，国外学者开始通过计量经济学、统计学等方法挖掘、归纳水市场运行中的限制因素，为完善水权交易机制提供技术支撑。

在第一个阶段，水市场建设的支持者普遍认为水权交易为水资源管理提供了新的激励机制，避免了行政手段在资源管理上的不灵活性，是促进水资源节约、提高水资源利用效益的有效手段（Vaux 和 Howitt，1984；Rosegrant 和 Binswanger，1994；Hearne 和 Easter，1995）。研究多集中于水市场限制因素识别和削减交易成本以促进水市场发育等问题（Colby，1990；Leigh Living-stone，1998）。Easter 等（1998）对水权交易的理论基础和关键要素做了较为综合的研究，提出了水市场现实运行所面临的诸多阻碍因素，如水权不明晰、水量监测不精确、水资源的时空变异性、水质的影响以及水权拥有者对水市场的认识水平等等。与此同时，智利、墨西哥、澳大利亚及美国等国家的水权交易虽取得了一些效果但也遇到了诸多困难，水市场发育缓慢（Bauer，1997；Howe，1998；Archibald 和 Renwick，1998；Hearne 和 Easter，1998；Brennan 和 Scoccimarro，1999）。

在第二个阶段，即 2000 年以后，国际上的水权交易研究逐渐向经验总结和规律验证的方向发展，研究更加深入和规范。Calatrava 和 Garrido（2006）以西班牙水市场为例，分析了以用水者协会为基本单元的水权交易所面临的问题及问题的形成机理，探讨了用水者协会为主体的水权管理和交易机制。Garrido（2007）采用实验经济学的方法，建立了西班牙典型流域的水权交易分析模型，分析了不同交易规则对水市场运行效益的影响。Brewer 等（2008）对美国西部 12 个州从 1987 年至 2005 年的水权交易数据进行了分析，研究了美国西部水权交易价格的空间分布及交易形式的变化。Lange 等（2008）以新西兰水市场为例，从经济、体制、制度、环境、社会以及观念等多方面，研究了灌溉农业水市场运行的驱动力和障碍，指出明晰、灵活、公平的灌溉管理制度是农业水市场顺利运行的基础。Ranjan（2010）通过经济学理论分析和逻辑推导，研究了水市场规模、农业生产收益率以及水文不确定性等影响农民参与水权交易的关键因素并分析了其影响机制。Khair 等（2012）以巴基斯坦的地下水水市场为例，采用地下水交易的数据和计量经济学方法，分析了影响地下水交易的关键因素，包括作物密度、作物产值、地下水水位、机井可靠性及土壤性质等。

澳大利亚墨累-达令河流域的水权交易在 2000 年以后迅速发展，至今已基本建成了较为完善的水市场体系，是国际水权交易研究的热点和典型区域。Chatterton 和 Chatterton（2001）分析了 20 世纪 90 年代澳大利亚水权交易市场的发展历程，提出政府政策和管理体制、公用资源的自然属性、私有化的生态和经济后果、产权制度的社会成本和收益，是水市场建设中需要考虑的基础性因素。Qureshi 等（2009）讨论了澳大利亚水市场在提高水资源配置效益上的作用和特征，分析了水市场在水资源管理体制、制度及政策方面所受到的限制，研究了限制因素对水市场效益的影响程度，提出了水权交易改革建议。
Young 和 McColl（2009）研究了墨累-达令河流域水文循环过程特征对水权分
配和交易的影响机制，提出有效的水权交易机制必须具备水文完备性
（Hydrological Integrity）。

在我国，水权交易研究兴起于 2000 年后，近年的研究主要集中在国内外
制度比较（张婕、王济干，2008）、国外经验借鉴（张仁田等，2001；王金霞、
黄季焜，2002）、交易机制构建（沈满洪，2004；黄锡生、黄金平，2005；任海
军、郭莉，2012）、水市场设计（沈大军，2013）和对水市场有效性的构想性描
述上（张有贤、荀彦平，2008）。这些研究在水市场建设框架方面取得一定成
果，对我国水权交易制度建设具有理论借鉴意义。但是，由于我国水市场尚未
建立，缺乏实际数据，目前的研究大都以定性描述、概念演绎和框架设计为
主，总体上处于国外发达国家上世纪 90 年代水平。

还有学者对水权交易的驱动力（段凯等，2012）、定价机制（李海红、王光
谦，2005；张国珍、刘慧，2010）、契约安排（沈满洪，2006）以及水市场中政
府的地位作用（张守华，2004）等水权交易关键问题，进行了较为深入的研
究，为我国宏观层面水市场建设提供了一些理论支撑。但是，这些成果在研
究内容上较为分散，都是从特定角度对水权交易这一宏观范畴的局部研究，
缺乏系统性。此外，值得注意的是，随着近年来我国水权交易实践的开展，
偶见我国学者基于水权交易实际案例和观测数据的模型分析，如 Zhang 等
（2009）采用黑河流域农村用水者协会之间水权交易数据对其交易成本的分
析研究。

综上所述，国外水权交易和水市场的研究历时 30 余年，取得了丰富的成
果，可为我国开展水权交易研究提供一定借鉴。但由于我国的政治制度、经济
体制和水资源管理机制等都与国外成熟水市场国家有较大差异，加之国外的研
究缺乏对中国特色环境的细节性考虑，成果难以直接应用于我国实践。我国的
水权交易研究发展时间较短，虽然在国家需求的推动下已经产生了一些理论成
果，但是总体落后于国外先进水平，且理论研究不成体系、缺乏数据分析支
持，亟待加强。

7.2.2　水权交易的模拟及分析模型研究

水权交易的模型主要指描述交易主体的行为模式、主体间交互规则、水市
场经济特征及运行机制的一系列数学方程和算法的集合。交易模型是水市场机
制分析和效果评估的基本工具，是水权交易和管理决策的重要支撑，是水市场
改革实践的重要技术保障。近年来，国际上的水权交易模型研究主要侧重交易
主体行为和水市场整体运行机制的模拟分析上，其方法主要分为两类：①基于

水资源系统分析的规划方法；②基于经济学理论的市场模拟方法。

在规划方法方面。Zekri 和 Easter（2005）建立了农场间水权交易的线性规划模型，分析了水市场的潜在效益和损失。Gibbons 和 Ramsden（2008）采用混合整数规划的方法，建立了农户作物选择、劳力投入、灌溉用水及水权交易的决策分析模型。Griffith 等（2009）应用离散随机规划的方法，建立了水权交易决策的概率模型，分析了水文不确定性对水权交易决策的影响。Takahashi 等（2013）建立了甘肃省张掖市灌区水市场的非线性规划模型，分析了农户插花耕作方式对于水权交易的影响。Li 等（2014）应用模糊-随机规划方法建立了水市场规划和分析模型，通过应用于漳卫南河分析了水权交易在提高灌溉效益上的有效性。上述方法一般以水资源系统整体效益最大为目标，优化交易的决策变量，自上而下地生成水权交易方案，可为水市场的管理决策提供一定支持。但是，上述研究缺乏对交易主体行为的细致描述，难以反映主体行为变化对系统整体效益的影响。

在经济学方法方面。Diao 等（2005）建立了摩洛哥水市场的一般均衡模型，分析了水资源的影子价格以及水交易对提高农业用水效益的作用。Dridi 和 Khanna（2005）建立了农户的灌溉技术选择的经济模型和水权交易的描述方程，通过数学推导从理论上研究了信息不对称性对农村水市场及农户灌溉技术革新的影响。Smajgl 等（2009）基于主体建模（Agent Based Modelling，ABM）方法，建立了澳大利亚 Katherine 地区主要用水者的水权交易行为模拟分析模型，计算了市场上的交易水量和主体的用水量，分析了不同交易规则和限制条件下水市场的经济和生态效应。Wang（2011）将河网空间信息引入到水市场的多主体建模当中，模拟分析了下游双边交易（downstream bilateral trading）模式对水市场效率的影响。Zhao 等（2013）基于 ABM 方法，比较了水资源综合管理体制和市场体制下水权主体行为的差异，提出了描述水权交易主体行为及交互规则的基本方程。ABM 方法可以捕捉微观个体的行为特征及其在微观和宏观层面的信息交流，能更好地描述个体行为和系统规律之间的相互影响机制，更加符合市场的本质，是当前水权交易研究的热点方向。但是，水资源系统是一个非常复杂的系统，其系统层面的宏观行为无法简单地从个体行为预测出来，而且包含自然水循环过程、工程设施以及管理制度等多个不同性质的子系统，是典型的"人类-自然耦合系统"。复杂系统中微观行为的系统涌现问题，是目前 ABM 方法研究中的难点和前沿。

在我国，许多学者将博弈论方法应用到水权交易建模中，对交易行为特征（尹云等，2004；吴丽、周惠成，2012）、交易机制（李长杰等，2007）、交易定价方法（陈洪转等，2006；唐润等，2010；邓晓红、钟方雷，2010）以及资源配置效率（陆文聪、覃琼霞，2012）等进行了研究，设计了各种水权交易协商和拍卖定价模式，具有理论探索意义。此外，王慧敏等（2007）结合复杂适应系统理论，建立了水权交易的 CAS（Complex Adaptive System）模型，设计了相应的运行机制，并在美国 Santa Fe 研究所的 Swarm 软件平台上建立仿真实验系统，对交易主体行为及系统效率进行了仿真模拟。我国台湾学者萧代基等（2007）针对水权交易的生态影响问题，设计了具有生态流量保障功能的水权交易比例制度，并建立了相应的市场均衡模型。目前，国内的研究大部分是将经济学理论直接应用到水权交易上，将水资源作为一般性的商品探讨交易博弈和市场均衡的概念性算法，对水资源系统的特殊性和复杂性考虑不足，难以在水资源管理中实践应用。

综上所述，经济学领域的主体建模方法正成为国际上水权交易模型研究的热点，国内的研究则更热衷于博弈论方法的应用。但国内外的研究大部分以经济学概念描述和算法探讨为主，对流域或区域水循环过程、水系空间结构以及水资源开发利用特征等复杂问题考虑不充分，难以达到复杂条件下应用的程度，对水市场实践的支撑作用不足。

7.2.3 水权交易的第三方影响和风险研究

水权交易的第三方影响主要是指水权交易对买卖双方以外的其他水资源利用主体的影响。目前，国内学界对水权交易和水市场的生态影响问题较为关注，但系统性和定量化的研究成果不多。Kiem（2013）通过对澳大利亚水权交易实践的回顾与分析，发现水权交易的许多负面影响并未在水市场建设中充分考虑，水市场对流域水文过程、河流生态流量等的影响机制尚不明确，理论研究不足。Khan 等（2009）也通过对澳大利亚水市场制度的分析，认为水市场运行对灌区土壤盐碱化存在影响，但影响机理和程度尚未得到充分认识和研究。在我国，韩锦绵、马晓强（2012）对水权交易第三方效应的类型和成因进行了探讨，但没有形成具有数据支持和模型分析的成果。

在水权交易的风险研究方面，国内外较为系统的研究成果亦不多见。Zaman 等（2009）建立了澳大利亚维多利亚州北部地区的地表水调度模拟模型，分析了不同水权交易情境下系统水量调度及输送能力对交易的限制和瓶颈作用，分析了水权交易协议签订以后面临的水资源调度风险问题。Bjornlund（2011）对澳大利亚永久性和临时性水权交易市场进行了分析，发现水文和水资源系统的不确定性是造成用水户热衷临时性交易而不愿进行永久性水权交易的主要原因。此外，还有一些研究将水权交易的风险问题研究隐含在交易影响因素的分析和评价中（Pujol 等，2006；Agbola 和 Evans，2012），对水权交易风险缺乏系统的、显性的认知和研究。

7.3　水权交易的基本类型

从空间和时间两方面，对水权交易进行分类。在空间上，包括地表水和地下水交易。具体包括地表水、地下水的分别交易和混合交易。"分别交易"是指地表水只能和地表水交易，地下水只能和地下水交易，两者不能交叉。如图 7-2 所示，买卖双方位于同一地表水水系，卖家位于上游，买家位于下游；减少卖家的地表供水，增加买家的，完成水权交易。地下水亦如此。"混合交易"是指买卖双方之间没有直接地表水联系，通过地下水中转完成交易，见图 7-3。水权交易过程中，减少卖家地表水供水，增加买家的地下水供水。"混合交易"要求买卖双方位于同一地下水含水层，加之地表水和地下水转换关系复杂，国际上几乎没有"混合交易"的案例。在时间上，水权交易包括"临时交易"和"永久交易"。"临时交易"是指有效期为一年的水量交换，第二年水权交易双方按原有水权供水；"永久交易"是指有效期为多年或者永久性的交易，长期或永久转让水权。表 7-1 和表 7-2 示意了两种水权交易的差别。"永久交易"的第二年，双方水权发生改变；"临时交易"则不然。

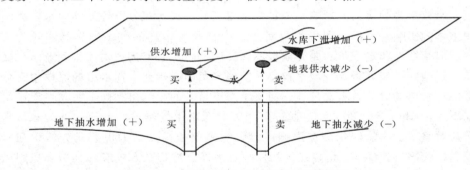

图 7-2　地表水及地下水分别交易示意图

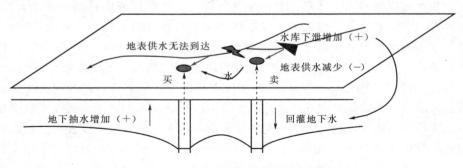

图 7-3　地表水及地下水混合交易示意图

表 7-1   永久性水权交易

交易方	交易发生年			第二年
	长期水权	购水量	长期水权	长期水权
买方	100	10	110	110
卖方	100	−10	90	90

表 7-2   临时性水权交易

交易方	交易发生年				第二年
	长期水权	年度实时水权	购水量	实时水权	长期水权
买方	100	90	10	100	100
卖方	100	90	−10	80	100

7.4 水权交易的主要规则

交易规则是支撑水权交易的核心机制，是规范用户如何开展交易、指导政府如何管理交易的核心内容。本书基于水权交易的理论和实践研究，提出十项交易规则，如图 7-4 所示。

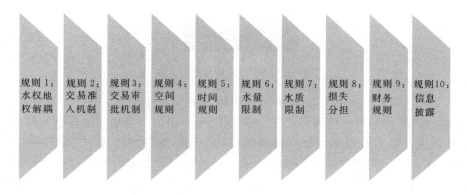

规则 1：水权地权解耦　规则 2：交易准入机制　规则 3：交易审批机制　规则 4：空间规则　规则 5：时间规则　规则 6：水量限制　规则 7：水质限制　规则 8：损失分担　规则 9：财务规则　规则 10：信息披露

图 7-4 十项水权交易规则

7.4.1 规则 1：水权与地权解耦

水权与地权的解耦，是指不拥有土地、耕地或其他需水生产资料的经济主体可拥有水权并买卖。这是水权交易的重要前提，只有水权脱离地权，成为独立的交易物品，水市场才能发展。国外的经验也证明了这一点。比如，澳大利亚的水权解耦，如图 7-5 所示。举例来说，某用户有 $100m^3$ 的水权。水权可解耦为两个层面，一个是"长期水权" $100m^3$。其与水文年无关，年年都是

100m³。另一个是"实时水权"，类似本书前文所述的年度水权配水量。"实时水权"数量上等于一定百分比的"长期水权"，具体数值受流域来水丰枯和水库调度影响。在澳大利亚，用户可在不拥有土地的情况下购买"长期水权"并出售；但是，如果要购买"实时水权"，或者将手中的"长期水权"变成"实时水权"，必须指明水量的用途和地点；也就是说，必须要实际使用才能获得"实时水权"和水库供水。由此看来，"长期水权"是"法律"层面的水权，是权力的体现，与地权解耦，是水市场的基础；"实时水权"是"管理"层面的水权，与土地及水权的用途关联。

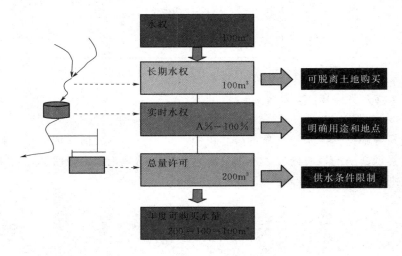

图 7-5　澳大利亚水权的解耦

此外，澳大利亚的水权还可进一步解耦到第三个层面，即"总量许可"。"总量许可"是从供水能力角度定义的。图 7-5 中，假设某一用户由于渠道或者管道供水能力的限制，每年最多能获得 200m³ 的供水，即"总量许可"为 200m³。那么，他还能从市场购买的水权总量等于"总量许可"减去"长期水权"。超出"总量许可"的水权购置，由于供水能力限制无法送达。"总量许可"是"操作"层面的水权，与供水设施的能力关联。通过法律、管理、工程设施三方面，澳大利亚把水权分解为长期水权、实时水权和总量许可三部分，实现了水权和地权的解耦。

7.4.2　规则 2：交易的准入机制

交易的准入机制，规定谁可以卖水、谁可以买水。对于卖水者，根据《水法》，应该是水资源使用权的合法持有者；在管理层面，应该是取水许可证持有者在取水许可范围内节约的水量。这部分水量是可以出售的。对于买水者，在法律层面，可脱离地权购买长期水权；如果若干年后不使用，政府可收回其水权。在管理层面，"实时水权"的购买要与"用途管理"相结合，指明用水的地点和用途。《取水许可和水资源费征收管理条例》规定，依法取得取水权的单位或者个人，可有偿转让节约的水资源。根据这一条款，可出售的水权量来源于节水。也就是说，非节水获得的富余水量在进入市场出售时，要受到限制。比如，通过地下水超采获得的水量，不能出售。或者说，地下水超采的用水部门不能作为水权出售方。

水权交易与节约用水是相互作用、相互激励的过程。用水户通过技术革新或者管理改革节约水量后，通过出售该部分水量在市场上获利，获得资金进一步投入节水措施、激发节水动力，从而形成"节水-卖水-节水"的正反馈过程。在这个过程中，有如下几个问题可能导致正反馈过程的断裂。首先，在卖水方的角度，用户节约水量后，政府不能无偿缩减其未来的配水指标。如果用户由于节约用水使得用水量减少之后，水资源管理部门通过行政手段缩减了用户未来的配水量，导致用户没有富余水量在市场上出售，会严重破坏用户的节水动力和卖水动力。其次，在买水方角度，用户购买水量之后不应用于发展高耗水产业。如果购买者的用水效率低于出售者，或者购买者的水资源浪费严重，那么从整个市场上看，水权交易没有产生节水效应，反而降低了水资源利用效率。这些都是在制定水权交易准入机制和相关政策时，需要考虑和解决的问题。

7.4.3　规则3：交易的审批机制

水权交易的审批需要回答三个问题：为什么要审批？审批什么？谁来审批？第一，水市场是准市场，水资源管理具有很强的社会性和公益性，水权的调度实现受到空间水系结构和水利工程条件的限制，水权交易须经过水资源行政管理部门的审批，以确保交易合同的有效性和可操作性。2016年颁布的《水权交易管理暂行办法》第四条规定："国务院水行政主管部门负责全国水权交易的监督管理，其所属流域管理机构依照法律法规和国务院水行政主管部门授权，负责所管辖范围内水权交易的监督管理。"

第二，审批什么。基于水市场的准入规则等，对买卖双方的资质及交易的第三方影响等进行审查。具体包括：买卖双方的资质审查，卖方是否具有节余水量以及买方的购水用途是否合理等；供水可达性评估，交易之后能否实现对卖方的供水；水权交易的第三方影响等。比如，2016年颁布的《水权交易管理暂行办法》第六条规定："开展水权交易，用以交易的水权应当已经通过水量分配方案、取水许可、县级以上地方人民政府或者其授权的水行政主管部门确认，并具备相应的工程条件和计量监测能力。"

第三，谁审批。由水行政主管部门，按照流域和区域结合的办法进行审批。在具体操作中较为普遍采用的做法是分级审批，即不同体量的水权交易由不同级别的部门进行审批。比如，2016 年颁布的《水权交易管理暂行办法》第十一条规定："转让方与受让方达成协议后，应当将协议报共同的上一级地方人民政府水行政主管部门备案；跨省交易但属同一流域管理机构管辖范围的，报该流域管理机构备案；不属同一流域管理机构管辖范围的，报国务院水行政主管部门备案。"水权交易的审批机制示意图见图 7-6。

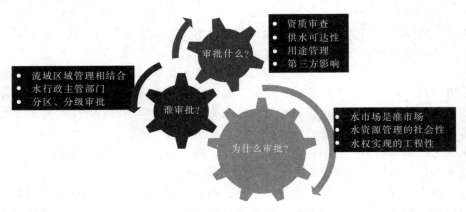

图 7-6　水权交易的审批机制示意图

根据分区、分级审批的原则，甘肃省《石羊河流域水权交易管理办法》规定："水量在 200～1000m³（含 1000m³）之内的水权进行交易时，用水户双方向所在地用水户协会提出申请，经协会同意报水管站（所）备案后进行交易。水量在 200m³（含 200m³）以内的水权进行交易时，经用水户协会同意后进行交易。交易水量在 1000～10 万 m³ 的，由协会双方向所在地水管站（所）提出申请，经水管站（所）审查同意报灌区审核备案进行交易。交易水量在 50 万 m³ 以上，由灌区提出初审意见报县区水务局同意、市水务局批准后进行交易。交易水量在 50 万 m³ 以下（含 50 万 m³）的，由灌区同意报县区水务局备案后进行交易。"

7.4.4　规则 4：交易的空间规则

由于水的流动受河流水道的空间限制，处在河流不同位置的用户进行买卖交易会受到供水网络结构的限制，如图 7-7 所示。卖方位于河流上游，买方位于下游，这种交易比较好实现，沿着水流方向增加买方的供水即可。如果卖方位于下游、买方位于上游呢？显然不可能把水抽到上游，只能通过减少下游卖方供水方式，间接实现水量转换。但是减少下游供水是有限制的，不能影响第三方。如果买卖双方位于同一河流不同支流上呢？可以通过共同的下游节点进行中转。再者，如果买卖双方之间没有水力联系呢？如何进行水权交易？

（a）上游向下游卖水

- 水库减少卖方供水、加大下泄或增加买方供水
- 自然水流方向与交易水流方向一致
- 交易易于发生，仅受河道过流能力限制

（b）下游向上游卖水

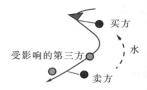

- 下游向上游卖水，自然水流方向与交易水流方向相反
- 仅允许临时交易，不允许永久交易
- 上游水库增加蓄水及买方供水，减少下泄及卖方供水
- 受到限制：
  (1) 上游水库的库容限制；
  (2) 上游（买方）向下游（卖方）的最大输水能力，是下游向上游卖水量的上限；如果卖水量超出此上限，意味着上游增蓄／用的水量超出此系统中下游可能减少的最大水量，将造成系统外的第三方影响（如卖方减少从其他水源的供水）；
  (3) 河道内生态流量限制。

（c）不同支流的交易

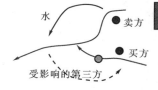

- 通过共同的下游过渡；卖方将水下泄到下游，下游再卖给买方

（d）不同河流的交易

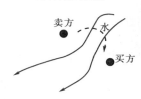

- 不同水系之间的水量交易，概念上，可通过卖／买方在各自河流减少／增加用水或通过地下水体实现地表水交易
- 但是，第三方影响较为复杂

图 7-7　水权交易的空间规则

图 7-8 是澳大利亚维多利亚州的水权交易区划及交易。图中，1、2、3 等为不同的水权交易区划。在同一区划中的用户可自由交易；跨区划交易，意味着更多的限制和交易费用。水权交易的空间区划，是水权交易技术研究中的

交易单元	1A	1B	1L	2A	2B	3	4A	4C	5A	6	6B	7	10	11	12	13	14
1A	a	a	a			b	a	a	a	b	b	a	a	a	b	b	b
1B	a	a	a			b	b	b	a	a	a	a	a	a	b	b	b
1L	a	a	a	a	a	b	b	b	a	a	a	a	a	a	b	b	b
2A			a	a	a												
2B			a	a	a												
3	a	a	b			a	b	b	b	a	b	a	a	a	b	b	b
4A	b	b	b			b	a	a	b	a	a	a	a	b	b	b	b
4C	b	b	b			b	a	a	b	a	a	a	a	b	b	b	b
5A	b	b	b			b	b	b	a	a	a	a	a	b	b	b	a
6	a	a	a			a	a	a	a	a	a	a	a	a	a	a	a
6B	a	a	a			b	a	a	a	a	a	a	a	a	a	b	b
7	a	a	a			a	a	a	a	a	a	a	a	a	a	a	a
10	a	a	a			a	a	a	a	a	a	a	a	b	a	a	a
11	a	a	a			a	b	b	b	a	a	a	b	a	a	a	a
12	b	b	b			b	b	b	b	a	a	a	a	a	a	b	b
13	b	b	b			b	b	b	b	a	b	b	a	a	a	a	b
14	b	b	b			b	b	b	a	a	b	a	a	a	b	b	a

图 7 - 8　澳大利亚维多利亚州的水权交易区划及交易

（注：图中，1、2、3 等为不同的水权交易区划，1A、1B、1L 等为同一水权区划内的不同交易区单元，a 表示交易单元内的不同交易区单元之间可以双向"自由"交易；b 表示交易单元之间仅可进行单向交易，且仅能进行永久交易，不能进行临时交易，比如进行永久交易时能临时从 1L 区卖给 3 区，表示水权只能临时从 1L 区与 1L 区之间……3 区与 1L 区之间的交易规则为"b"，表示水权只能临时……灰色的部分表示不能发生交易）

一个重要内容，需要分析和评估哪些地区间可以交易、哪些地区间不能交易、哪些地区之间交易需要更高的交易成本。

7.4.5　规则5：交易的时间规则

水权交易的时间规则主要是指交易的适宜时机和应急处理机制。在水市场中，由于河流的来水量具有不确定性，供水设施的调度调蓄能力有限；加之，用水户尤其是农业用户的需水具有季节性，导致在一年内某些时候水权交易较容易达成、交易成本较低；相反，在另一些时候，水权交易的成本较高、难以实施。这就要求买卖双方以及水权交易的监管部门，根据河流来水情况以及水资源调度系统的运行情况做出交易决策。具体包括：

"丰增枯减"与交易调整。根据本书第5章水权调度实现的概念，用水户的年度水权配水量会随着流域可用水量的丰枯变化而"丰增枯减"；在目前我国普遍接受的"丰增枯减"配水规则下，市场上已经出售的水量是否要随流域来水丰枯变化而同比例增减。比如，某地区工业用户从农业用水户中购买了一部分水量，交易后流域内出现干旱缺水，根据"丰增枯减"规则，缩减农业配水量，那么已经出售给工业用户的水权指标是否应当缩减？

此外，如果水市场中有大量的农业用水通过市场出售给工业用户，如我国黄河流域宁夏和内蒙古地区的工农业水权转换实践，这意味着有相当数量的供水由低保障率（农业用途）转变为高保障率（工业用途），需要对相应的水资源调度和管理系统进行升级以提高供水保证率。

最后，灌区内部的农业用户之间灌溉水量交易具有明显的时间特征，受到灌溉轮次的强烈影响。在我国北方大部分缺水地区，农业灌溉大都采用轮灌的方式，不同渠道轮流引水、不同区域交替进行灌溉；用户在灌溉轮次时间内可以获得渠道供水；在轮次时间外，渠道关闭、无法获得供水。这就导致农业灌溉用户之间的水权交易必须与灌溉轮次安排相适应。在甘肃石羊河的水权交易实践中，农村用水者协会之间的水权交易只能在灌溉轮次开始之前进行，交易后根据交易合同重新编排相关用水户的渠道配水次序和时间；灌溉轮次开始后，在轮灌期间不能进行水权交易。

7.4.6　规则6：交易的水量限制

交易的水量限制，主要指卖水者或者卖水区域的水权出售量上限。为了保障水权出售地区的生活和生态用水，减轻用户水权出售行为对其所在地区生产生活及生态用水的影响，用户出售水权的数量应该具有上限。在澳大利亚维多利亚州，农业灌区每年累计出售的长期水权不能超过其总水权的4％。在我国石羊河，不允许用水户出售其生态水权。

7.4.7 规则 7：交易的水质限制

本规则主要对交易水量的水质提出要求，避免水权交易后交易水量的水质恶化对买卖双方合同履行以及交易外第三方造成影响。具体包括：第一，水权交易后，本应由卖方使用的水量转由买方使用，在这个过程中买卖双方的水量用途和排污量是不同的，比如农业用水卖给工业后，出售的水量经过工业使用或污染，水质可能出现严重恶化，进而造成整个水市场区域的水质程度降低。这种由于水权交易改变水量用途而导致的水质变化，会对交易以外的第三方（比如区域生态环境）造成不良影响，需要在水市场规则设计中予以考虑。第二，在交易后，由于突发水污染事件或其他原因，出售给买方的水量的水质发生恶化，无法满足买方的正常用水需求，会对交易合同的履行造成危害。可能出现类似问题的流域，需要在水权合同签订阶段，规定所交易水量的水质要求，并在交易合同履行期间，监测关键断面的供水水质情况，判断水质不达标情况下，是否需要根据合同相关规定终止交易合同并向卖水方进行索赔。

7.4.8 规则 8：损失水量的分担规则

本规则主要规定水权交易造成的供水损失如何在买卖双方之间进行分担。水权交易发生后，原本供给卖方的水量转变为供给买方。由于供水水源供给卖方和买方的供水途径及输水距离是有差异的，原本供给卖方的水量如果供给买方，输水距离可能增加，输水损失可能变大；供给相同体积的水量给买方，供水系统可能面临更大的输水成本。如果流域或区域内水权交易频繁且交易水量较大，诸如此类的水量损失增加可能对水量平衡和水资源管理造成不利影响，需要通过水资源系统模拟分析评估水市场对流域或区域输水损失的影响，并就输水损失的分担机制做出规定。举例来说，卖方卖了 $5m^3$ 的水，得到 $5m^3$ 水量出售的钱，输水部门在卖方入口处减少 $5m^3$ 的供水；与此同时，买方支付了等量的资金，应当在其入口处得到 $5m^3$ 的水。在交易发生前，水库供给卖方 $5m^3$ 水量，在途中损失 $1m^3$，水库实际出库水量为 $6m^3$；而交易后，水库为供给买方 $5m^3$ 的水量，在途中会损失 $3m^3$，也即为了保障买方获得 $5m^3$ 的购买水量，水库需要出库 $8m^3$，相比水权交易发生前，增加水量损失 $2m^3$。一般来说，这部分水量损失发生在水源地（水库）到买卖双方用水计量点之间，可由政府水资源管理部门承担，即在水库供水点增加向买方的供水量，以保障买方权益。但是，如此类水权交易大量发生导致供水损失变化幅度较大时，需要研究水量损失在买卖双方以及水市场管理部门之间的分担机制，以减轻水资源调度管理的成本。

7.4.9　规则9：交易的财务规则

水权交易不仅仅涉及买卖双方用水量的转移，还需要进行双方资金的交换。尤其是在买卖双方是政府机构、水厂或灌溉管理单位等集体水权持有者时，双方的资金往来需要符合其财务管理规定，避免因水权交易造成的财务坏账或者腐败的滋生。水权交易的财务规则包括：水价的限定、付款流程和手续等。

（1）交易价格的确定是水权交易的核心内容。依据市场经济原则，买卖双方根据自身的用水需求和用水边际效益，通过协商谈判确定交易价格。但是，在水权交易中，这样的纯市场交易规则并不完全适用。比如，在我国的某些农业灌区，农户或者农村用水者协会（村）的用水计量设施不完善，用水计量不准确；处于灌区渠道前端的用户的供水保证率高，处于渠道末端、灌区尾闾的用户的供水保证率低。这就造成用水者出售的水量可能不是来自于节水，而是由于计量不准确或者供水设施的差异造成的水量富余。在这种情况下，如果该用水户在市场上高价出售水量，这对于面临缺水的买水者是不公平的。因此，对于水量输送和用水计量设施不健全的情况，水市场需要规定卖水报价的上限。比如，在甘肃石羊河的水市场实践中，灌溉用水交易价格不能超过当地农业灌溉水价的三倍。

（2）交易的付款流程。在不具备第三方信用平台的情况下，水权交易是先进行水权过户再由买家付款，还是先由买家付款再进行水权过户，是个很有意思的问题。在澳大利亚，水权交易合同签订以后，交易管理部门首先变更买卖双方的取水许可并安排供水，之后再向买方收取相应买水资金并支付给卖方。采用这样的流程，管理效率较高，可在买方购水资金不到位的情况下提前安排供水，保障买方的用水需求。当然，这是由澳大利亚完善的个人信用体系作为保障的，即便买方是偏远地区的普通农民，在买水时也需要个人信用卡作为担保，交易供水后，水市场管理部门直接从其信用卡扣款。在中国，尤其是缺水地区的广大农村，是不具备这样的条件的。因此，在石羊河灌区水权交易中，对于农村用水者协会之间的灌溉水量交易，规定买方先付款，然后变更取水量和安排供水。

（3）可以采用第三方支付机制，避免交易付款过程产生的纠纷。买家先把钱支付给第三方，比如地方水行政管理部门、农业灌区的灌溉管理单位等，水权过户以及供水完成之后，第三方机构再把交易资金支付给卖家。但是，在具体操作中，这样的做法还是会遇到很多问题。比如，对于农村用水者协会之间的灌溉水权交易，如果买卖双方处于不同的灌区，每个灌区都有自己的灌溉管理单位，这就存在两个可能的第三方支付机构。水权买家需要把购水资金交给本灌区的管理单位，本灌区管理单位再把资金转移到卖方所在灌区的管理单位，最后再转给卖水方。这就需要跨区域的财务对接。在对接过程中，是否需要建立专用的财务账户进行审计以保障交易资金的按规流转、按时到账，避免资金的挪用和贪污，这都是水市场财务制度建设需要明确的问题。

7.4.10 规则 10：信息披露规则

信息披露，又称挂牌，是依据水权出售方和购买方提出的申请，按照国家有关规定，将已受理的水权交易申请信息在交易中心进行公开的行为。目前，林权等其他自然资源产权的信息披露机制可供水权交易参考。结合水权特点，披露的信息包括：交易标的基本情况及挂牌价格。这里涉及交易的水量体积是多少，一次交易必须全部购买，还是可以部分购买？交易标的的构成情况如何，卖方是否具备合格的取水许可；交易行为的内部决策和批准情况如何；交易标的的近期用水结算情况；交易双方相应资质，等等。这些是在建设交易平台时需要考虑全面的。

7.5 水权交易的撮合与定价

定价机制是水权交易的核心内容之一。目前学术界有很多研究，提出了很多交易定价的算法和模型，比如拍卖算法、博弈模型等。但这些研究大都理论性较强，实践应用较少。本书从实践角度把算法归为两类，一种是集市交易，用于多人对多人的交易；一种是谈判交易，用于单方对单方的交易。

7.5.1 集市交易

多对多的集市交易，来源于股票市场的集合交易。具体操作如下：

（1）在某交易区域或者流域，定期开展水权交易的集市；水权购买者和出售者在约定时间把交易申请递交给水市场中介或者管理机构。

（2）水权交易中介或管理机构，把当次集市中所有卖家按照出价"升序"排列，即出价低的卖家往前排，因为出价越低越容易卖出；与此同时，把买家按照出价"降序"排列，即出价高的买家往前排，因为出价越高越容易买到。

（3）按照排序计算集市中累计的卖水量与买水量；当累计的低价（排序靠前）卖水量和累计的高价（排序靠前）买水量在数量上接近，且临界线处买家出价高于卖家出价的时候，达成集市交易。此时，出价高于临界线处价格的买家可以买到预期的水量；出价低于临界线处价格的卖家可以卖出挂牌的水量。相反，出价低于临界价格的买家以及高于临界价格的卖家，在本次集市交易中失败。

（4）以临界线处买卖双方的平均出价，作为本次集市的统一成交价格。交易成功的买卖者无论报价如何均按照此价格进行水权交易。对于本次集市中撮合成功的交易者，其在集市开市时报出的买水价格高于集市成交价，集市撮合后，买水者以较低的价格购得水量；相反，撮合成功的卖水者报价高于集市成交价，集市撮合后，其以较高的价格出售水量。这对于买卖双方来说，都是合适的。

这种交易适合多次、小额的交易。通过集中交易，降低了谈判成本。关于集市交易算法的具体描述和深入探讨见本书第 8 章。

7.5.2 谈判交易

图 7-9 是澳大利亚的一对一水权交易谈判聊天室。它类似股市中的"大户室"。用户在聊天室挂牌出价，在线谈判协商。一对一的水权交易在线谈判，在澳大利亚也尚处于起步探索阶段，我国还没有开始实践。

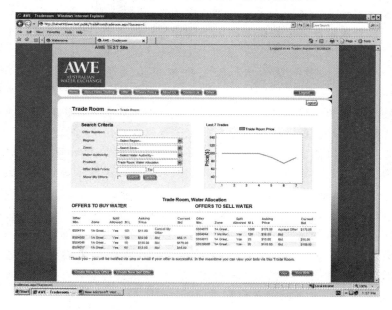

图 7-9　澳大利亚的一对一在线水权交易平台

7.6　水权交易的影响因素

7.6.1　自然要素

（1）气候因素。国内外许多学者指出，水文不确定性以及气候变化会对水市场造成影响。Bjornlund 和 Rossini（2005）通过对澳大利亚部分水市场交易价格和水量的分析，提出影响市场行为的控制因素包括降水、蒸发和配水量的季节波动。Donna Brennan（2006）认为澳大利亚农民考虑了降雨的季节性变化并对是否参与水权交易以及交易的价格做出判断。Griffith 等（2009）建立了一个离散随机规划模型，来评估水文气候不确定性对农民短期水交易决策的影响。Luo 等（2010）研究了气候变化对加拿大 Swift Current Creek 流域水市场的影响。Wildman 等（2012）对美国科罗拉多河流域州际水权交易进行分析，指出干旱是影响交易参与意愿的重要因素。

（2）地理因素。地形和下垫面条件的差异往往导致不同地理位置用水户的用水需求和用水效益不一致，从而影响水权交易的意愿和行为。此外，水系以及渠道的空间拓扑结构对水量输送具有限制作用，影响不同位置用户之间水交易的可达性。Nieuwoudt 和 Armitage（2004）通过对比南非 Orange 河下游以及 Nkwaleni 峡谷区域两个水市场的活跃度，指出前者水市场发育的主要原因是当地农户种植了经济效益较高的葡萄，以及部分农户有可开发的未耕作土地，后者水资源短缺，但是由于种植结构相像，加之交易成本过高，水市场不活跃。Zaman 等（2009）研究了渠道水力联系和输水能力对水权交易的限制，分析了澳大利亚维多利亚州水权交易的水量输送瓶颈，识别了瓶颈地点。Howe 和 Goemans（2003）分析了美国科罗拉多州的水市场，发现跨流域的交易由于输水距离长、成本高，通常表现为少数的大型交易。也有研究表明水市场中的价格与交易者的海拔位置存在一定关系（Khair 等，2012）。

（3）生态环境因素。Howe 等（1986）早在上世纪 80 年代就指出水权交易可能改变原有的水资源配置格局，如果购水者的污染水平高于售水者，可能对系统水质造成影响。这需要在水市场设计上予以考虑。John G. Tisdell（2011）评估了澳大利亚昆士兰州水市场对河流流态的影响，分析表明水权交易改变了系统原有的供水时间和空间分布，造成河道取水量增加，对河流生态流量造成了影响。Grafton 等（2011）给出了水市场环境影响评价的要点，包括：充分的科学数据，环境流量的设定，环境需求自适应管理，对于水质问题的考虑以及流域和子流域用水规划。Connor 等（2013）通过水利经济仿真模型，论证了非盈利性的环境水权持有者参与水市场对于有效保留生态用水、减少对土地破坏的作用。Grafton 和 Horne（2014）分析了墨累-达令流域水市场中政府回购灌溉水权、增加环境用水对恢复河流环境流量的有效性。

7.6.2　管理要素

（1）制度因素。水权交易制度设计是水市场发育的关键因素。Bauer（2004）分析了智利 1990 年以来的水市场经验，指出水市场受到多种因素的影响，包括社会的、制度的以及地理的，其中制度安排是最为重要的。Rosegrant 等（1995）研究指出全面的水法、清晰的水权、规范化的交易规则、政府行政权力在水市场中明确的定位、水权交易争端仲裁制度以及水交易的第三方影响评估和规避措施，是水权交易制度设计的基本内容。Carey（2002）指出集中的交易地点可降低交易成本，是水权交易制度规范化的重要特征。Howe 和 Goemans（2003）认为有效的水市场中水权应该是个人财产并且和地权分离，且水权交易会受到社会监督和行政审批的复杂程度的影响。Brookshire 等（2004）通过分析美国水市场阐述了市场的准入和退出机制是水权交易制度设计的重要内容。诸多研究表明制度安排会影响水权交易的效率和效益（Brookshire 等，2004；Hadjigeorgalis 和 Lillywhite，2004；Garrido，2007；Speed，2009）。

（2）经济因素。水权交易是一种经济行为。交易成本、价格及效益等会从本质上影响水市场活力。Howe 等（1999）认为有效的水市场中水的使用者必须面临机会成本；水市场的收益要有可预测性。Carey 等（2002）结合交易行为分析模型和加利福尼亚水市场数据，分析了交易成本对市场的影响。不成熟的市场中潜在交易者会花很多成本收集市场信息、寻找交易对象和协商交易，这些都会增加交易成本，阻碍交易进行。Bjornlund（2006）通过分析澳大利亚的水市场，发现临时水权交易比永久水权交易更为活跃，临时水权交易活跃的原因在于其交易成本低，灌溉者可避免在节水设施上投入大量资金。Zuo 等（2014）通过对澳大利亚墨累-达令流域水市场的调查，发现买水的人更多是收益波动大、面临收益下降风险的人，买水对降低利润风险有很大的作用。Lange 等（2008）通过对新西兰南岛 Opuca 水库区域水权交易的分析指出，用水户知悉累计用水量、剩余量、水的经济价值以及节水投资回报对促进水权交易十分必要。Brozovic 等（2002）指出水所带来的边际产品价值差异是交易的前提条件，这个差异必须大于寻找交易伙伴中的交易成本，交易才能达成。

（3）水资源调度管理因素。高效的水资源调度管理措施能够提高水市场对水流的控制水平，增强配水灵活性，保障交易顺利实施。Kiem（2013）指出用水总量控制监控体系和水资源调度管理能力建设是水权成功交易的必要保障。Etchells 等（2004）认为水权交易可能改变输水系统的供水结构，对供水可靠性造成影响，需要足够的调蓄和调度能力支撑。Craseet 等（2000）指出高保证率的供水系统是水市场发育的重要条件。Heaney 等（2006）以墨累-达令流域为例，指出水资源的存储和运输费用是水权交易成本的重要组成，采用自动化灌溉系统可降低水资源调度管理成本，促进水市场发育。Zhang（2007）以张掖为例分析了中国北方水权制度和水市场的发展阻碍，指出政府无偿征用农民节水量并不断减少配水定额极大压抑了农民的节水积极性和水市场的发育。

（4）工程技术因素。水市场的发育离不开水利基础设施和工程技术的支撑。其中，节水灌溉和用水计量的技术水平是影响水市场发育的重要内容。改进灌溉技术、节约用水可为水市场运行提供可出售的水源，用水的精准计量是交易水量核算的基础。Dridi 和 Khanna（2005）应用不对称信息下水分配和灌溉技术模型，发现农民对风险的考虑导致他们没有足够动力去引入先进灌溉技术。水权交易有利于推动先进灌溉科技的引入并使各方受益。Wei 等（2011）分析了墨累-达令流域大干旱期间灌溉用水户的水交易行为，提出发展水市场、应对干旱的方法有：改进灌溉技术和土壤水分监测方法、克服水分配的不确定性以及提高可靠性、更有针对性地帮助农户合理用水。

7.6.3　社会要素

（1）社会因素。社会因素主要包括影响水市场的政治、历史、人口及教育等因素。Lund 和 Israel（1995）指出水市场必须在技术、机构和法律上与已有的水分配系统相协调。Bauer（2004）介绍了智利水市场中解决水争端的非司法途径以及对贫困农民的援助。Hadjigeorgalis（2008）通过对美国新墨西哥州农户的调研，发现他们更愿意参加短期的水权交易，因为短期交易更灵活、对供水变化的反应更迅速。Khair 等（2012）通过对巴基斯坦水市场现状的研究，指出巴基斯坦的水权交易还与亲属关系、年龄、教育相关。Takahashi 等（2013）分析了张掖水市场规模过小的原因，指出政府设置的水价过低，抑制了水交易积极性，导致水市场不发育，但是政府的价格管制有效地保护了农民利益。社会公平和稳定是水市场建设中需要考虑的重要因素。还有学者分析了水交易所可能引起的社会抗议情况（Gillilan，1997）、跨国水交易中各参与国的政治考量（Dinar 和 Wolf，1994）以及水交易对弱势农户福利的影响（Hadjigeorgalis，2008）。

（2）文化因素。水资源是社会发展所需的基础资源，水市场的建立和培育需要社会成员的广泛参与。不同地区的水利传统、水文化特征等会影响水市场的活跃程度。Bauer（1997）表示水的市场机制设计取决于广泛的历史背景和前提条件。水市场的运行情况受到法律规定、政策选择、制度安排、经济和地理条件以及文化习俗的影响，是非常复杂的。Hearne 和 William Easter（1997）研究指出智利水市场成功的主要原因之一是，其 1981 年建立的水权交易系统依赖于其发达的私人灌溉农业和河水份额分配传统。Bjornlund 和 McKay（2002）认为水市场需要适应当地的社会情况，必须考虑以前的政策传统。成熟的市场需要复杂的体制和法律框架，以及强大的社会和经济适应能力。Badawy（2005）分析了埃及 Fayom 和 Farafra 两个地区的临时水权交易。由于宗教的原因，这里交换的仅仅是灌溉轮次且仅是农户间的个人行为，没有政府干预。Calatrava 和 Garrido（2006）通过建模分析了西班牙典型灌区的用水历史和传统对用水者协会水权交易决策的影响。

7.7 水权交易的基础、动力、困难和风险

气候、地理、制度、经济、水资源调度管理、工程技术、生态环境、社会和文化，这九类因素构成了水权交易的影响要素集合。这些要素相互作用、相互交叉、共同发力，从基础支撑、动力驱动、困难和风险四个方面对水权交易实施影响，如图 7-10 所示。

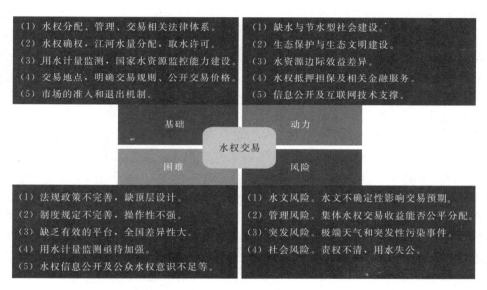

图 7-10　水权交易的基础、动力、困难和风险

7.7.1　水权交易的基础

根据上述因素分析，水权交易的基础包括：①明确定义水权，包括水权的来源、明确的初始水权量以及水权是否与地权分离等；②明确交易类型，是永久交易还是临时转换，也即交易的有效时间问题；③有效的水量调度输送和用水总量监控手段，保障水权交易能够得到有效的实施和监督；④集中的交易地点，明确的交易规则和公开的交易价格；⑤规范的水权登记制度、明确市场的准入和退出机制以及交易纠纷仲裁处理规定。具体而言，在"法律"层面，需要制定水权分配、管理和交易相关的法律体系；在"管理"层面，水权的确权、江河水量分配以及取水许可，都是水权交易的必要基础；在"工程技术"

方面，需加强用水户的用水计量监测，通过国家水资源监控能力建设增强水权交易的技术保障；再有，固定的交易地点可以降低交易成本，明确的交易规则、公开的交易价格可以保障交易公平。

7.7.2 水权交易的动力

用水户之间用水效益的差异是水权交易的关键动力。

（1）用水部门生产方式和产品市场价格的差异，使得不同用水单位的水资源边际效益不同，因此水资源才有可能通过市场交易流向效益更高的使用者。甘肃黑河及石羊河的实践表明，对于农业内部不同农户之间的水权交易，种植结构和农产品价格差异是水权交易的主要动力。

（2）水权交易的动力因素还包括：干旱导致的高效益用水部门水资源短缺、低效益用水部门的节水激励以及高于交易成本和节水投入的水量出售价格等。

（3）明确的、定期更新的水量账户，可为用水户提供用水量和结余水量的信息服务，也有助于推动水权交易。此外，来自国家层面的制度要求，是流域和区域水资源管理机构开展水权交易、培育水市场的直接动力。

近些年，党中央、国务院在一系列文件中提出了有关水权交易的指示精神，为全国探索水权交易指明了方向、注入了动力。2012 年 11 月 14 日中国共产党第十八次全国代表大会通过的《坚定不移沿着中国特色社会主义道路前进　为全面建成小康社会而奋斗》在第八部分"大力推进生态文明建设""（四）加强生态文明制度建设"指出，要"积极开展节能量、碳排放权、排污权、水权交易试点"。2013 年 11 月 12 日中国共产党第十八届中央委员会第三次全体会议通过的《中共中央关于全面深化改革若干重大问题的决定》第十四部分"加快生态文明制度建设"第 53 项"实行资源有偿使用制度和生态补偿制度"指出，要"发展环保市场，推行节能量、碳排放权、排污权、水权交易制度，建立吸引社会资本投入生态环境保护的市场化机制，推行环境污染第三方治理"。《关于落实中央财经领导小组第 5 次会议主要任务分工方案》（习近平总书记 2014 年 3 月 14 日讲话）第十三项提出"推动建立水权制度，明确水权归属，培育水权交易市场"。2015 年 4 月 25 日印发的《中共中央　国务院关于加快推进生态文明建设的意见》第六部分"健全生态文明制度体系"第二十三项"推行市场化机制"中提出，要"加快水权交易试点，培育和规范水权市场"。中共中央、国务院 2015 年 9 月印发的《生态文明体制改革总体方案》第二部分"健全自然资源资产产权制度"第九项"开展水流和湿地产权确权试点"指出，要"探索建立水权制度，开展水域、岸线等水生态空间确权试点，遵循水生态系统性、整体性原则，分清水资源所有权、使用权及使用量。在甘肃、宁夏等地开展湿地产权确权试点"。第八部分"健全环境治理和生态保护市场体系"第四十四项"推行水权交易制度"指出，"结合水生态补偿机制的建立健全，合理界定和分配水权，探索地区间、流域间、流域上下游、行业间、用水户间等水权交易方式。研究制定水权交易管理办法，明确可交易水权的范围和类型、交易主体和期限、交易价格形成机制、交易平台运作规则等。开展水权交易平台建设。"2015 年 10 月 29 日中国共产党第十八届中央委员会第五次全体会议通过的《中共中央关于制定国民经济和社会发展第十三个五年规划的建议》第五部分"坚持绿色发展，着力改善生态环境"提出，要"建立健全用能权、用水权、排污权、碳排放权初始分配制度，创新有偿使用、预算管理、投融资机制，培育和发展交易市场。推行合同能源管理和合同节水管理"。2016 年 6 月 28 日，中国水权交易所正是在这样的背景下正式挂牌开业运营。

7.7.3　水权交易的困难

由于水资源系统的复杂性，水市场发育面临很多困难。

（1）在地理上，供水设施输水能力的局限性使得水量交易范围和交易后的供水可达性受到限制，必须在区域水力联系和供水设施能力范围内开展水权交易。

（2）交易成本过高是阻碍水权交易的主要因素。水权交易中，政府行政审批和干预过多、交易双方信息沟通不畅、缺乏稳定的交易场所和平台，是水权交易成本增加的主要原因。

（3）水权交易的法律法规和机制体制不完善、水权与地权的分离不够彻底、用水监测计量不够准确、用水总量控制水政执法力度不够、节水投入和动力不足、水权交易信息公开及公众水权意识不足等，都在一定程度上阻碍了水市场的发育。

具体而言，建设水市场面临的困难可能有：法规政策不完善，缺乏顶层设计；制度规定不健全，操作性不强；全国地区差异性较大，缺少针对性的水市场建设实施方案；水权信息公开不充分以及公众水权意识不足，等等。此外，用水计量监测亟待加强。相对精确的计量监测是水权交易的基础："钱"是可以算准的，但是如果"水"计量不准，是没办法进行水权交易的，很容易造成纠纷。

7.7.4　水权交易的风险

（1）水文风险。水文风险是水权交易面临的重要问题。水文不确定性会影响用水户的水权交易意愿和报价。一般来说，交易者根据自身的用水需求、用水效益以及对未来可用水量的预估，做出出售或者购买水量的决策以及报价。比如，用水者一般在可用水量较为充裕的情况下卖出部分水权以获得经济收益。但是，河流来水具有不确定性，如果用水者在卖出水量后遭遇枯水或者干旱，则其可能面临缺水，需要把已经出售的水量再高价买回。因此，在水文不确定性情况下，用水者的水权交易是具有风险的，有可能造成财务上的亏本。

如何降低水文风险，提供用水者相对稳定的水市场预期，是激励用水者参与水权交易的关键技术问题，需要相对准确的水情预报、充足的水库调度调蓄库容以及适宜的水库调度管理技术，等等。此外，水市场的发育需要农业、水利、商业等多部门的联合努力。提高供水系统保证率、提高节水高效产品的市场销路和价格水平，可为水市场发展提供稳定空间。

（2）管理风险。管理风险主要指出售集体水权所获得收益的公平分配和处置问题。在甘肃石羊河流域，农村用水者协会出售协会水权并获得收益，收益款存入用水者协会的公用账户。由于协会内部农户之间的用水计量不清楚，加之协会内农户较多，很难将协会之间的卖水收益分配给每个农户。协会如何处理这部分交易收益？在水权未能明晰到每个用水户的地区，例如水权分配到市县或农村用水者协会的情况，集体出售水权所获得收益的公平处置就成为我国水权交易面临的特殊问题。由于农村地表水用水监测计量无法精确到户，农村用水者协会出售水量而获得的收益无法精确分配给协会内每个农户。部分协会对售水收益处置不当，在财务审计中出现问题。在水权分配制度尚不完善的情况下，水权交易需要配套相应的财务和审计制度，避免交易中投机和贪腐。

（3）突发风险。突发风险主要涉及极端天气和突发性污染事件之后水权交易的终止和退出问题。

（4）社会风险。社会风险主要指水市场运行可能导致的水权囤积、用水指标套取和投机炒作问题。水利部前部长陈雷曾指出，要切实加强用途管制和水市场监管，保障公益性用水需求和取用水户的合法权益，决不能以水权交易之名套取用水指标，更不能变相挤占农业、生态用水。

7.8　水权交易的关键技术框架

夯实基础、激发动力、克服困难、规避风险，是我国全面推进水权交易的必然需求。针对上述四个关键问题，从水权交易的技术基础、业务流程和应用平台三个层面设计水权交易的关键技术框架，可为水权交易研究和实践提供参考。水权交易的关键技术框架如图 7 - 11 所示。

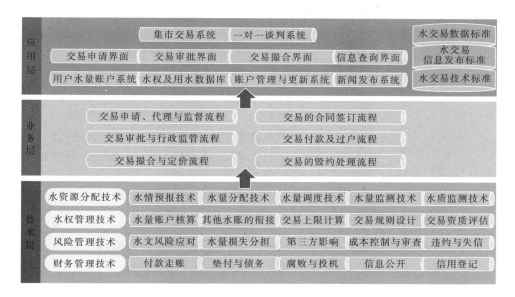

图 7 - 11　水权交易的关键技术框架

7.8.1　水权交易的技术基础——水资源分配和调控技术

　　框架第一层是水权交易的技术层，包含了水权交易所需要的水资源调配、管理以及风险应对等技术，是水权交易的基本支撑。水资源分配技术包括水情预报、水量分配和调度以及水量水质的监测等。目前，我国基本建立了流域水资源调度管理体系，但是在特定的区域，尤其是在水资源管理水平不高的农业灌区，需要进一步完善和整合这些基础技术，为水权交易提供支撑。

　　水权管理技术包括用水户的水量账户核算、水量交易数据与用水监测数据的衔接、用户可交易水权上限的核算、区域之间交易规则的设计、水市场准入条件的制定及交易资质的评估等。在水市场中，每个有效用户都必须具备一个水量账户。通过该账户，用户可实时掌握其水权使用和交易情况。水量账户也为水市场管理人员监控交易数量、频次和审核交易资质提供数据支撑。水文及水政等部门的径流和用水监测信息，需与水市场的水量账户相衔接，确保水量账户数据的准确性和及时性。此外，用户能出售自己全部水权还是仅能出售一定比例的水权、哪些区域之间可以无限制进行水权交易、哪些区域之间交易会受到限制、限制的规则如何、哪些人或单位可以参与水权交易、准入条件如何，这些都是水权管理技术需要解决的问题。在风险管理方面，水权交易的风险管理技术包括水文风险的应对技术、交易过程中输水损失的评估和分摊技术、交易第三方影响的评估和规避技术、交易成本控制技术、交易违约和违规处理技术，等等。如何设计交易规则以减轻水文风险对交易的影响，如何评估水权交易改变供水空间分布导致的供水损失增加，如何分担水量损失，如何识别和规避交易的第三方影响，如何降低交易成本等，这些都是水权交易风险管理面临的主要问题。

水权交易的财务管理技术包括水权交易的付款及核算、交易资金的垫付和债务处理、财务审计和腐败预防、财务信息公开以及交易信用登记等。水权交易付款之后，买卖双方直接通过银行系统转账付款还是通过水资源管理单位进行中转，如何设计财务和票据流程，如何规范交易过程中出现的资金垫付和债务，如何进行水权交易专项财务审计，如何限制违规违约或者恶意打乱市场秩序的交易行为，等等，是水权交易财务管理技术需要解决的问题。

7.8.2　水权交易的业务流程——申请、审批、撮合定价与合同

在技术层之上是水权交易的业务层，具体业务包括：交易的申请与代理申请流程，交易的审批与行政监管流程，交易撮合和定价流程，交易的合同签订、付款、过户以及违约处理等实务。水权交易是水资源管理基础上的商务行为，不仅仅需要水资源调配和管理技术支撑，更需要明确交易的商业实务和操作细节，按照市场化的方式进行管理。这样水权交易才能落到实处。

交易申请需要解决的问题有：是否必须由水权持有人提出交易申请，如果水权持有人委托其他主体提交交易申请，如何设计手续流程，如何确保申请和代理申请的有效性。在交易审批和监管方面，不同规模的水权交易需要不同行政级别的审批。在这个过程中，需要明确政府行政权力在水资源市场配置中的作用。怎样最大程度优化审批手续、降低交易成本，同时保证交易的合规合理，是此项业务设计的关键。在交易的撮合和定价方面，国内外很多研究提出了基于拍卖、竞价以及博弈等的交易模型，可为交易实践提供借鉴。目前，国际上应用较广的模式是基于竞价排序的、多人对多人的集市型水权交易模式。这种模式交易成本低，适合高频次的、小额的交易，已在澳大利亚实践多年，具体可见本书第 8 章。

对于水权交易的付款和过户，需要结合当地的财务管理制度和现有的银行体系进行业务设计。对于有条件使用电子银行和信用卡的用户，可先进行水权过户，买水者的水权到账后，再通过银行系统扣款。如此可降低水权管理的时间成本，财务流程不会延误买水者对所购水权的进一步操作。对于没有使用银行信用的用户，如中国西北欠发达地区的普通农民，为了确保交易的有效性，需要先收讫买水款、将资金支付给卖水者，再进行水权过户并安排供水。

7.8.3 水权交易的信息平台——基于互联网电子商务的在线交易

为了便于交易操作和降低交易成本，水市场需要便捷实用的操作平台。现代的互联网技术为水权交易操作平台的建设提供了手段。水权交易技术框架的第三个层次是交易的应用层，主要包括交易数据、信息和技术标准的制定以及操作平台建设。一般来说，交易平台可包含两种交易系统，一种是集市型交易，即多个买卖主体同时进入市场平台、进行竞价排序和统一撮合，类似股票交易系统的集合竞价系统；另一种是一对一的谈判交易，类似淘宝网的购物系统。每种交易系统都包含交易的申请、审批、在线撮合、信息查询功能和相应的网页界面。

目前，清华大学已在甘肃石羊河流域建立了面向应用的水权交易互联网平台，并于 2013 年 11 月正式上线运行。该交易平台初步解决了用户辨识、多级审查、账户核算、挂牌出价、撮合定价、信息公示等诸多水权交易技术问题，可为水权交易用户提供交易申请、管理、撮合及查询等多种在线服务功能，是我国首个为用水农户提供水权交易服务的电子平台。2013 年 11 月至 2015 年 7 月，石羊河西营、清源、永昌、金塔、杂木及黄羊六个灌区的 60 多个用水者协会使用该平台进行了水权交易，超过 20 万亩灌溉面积参与水权交易，达成交易总量 2000 万 m^3。

7.9 小结

水权交易是指水资源使用权的合法持有者通过节约用水行为将结余的水权量有偿转让给具有相关资质的水权购买者的过程。水市场是水权出售方和购买方沟通交易需求、进行价格磋商并达成交易的场所。水市场提供一系列的交易规则对交易行为进行规范和监管，保障交易的有效性与可实施性，减少水权交易的第三方影响，规避交易风险。交易规则的制定从本质上说是为了平衡政府和市场在水资源优化配置中的角色和地位。合理的水市场机制和交易规则，既需要让政府在水市场中充分发挥监管作用，又不能造成政府对市场干预过强导致交易成本增加从而抑制市场活力；既需要充分激发用户的交易积极性，提高交易收益，促进市场繁荣发展，也需要对交易行为进行监管，保障交易的可实施性以及交易水量的合理、合规和高效使用。

由于水资源系统和水市场的复杂性，我国目前还没有系统地建立可操作的水权交易规则和细则。相关的研究工作尚无法回答不同地区之间、不同用户之间如何进行水权交易，水权交易在时间和空间上有何限制，交易水量的上限如何确定，水质如何保障，以及交易合同签署、公示和履行中有哪些细则等问题。本章在系统梳理水权交易相关的国内外研究进展的基础上，总结提出了水权交易的十项主要规则，包括：水权与地权的解耦规则，水市场的准入规则，交易的审批规则，位于水系上下游不同空间位置用户之间进行交易的限制规则，交易合同的有效期规则，交易水量的上限规则，交易水量的水质保障规则，交易过程中损失水量的分担规则，交易的撮合、定价、付款及财务审计规则，交易的信息披露规则。这些规则从宏观上阐释了：在一个水市场中水权是否可以进行交易，谁有资格进行出售和购买，监管机构如何审批以及审批的内容；哪些用户之间可以进行交易，哪些用户之间不能进行交易；哪些水权可以交易，哪些水权不能交易；对于水权出售者，不同类型的水权销售的数量上限如何确定，水权出售的有效期如何；对于水权购买者，购买水量的水质如何保障，输送购买水量途中产生的水量损失如何承担；对于买卖双方，交易如何撮合、如何定价、如何付款以及财务审计流程如何；最终，交易合同的条款细则有哪些，需要公开公示的信息有哪些，等等。

水市场改革中，如何因地制宜地设计这些交易规则，既恰到好处地发挥政府的市场监管职能，又减少交易的行政监管成本，激发交易动力和发展市场活力，是水权交易研究和实践的关键内容。针对这个问题，本书从水权交易的基础、动力、困难和风险四个方面，梳理总结了水权交易的关键技术框架。框架包含三项主要内容：第一是水权交易的技术层，包含了水权交易所需要的水权分配与明晰、水权的调度实现以及风险应对等技术，这是水权交易的基础。第二是水权交易的业务层，规定交易的申请与代理申请流程，交易的审批与行政监管流程，交易撮合和定价流程，交易的合同签订、付款、过户以及违约处理等实务细则，通过设计合理的交易业务流程，降低交易成本、规避交易风险、激发交易动力。第三是水权交易的应用层，通过互联网平台交易进一步规范交易流程、增加交易信息的透明度，在降低交易信息交流成本的同时保障交易按照规程公平公正开展。

参考文献

陈洪转，羊震，杨向辉．(2006)．我国水权交易博弈定价决策机理［J］．水利学报，37 (11)：1407-1410.

段凯，肖伟华，梅亚东，等．(2012)．丰水城市建立水权交易制度的驱动力与策略分析［J］．长江科学院院报，(29)：7-12.

邓晓红，钟方雷．(2010)．水权交易多轮一阶密封投标拍卖定价研究［J］．中国农村水利水电，(3)：117-120.

韩锦绵，马晓强．(2012)．水权交易第三方效应的类型和成因初探［J］．生态经济，

（4）：35－38.

黄锡生，黄金平.（2005）.水权交易理论研究 ［J］.重庆大学学报（社会科学版），11
（1）：111－114.

李长杰，王先甲，范文涛.（2007）.水权交易机制及博弈模型研究 ［J］.系统工程理论
与实践，（5）：90－94.

李海红，王光谦.（2005）.水权交易中的水价估算 ［J］.清华大学学报（自然科学版），
45（6）：768－771.

陆文聪，覃琼霞.（2012）.以节水和水资源优化配置为目标的水权交易机制设计 ［J］.
水利学报，43（3）：323－332.

任海军，郭莉.（2012）.农地流转与水权交易的相互影响机制研究 ［J］.开发研究，
（1）：97－100.

沈大军.（2013）.郑州市地下水自备井计划用水交易市场设计 ［J］.自然资源学报，28
（3）：529－535.

沈满洪.（2004）.论水权交易与交易成本 ［J］.人民黄河，26（7）：19－22.

沈满洪.（2006）.水权交易与契约安排——以中国第一包江案为例 ［J］.管理世界，
（2）：32－40.

唐润，王慧敏，王海燕.（2010）.水权交易市场中的讨价还价问题研究 ［J］.中国人口、
资源与环境，20（10）：147－141.

王慧敏，佟金萍，林晨，等.（2007）.基于 CAS 的水权交易模型设计与仿真 ［J］.系统
工程理论与实践，（11）：164－170.

王金霞，黄季焜.（2002）.国外水权交易的经验及对中国的启示 ［J］.农业技术经济，
（5）：56－62.

王小军.（2011）.美国水权制度研究 ［M］.北京：中国社会科学出版社.

吴丽，周惠成.（2012）.基于合作博弈的水权交易模型研究 ［J］.水利发电学报，31
（3）：53－58.

萧代基，刘莹，洪鸣丰.（2004）.水权交易比率制度的设计与模拟 ［J］.经济研究，（6）：
69－77.

尹云松，糜仲春，刘亮.（2004）.流域内不同地区间水权交易的博弈模型研究 ［J］.水
利经济，22（6）：5－7.

张国珍，刘慧.（2010）.流域城市水交易中“保护价格”的计算——以黄河流域兰州段
为例 ［J］,资源科学，32（2）：372－379.

张婕，王济干.（2008）.水权交易管理比较研究 ［J］.生态经济，（9）：68－71.

张仁田，鞠茂森.ZOU Jinzhang.（2001）.澳大利亚的水改革、水市场和水权交易 ［J］.
水利水电科技进展，21（2）：65－68.

张守华.（2004）.我国地方政府在制度变迁中的作用——以“东阳和义乌水权交易”为
例 ［D］.

张有贤，荀彦平.（2008）.西北干旱区城市水权交易机制构想 ［J］.水资源保护，42
（1）：76－80.

Agbola F. and Evans N. (2012). Modelling rice and cotton acreage response in the Murray Darling Basin in Australia [J]. *Agricultural Systems*, (107): 74 – 82.

Archibald S. O. and Renwick M. E. (1998). Expected transaction costs and incentives for water market development, in Markets for Water Potential and Performance [M]. edited by K. W. Easter, M. W. Rosegrant and A. Dinar, pp. 95 – 118, Springer, New York.

Badawy H. A. (2005). Exchange of irrigation water between farmers in Egypt [C]. Ninth International Water Technology Conference, Sharm El – Sheikh, Egypt, pp. 471 – 484.

Bauer C. J. (1997). Bringing water markets down to Earth: The political economy of water rights in Chile, 1976 – 1995 [J]. *World Dev.*, (25): 639 – 656.

Bauer C. J. (2004). Results of Chilean water markets: Empirical research since 1990 [J]. *Water Resour. Res.*, 40, W09S06.

Bjornlund H. and McKay J. (2002). Aspects of water markets for developing countries: experiences from Australia, Chile and the US [J]. *Environ. Dev. Econ.*, (7): 769 – 795.

Bjornlund H. (2006). Can water markets assist irrigators managing increased supply risk? Some Australian experiences [J]. *Water International*, 31 (2): 221 – 232.

Bjornlund H. and Rossini P. (2005). Fundamentals Determining Prices and Activities in the Market for Water Allocations [J]. *Int. J. Water Resour. Dev.*, (21): 355 – 369.

Brennan D. and Scoccimarro M. (1999). Issues in defining property rights to improve Australian water market [J]. *Am. J. Agric. Econ.*, 43 (1): 69 – 89.

Brennan D. (2006). Water policy reform in Australia: Lessons from the Victorian seasonal water market [J]. *Aust. J. Agric. Resour. Econ.*, (50): 403 – 423.

Brewer J., Glennon R., Ker A. and Libecap G. (2008). 2006 presidential address water markets in the west: prices, trading and contractual forms [J]. *Economic Inquiry*, *Western Economic Association International*, 46 (2): 91 – 112.

Brookshire D. S., Colby B., Ewers M. and Ganderton P. T. (2004). Market prices for water in the semiarid West of the United States [J]. *Water Resour. Res.* 40, W09S04.

Brown T. C. (2006). Trends in water market activity and price in the western United States [J]. *Water Resour. Res.*, 42, W09402.

Brozovic N., Carey J. M. and Sunding D. L. (2002). Trading Activity in an Informal Agricultural Water Market: An Example From California [J]. *Water Resources Update*, (121): 3 – 16.

Calatrava J. and Garrido A. (2006). Difficulties in adopting formal water trading rules within users' associations [J]. *Journal of Economic Issues*, 40 (1): 27 – 44.

Carey J., Sunding D. L. and Zilberman D. (2002). Transaction costs and trading behavior in an immature water market [J]. *Environ. Dev. Econ.*, (7): 733 – 750.

Chatterton B. and Chatterton L. (2001). The Australian water market experiment [J]. *Water International*, 26 (1): 62 – 67.

Colby B. G. (1990). Transactions costs and efficiency in western water allocation [J].

Am. J. Agric. Econ. , 72 (5): 1184 – 1192.

Connor J. D. , Franklin B. , Loch A. , et al. (2013). Trading water to improve environmental flow outcomes [J]. *Water Resour. Res.*, (49): 4265 – 4276.

Crase L. , O' Reilly L. and Dollery B. (2000). Water markets as a vehicle for water reform: the case of New South Wales [J]. *Aust. J. Agric. Resour. Econ.*, 44: 299 – 321.

Diao X. , Roe T. and Doukkali R. (2005). Economy – wide gains from decentralized water allocation in a spatially heterogenous agricultural economy [J]. *Environment and Development Economics*, (10): 249 – 269.

Dinar A. and Wolf A. (1994). International Markets for Water and the Potential for Regional Cooperation: Economic and Political Perspectives in the Western Middle East [J]. *Econ. Dev. Cult. Change*, 43 (1): 43 – 66.

Dridi C. and Khanna M. (2005) Irrigation technology adoption and gains from water trading under asymmetric information [J]. *Amer. J. Agr. Econ.*, 87 (2): 289 – 301.

Easter K. W. , Rosegrant M. W. and Dinar A. (1999). Formal and Informal Markets for Water: Institutions, Performance and Constraints [J]. *World Bank Res. Obs.*, (14): 99 – 116.

Etchells T. , Malano H. and McMahon T. (2004). Calculating exchange rates for water trading in the Murray – Darling Basin, Australia [J]. *Water Resour. Res.*, 40, W12505.

Garrido A. (2007). Water markets design and evidence from experimental economics [J]. *Environ Resource Econ.*, (38): 311 – 330.

Gibbons J. M. and Ramsden S. J. (2008). Integrated modelling of farm adaptation to climate change in East Anglia, UK: Scaling and farmer decision making [J]. *Agriculture, Ecosystems and Environment*, (127): 126 – 134.

Gillilan D. M. (1997). *Instream flow protection: seeking a balance in western water use* [J]. Island Press, Washington, D. C.

Grafton R. Q. , Libecap G. , McGlennon S. , et al. (2011). An integrated assessment of water markets: A cross – country comparison [J]. *Rev. Environ. Econ. Policy*, (5): 219 – 239.

Grafton R. Q. and Horne, J. (2014). Water markets in the Murray – Darling Basin [J]. *Agric. Water Manag.*, (145): 61 – 71.

Griffith M. , Codner G. and Weinmann E. (2009). Modelling hydroclimatic uncertainty and short – run irrigator decision making: the Goulburn system [J]. *Aust. J. Agr. Resour. Ec.*, (53): 565 – 584.

Hadjigeorgalis E. and Lillywhite J. (2004). The impact of institutional constraints on the Limari River Valley water market [J]. *Water Resour. Res.*, 40, W05501.

Hadjigeorgalis E. (2008). Managing drought through water markets: Farmer preferences in the Rio Grande Basin [J]. *J. Am. Water Resour. Assoc.*, (44): 594 – 605.

Hadjigeorgalis E. (2008). Distributional impacts of water markets on small farmers: Is there a safety net? [J]. *Water Resour. Res.*, 44, W10416.

Hardin G. (1968). The tragedy of the commons [J]. *Science*, (162): 1243 – 1248.

Hearne R. and Easter K. W. (1995). Water allocation and water markets: An analysis of gains – from – trade in Chile, Tech. Pap. 315, 75 pp., World Bank, Washington, D. C.

Hearne R. R., William Easter K. (1997). The economic and financial gains from water markets in Chile [J]. *Agric. Econ.*, (15): 187 – 199.

Hearne R. and Easter K. W. (1998). *Economic and financial returns from Chile's water markets, in Markets for Water Potential and Performance* [M]. edited by K. W. Easter, M. W. Rosegrant and A. Dinar, pp. 159 – 172, Springer, New York.

Heaney A., Dwyer G., Beare S., et al. (2006). Third – party effects of water trading and potential policy responses [J]. *Aust. J. Agric. Resour. Econ.*, (50): 277 – 293.

Howe C. W., Schurmeier D. R. and Shaw W. D. (1986). Innovations in water management: lessons from the Colorado – Big Thompson Project and Northern Colorado Water Conservancy Districtl [J]. Scarce Water Institutiona Chang. Resour. Futur. Inc., Washington D. C., 171 – 200, 3 Fig, 4 Tab, 18 Ref.

Howe C. W., Schurmeier D. R. and Shaw W. D. (1986). Innovative approaches to water allocation: the potential for water markets [J]. *Water Resour. Res.*, (22): 439 – 445.

Howe C. W. (1998). Water markets in Colorado: Past performance and needed changes in markets for water potential and performance [M]. edited by K. W. Easter, M. W. Rosegrant and A. Dinar, 65 – 76, Springer, New York.

Howe C. W. and Goemans C. (2003). Water Transfers and Their Impacts: Lessons From Three Colorado Water Markets [J]. *Journal of the American Water Resources Association (JAWRA)*, 39 (5): 1055 – 1065.

Howe C. W. and Goemans C. (2003). Economic efficiency and equity considerations in regional water transfers: A comparative analysis of two basins in Colorado [R]. Report Dep. of Econ. Univ. of Hawaii at Manoa, Honolulu.

John G. Tisdell. (2011). Water markets in Australia: an experimental analysis of alternative market mechanisms [J]. *Aust. J. Agric. Resour. Econ.*, (55): 500 – 517.

Khair S., Mushtaq S. and Culas R., et al. (2012). Groundwater markets under the water scarcity and declining watertable conditions: The upland Balochistan Region of Pakistan [J]. *Agricultural Systems*, (107): 21 – 32.

Khan S., Rana T. and Hanjra M., et al. (2009) Water markets and soil salinity nexus: Can minimum irrigation intensities address the issue? [J]. *Agricultural Water Management*, (96): 493 – 503.

Kiem A. (2013). Drought and water policy in Australia: Challenges for the future illustrated by the issues associated with water trading and climate change adaptation in the Murray – Darling Basin [J]. *Global Environmental Change*, (23): 1615 – 1626.

Lange M., Winstanley A. and Wood D. (2008). Drivers and barriers to water transfer in a New Zealand irrigation scheme [J]. *J. Environ. Plann. Manag.*, 51 (3): 381 – 397.

Leigh Livingstone M. (1998). Institutional requisites for efficient water markets in markets for water potential and performance [M]. edited by K. W. Easter, M. W. Rosegrant and A. Dinar, Springer, New York.

Li Y. P., Liu J. and Huang G. H. (2014). A hybrid fuzzy – stochastic programming method for water trading within an agricultural system [J]. *Agricultural Systems*, (123): 71 – 83.

Lund J. R. and Israel M. (1995). Water transfers in water resource systems [J]. J. Water Resour. Plan. Manag. (121): 193 – 204.

Luo B., Maqsood I. and Gong Y. (2010). Modeling climate change impacts on water trading [J]. *Sci. Total Environ.*, (408): 2034 – 2041.

Nieuwoudt W. L. and Armitage R. M. (2004). Water market transfers in South Africa: Two case studies [J]. *Water Resour. Res.*, 40, W09S05.

Ostrom E. and Hess C. (2007). Private and common property rights [M]. Indiana Univ. Bloom. Sch. Public Environ. Aff. Res. Pap. 1.

Pujol J., Raggi M. and Viaggi D. (2006). The potential impact of markets for irrigation water in Italy and Spain: a comparison of two study areas [J]. *Aust. J. Agr. Resour. Ec.*, (50): 361 – 380.

Qureshi M. E, Shi T. and Qureshi S., et al. (2009). Removing barriers to facilitate efficient water markets in the Murray – Darling Basin of Australia [J]. *Agricultural Water Management*, (96): 1641 – 1651.

Ranjan R. (2010). Factors affecting participation in spot and options markets for water [J]. *J. Water. Res. Pl.*, 136 (4): 454 – 462.

Rosegrant M. W. and Binswanger H. P. (1994). Markets in tradable water rights: Potential for efficiency gains in developing country water resource allocation [J]. *World Dev.*, (22): 1613 – 1625.

Rosegrant M. W., Schleyer R. G. and Yadav S. N. (1995). Water policy for efficient agricultural diversification: market – based approaches [J]. *Food Policy*, (20): 203 – 223.

Smajgl A., Heckbert S. and Ward J., et al. (2009). Simulating impacts of water trading in an institutional perspective [J]. *Environmental Modelling & Software*, (24): 191 – 201.

Speed R. (2009). A Comparison of Water Rights Systems in China and Australia [J]. *Int. J. Water Resour. Dev.*, (25): 389 – 405.

Takahashi T., Aizaki H. and Ge Y., et al. (2013). Agricultural water trade under farmland fragmentation: A simulation analysis of an irrigation district in northwestern China [J]. *Agricultural Water Management*, (122): 63 – 66.

Vaux H. J. and Howitt R. J. (1984). Managing water scarcity: An evaluation of inter – regional transfers [J]. *Water Resour. Res.*, 20 (7): 785 – 792.

Wang Yuntong. (2011). Trading water along a river [J]. *Mathematical Social Sciences*, (61): 124 – 130.

Wei Y. , Langford J. , Willett I. R. , et al. (2011). Is irrigated agriculture in the Murray Darling Basin well prepared to deal with reductions in water availability? [J]. *Glob. Environ. Chang.*, (21): 906 – 916.

Wildman Richard A. and Forde N. A. (2012). Management of Water Shortage in the Colorado River Basin: Evaluating Current Policy and Viability of Interstate Water Trading [J]. *J. Am. Water Resour. Assoc.*, (48): 1 – 12.

Young M. and McColl J. (2009). Double trouble: the importance of accounting for and defining water entitlements consistent with hydrological realities [J]. *Aust. J. Agr. Resour. Ec.*, (53): 19 – 35.

Zaman A. M. , Malano H. and Davidson B. (2009). An integrated water trading – allocation model, applied to a water market in Australia [J]. *Agricultural Water Management*, (96): 149 – 159.

Zekri S. and Easter W. (2005). Estimating the potential gains from water markets: a case study from Tunisia [J]. *Agricultural Water Management*, (72): 161 – 175.

Zhang J. (2007). Barriers to water markets in the Heihe River basin in northwest China [J]. *Agric. Water Manag.*, (87): 32 – 40.

Zhang J. , Zhang F. , Zhang L. and Wang W. (2009). Transaction Costs in Water Markets in the Heihe River Basin in Northwest China [J]. *Int. J. Water Resour. Dev.*, (25): 95 – 105.

Zhao J. , Cai X. and Wang Z. (2013). Comparing administered and market – based water allocation systems through a consistent agent – based modeling framework [J]. *Journal of Environmental Management*, 123 (15): 120 – 130.

Zuo A. , Nauges C. and Wheeler S. (2014). Farmers' exposure to risk and their temporary water trading [J]. *Eur. Rev. Agric. Econ.*, (42): 1 – 24.

第 8 章　集市型水权交易

水权交易的定价算法是交易机制设计的核心内容。它通过结构化的计算流程综合考虑水权出售方和购买方的报价，计算得出最终成交的价格和成交水量。集市型水权交易在固定时间、固定地点，按照竞价排序规则对所有参与集市的出售和购买申请进行集中匹配，给出统一的交易价格。在集市交易中，水权出售者和购买者不需要一对一进行协商和谈判，水权交易监管者也不需要对交易申请进行逐个地排查和审核，所有交易在固定时间一次性撮合。相比一对一的交易协商，它大大降低了信息沟通和交易监管成本，有利于促进交易的发生和提高收益。

8.1　集市型水权交易的算法

8.1.1　基本概念

集市型水权交易算法类似于股票交易中的集合竞价，交易双方背对背地提出交易的水量和报价，由市场根据竞价排序进行统一撮合，最终确定交易价格并达成交易。集市型水权交易在澳大利亚水市场中已应用多年，发展较为成熟，具有操作简单、交易成本较低等诸多优点。具体而言，在集市型水权交易中，水权交易中介机构每隔一段时间组织一次水权交易集市。在集市上，水权买卖双方在不知道对方交易报价的情况下提出各自的交易水量和报价；然后，由交易中介机构对所有报价进行排序，以买方价格高于卖方价格且成交水量最大为基本原则进行交易撮合，并计算本次集市的均衡价格。撮合后，所有买卖者按照集市的均衡价格（集市统一价）进行交易，初始报价高于均衡价的买入申请者和低于均衡价的卖出申请者均可以交易成功。

集市型水权交易算法来源于期货市场中的集合竞价思想，长期以来其在资源交易和有价证券的开盘价格确定等领域具有广泛的应用。集合竞价在金融领域的研究最为广泛，Madhavan（1996）最早在理性预期的框架下建立了封闭式集合竞价理论模型，并且论证了信息不对称情况下集合竞价的均衡价格的存在性，分析了集合竞价算法的帕累托最优结果（李平、曾勇，2009）。然而，在集市型水权交易中，由于交易的客体与证券交易的客体具有明显差别，因此该结论不能直接在水权交易的模式下得以适用。Lumbroso 等（2014）提出集市型水权交易算法属于"智能市场"技术，通过对交易者交易申请的统一处理和撮合，以交易量最大化为原则实现交易。Raffensperger 和 Cochrane（2010）指出"智能市场"本质上是周期性的集中拍卖规则，通过用户的集中化交易实现了资源的优化配置。Murphy 等（2000）认为，集市型交易的交易模式在技术上为交易提供了独立的环境，通过交易的集中化有效提高了交易的效率。集市型交易具有较高的经济效率和较低的交易成本，对于自然资源的市场配置具有一定的优势（Bousquet 等，1998；Grafton 等，2000）。

8.1.2　研究进展

水权交易作为现代水资源管理的重要手段，在众多国家被广泛使用，并在长期的实践中探索出不同的交易模式。目前，常见的水权交易模式有两种，分别是"一对一"交易和以"智能市场"为基础的集中化交易。"一对一"交易是在世界各国广泛使用的一种传统的水权交易模式，交易双方在政府提供的交易系统内搜寻各自的交易者并达成买卖协议，而后经过管理部门批准，实现水资源使用权交易。与传统的"一对一"水权交易模式不同，在集中化的水权交易中，买卖双方向统一的交易中介平台提交订单，由系统集中撮合确定市场成交价格与成交量。在每次集市中，买卖双方仅被允许提交一次订单。如果交易不成功，需修改报价参加下一次集市。

Murphy 等（2000）认为集市型交易有效地定义了报价的规则，实现了水权交易报价管理的明晰化，使参与者能够更加合理地选择自己的报价，最大程度地实现用户用水效益与其报价相匹配。从 20 世纪 80 年代开始，集市型的水权交易模式在澳大利亚墨累-达令河流域逐步推广开来，参与交易的群体包括农户、环境组织、政府、工业和城市用水者以及投资机构等等。活跃的市场提高了墨累-达令河流域水资源管理的效率，也使得集市型水权交易成为研究热点。Zaman 等（2009）通过建立水权交易-分配模型，评估了集市型交易下季节性水权交易的经济效益，并分析了水系空间结构对集市交易的影响。Zuo 等（2015）对澳大利亚墨累-达令河南部的农户进行了用水调查，发现集中化的水权交易可以有效降低市场内农户的交易风险。在澳大利亚的水权交易实践中，集市型的水权交易在降低交易成本、减轻交易风险、促进市场发育等方面发挥了十分重要的作用。

与集市型水权交易模式相对应，"一对一"的水权交易作为经典的水权交易模式，具有原理简单、灵活性强等优点。在"一对一"交易中，交易的参与者一般被划分为不同区域，在特定区域内交易者可以更便利地搜寻交易对象，并达成交易协议。正是由于"一对一"交易需要交易者具有很强的主动性，其在操作上也更加灵活，在交易对象的选取上也更加多元化。Erfani 等（2014）

模拟了"一对一"交易模式下的水市场交易成本，结果显示，交易过程中买家更倾向于向售水量大的卖家购买，用以降低购水失败的风险。Reddy 等（2015）评价布拉索斯河流域的水权交易，研究了供水保证率对于"一对一"交易风险和水市场效益的影响。Lumbroso 等（2014）通过对英国用水户的问卷调查，比较了集市型交易与"一对一"交易两种交易模式，分析得出用水户更喜欢"一对一"交易的结论。该研究创新性地认识到了交易者对于集市型交易与"一对一"交易的偏好和选择问题，但是其主要结论源于用水户的调查问卷，除样本局限于英国用水户外，亦缺乏相应的理论分析。Brooks 和 Harris（2008）通过对澳大利亚水权交易系统的数据分析得出，集市型水权交易相比"一对一"交易具有更好的经济效益。针对上述两种交易模式的评估和选择问题，本章采用一般均衡理论对集市型水权交易进行经济效益分析，评价集市型交易算法在效率上的优越性，对我国水权交易的实践具有一定的理论借鉴意义。

8.2 集市型水权交易的效益分析

本章建立以 HARA 效用函数为基础的水权交易经济效益分析模型，以 HARA 函数作为水资源的效用函数，建立水权交易的一般均衡模型，求解市场均衡结果，应用模型从理论上分析集市型水权交易较"一对一"交易模式在交易效率和市场福利等方面的优势。

8.2.1 基于 HARA 函数的用水效益

用水效益是指单位用水所产生的经济效益，是评价用户用水效率的重要指标，在经济学中通常用效用函数来表示，即消费者在消费中所获得的效用与消费数量之间的函数关系，其表达式为 $U = U(x, y, z)$，其中 x, y, z 表示消费者的消费数量。效用函数表达了消费数量与所获效用之间的映射关系，在水资源管理中用来表示用水量与用水产生的经济效益之间的关系。在经济学的一般理论中，效用函数与生产者的生产函数是影响市场中商品价格的决定性因素。在水市场中，用户的用水效益影响着水资源在市场中的流动方向，也影响着水权交易的成交价格。陈贺等（2006）采用基于效用函数的阶梯水价模型，模拟了水价与用水量之间的关系，分析结果表明，水价的提高对用水效率的增加具有显著的影响。

一般认为，用水效用函数应具有绝对效益随用水量递增、边际效益递减的特点。根据用水效用函数的特点我们选择 HARA（Hyperbolic Absolute Risk Aversion）函数（双曲绝对风险厌恶函数）作为集市型水权交易参与者的用水效用函数，其一般表达形式为：

$$U(x) = \frac{1-\alpha}{\alpha}\left(\frac{\alpha x}{1-\alpha} + b\right)^{\alpha} \quad b \geqslant 0 \tag{8-1}$$

HARA 函数的效用包括幂效用、指数效用和对数效用三部分，其本身在数学性质上具有诸多优点，能够较好地反映用水效益与用水量之间的关系。HARA 函数是经济学领域广泛使用的效用函数，具有以下优点：①连续性，该函数在定义域内是可导的；②凸函数，满足单调递增以及边际效用递减。这使得 HARA 函数可以很好地反映用水户的水资源使用效益。除此之外，其可以通过调整不同参数的取值表征不同的效益，通过选取不同的参数增强其对于数据的适应性。

8.2.2　基于 HARA 函数的水权交易的经济效益模型

在水市场中，用户的综合收益包括买水用于生产而产生的效益和卖水得到的资金。水市场参与者以自身的综合效益最大化为主要目标，选择交易量和价格。以农业灌溉水权交易为例，构建了农业用水户之间集市型水权交易的均衡模型。一般均衡模型的符号见表 8-1。

表 8-1　　　　　　　　　　　一般均衡模型的符号表

符　　号	意义及说明
w_{tr}	交易水量，表示用户买入或卖出的水量
w_{ag}	使用的水量，表示用户用于生产的水量
$U(w)$	用户的综合收益，包括交易收益和用水收益两部分
$U_{tr}(w)$	交易收益，表示用户用于交易而产生的收益或损失
$U_{ag}(w)$	用水收益，表示用户用于生产而产生的收益
q	成交价格，表示单位水资源的成交价格
$e^{\lambda T}$	折现系数，表示连续复利条件下的现值系数
Y_{cr}	作物产量，单位水所带来的效益量
P_{cr}	作物价格，表示单位产量作物的价格
α	用水率，表示用于生产的水量占个人初始水权的比例
w	用户具有的水权，为交易量与使用量的代数和
W_r	区域内总的水权量，为各个用户水权量的总和
n	市场内参与交易的人员的个数

水权交易用户的效益分为两部分，分别为：①卖出多余水量产生的收益 $U_{tr}(w)$；②用于农业生产而产生的收益 $U_{ag}(w)$。

所以，用户的总效益 $U(w)$ 为：

$$U(w) = U_{ag}(w) + U_{tr}(w) \tag{8-2}$$

考虑到灌溉用水具有时间要求，灌溉效益的产生受到作物生长和收获时间的影响，本模型采用连续复利对效益函数进行折现。因此，用户通过交易而带来的效益可以表示为：

$$U_{tr}(w) = w_{tr}q \cdot e^{\lambda T} \tag{8-3}$$

式中：q 为水价；w_{tr} 为卖水量；$e^{\lambda T}$ 为折现系数。

用户的效益为代数量，可以为负值。当用户有多余水量卖出时，该交易的收益为正；当用户有用水需求，从市场内买水时，该项为负收益。

由此可以得到，市场中用户通过用水所带来的效益可以表示为：

$$U_{ag}(w) = \frac{1-\gamma}{\gamma}(\frac{a w_{ag}}{1-\gamma} + b)^{\gamma} p_{cr} = Y_{cr}(w) \cdot p_{cr} \tag{8-4}$$

式中：$Y_{cr}(w)$ 为作物产量函数，在本书中用 HARA 函数表示；p_{cr} 为作物价格；w_{ag} 为需水量；γ，a，b 为参数。用两者乘积表示用户用于生产活动所带来的收益。

在上述函数中，考虑到用户的水权量是确定的，用户在具备一定水权的基础上，结合个人需求做出买水或者卖水的决定。考虑水资源的使用率为 α，则有：

$$\alpha = \frac{w_{ag}}{w} \tag{8-5}$$

其中 $w = w_{ag} + w_{tr}$，w 为用户的水权量；w_{tr} 为交易量。用户作为交易主体可以自主选择交易方向，用 α 的不同取值来表示交易者买水或者卖水的决策。若 $\alpha > 1$ 表示用户需水量大于用户的水权量，此时，用户需要买水；若 $0 < \alpha < 1$ 表示用户的实际需水量小于其水权量，此时存在多余水量，用户可进行水量出售，以赚取收入。

由此可以得出用户的综合效益：

$$U(w) = U_{ag}(w) + U_{tr}(w) = \frac{1-\gamma}{\gamma}(\frac{a \cdot \alpha w}{1-\gamma} + b)^{\gamma} \cdot p_{cr} + (1-\alpha)wq \cdot e^{\lambda T} \tag{8-6}$$

在集市型水权交易的均衡理论模型中，用水户参与市场的目标为其综合效用的最大化，并以此为基础参与市场报价，以确定各自在市场交易中的交易方向及交易量。即在市场中参与者的目标函数为：

$$\max U(w) = \max_{\alpha \in [0, +\infty)} [\frac{1-\gamma}{\gamma}(\frac{a \cdot \alpha w}{1-\gamma} + b)^{\gamma} \cdot p_{cr} + (1-\alpha)wq \cdot e^{\lambda T}] \tag{8-7}$$

假设市场参与人为理性人，通过调整各自交易量实现在市场中收益最大化。由此，运用数学方法进行求解可得到市场均衡价格的理论结果。式(8-7)的函数表达等价于：

$$\max_{w_{tr}, w_{ag}} [\frac{1-\gamma}{\gamma}(\frac{a \cdot w_{ag}}{1-\gamma} + b)^{\gamma} \cdot p_{cr} + w_{tr}q \cdot e^{\lambda T}]$$

$$s.t \quad w_{ag} + w_{tr} = w \tag{8-8}$$

上述表达可以采用拉格朗日法进行求解，其拉格朗日函数的表达为：

$$L = \frac{1-\gamma}{\gamma} \left(\frac{a \cdot w_{ag}}{1-\gamma} + b \right)^{\gamma} \cdot p_{cr} + w_{tr}q \cdot e^{\lambda T} - m(w_{tr} + w_{ag} - w) \quad (8-9)$$

相应地，该拉格朗日函数的梯度函数表达式为：

$$a \left(\frac{a \cdot w_{ag}}{1-\gamma} + b \right)^{\gamma-1} \cdot p_{cr} = m$$

$$q \cdot e^{\lambda T} = m \qquad\qquad (8-10)$$

$$w_{ag} + w_{tr} = w$$

求解得到：

$$w_{ag} = \left[\left(\frac{q \cdot e^{\lambda T}}{a \cdot p_{cr}} \right)^{\frac{1}{\gamma-1}} - b \right] \cdot \frac{1-\gamma}{a} \qquad (8-11)$$

$$w_{tr} = w - \left[\left(\frac{q \cdot e^{\lambda T}}{a \cdot p_{cr}} \right)^{\frac{1}{\gamma-1}} - b \right] \cdot \frac{1-\gamma}{a} \qquad (8-12)$$

考虑市场中具有 n 个参与者，各个参与者分别寻求各自的综合效用最大化，则可以得到如下的模型：

$$\max_{w_{tr}, w_{ag}, i} \left[\frac{1-\gamma}{\gamma} \left(\frac{a_i \cdot w_{ag,i}}{1-\gamma} + b_i \right)^{\gamma} \cdot p_{cr} + w_{tr,i}q \cdot e^{\lambda T} \right]$$

$$w_{tr,i} + w_{ag,i} = w_i$$

$$s.t \quad i = 1,2,3,\cdots,n \qquad\qquad (8-13)$$

$$\sum_{i=1}^{n} w_{tr,i} = 0$$

式中：$w_{tr,i}$ 表示用户 i 的交易水量，$w_{tr,i} > 0$ 表示有多余水量卖出，$w_{tr,i} < 0$ 表示自身供给不足，需要买入；q 表示集市中交易者通过集中化的交易最终所达成的均衡价格。

在上述表达中，对于同一交易区域的用户，一般认为其所面对的气候条件一致，作物种类差别不大，所以 HARA 函数中的参数 γ 可以视为相同。除此之外，对于同一区域内，其经济发展水平相似，区域内不同用户面临的无风险利率应当一致，因此参数 λ 也视为同一数值。市场内，可用的水资源总量一定。由此，市场内总水量的边界条件为：

$$\sum_{i=1}^{n} w_{tr,i} + \sum_{i=1}^{n} w_{ag,i} = \sum_{i=1}^{n} w_i = W \qquad (8-14)$$

综合上述条件可以得到，对于市场整体而言，各个参与者为实现各自收益最大化而选择的交易水量为：

$$w_{ag,i} = \left[\left(\frac{q \cdot e^{\lambda T}}{a_i \cdot p_{cr}} \right)^{\frac{1}{\gamma-1}} - b_i \right] \cdot \frac{1-\gamma}{a_i}$$

$$\qquad\qquad (8-15)$$

$$w_{tr,i} = w_i - \left[\left(\frac{q \cdot e^{\lambda T}}{a_i \cdot p_{cr}} \right)^{\frac{1}{\gamma-1}} - b_i \right] \cdot \frac{1-\gamma}{a_i}$$

由此可以求得市场中的水权交易均衡价格：

$$q = \left[\frac{\dfrac{W}{1-\gamma} + \displaystyle\sum_{i=1}^{n} \dfrac{a_i}{b_i}}{\displaystyle\sum_{i=1}^{n} \left(\dfrac{1}{a_i}\right)^{\frac{\gamma}{\gamma-1}}} \right]^{\gamma-1} \cdot \frac{p_{\sigma}}{e^{\lambda T}} \tag{8-16}$$

采用澳大利亚维多利亚州的小麦产量数据对 HARA 函数进行拟合，可以得到拟合结果，如图 8-1 所示。

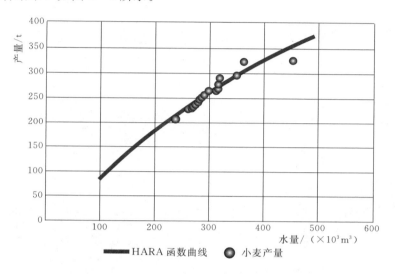

图 8-1　小麦产量的 HARA 函数拟合曲线

根据图 8-1 可以看出，小麦的作物产量数据与 HARA 函数能够较好地拟合，HARA 函数能够较好地表征农业灌溉用水户的生产效益。采用最小二乘法对上述拟合结果进行参数估计，可以得到小麦产量拟合的 HARA 函数为：

$$\hat{Y}_{\sigma}(w) = \frac{1 - 0.6231}{0.6231} \left(\frac{27 \cdot w_{ag}}{1 - 0.6231} - 4568 \right)^{0.6231} \tag{8-17}$$

以澳大利亚 2015 年 7 月至 2016 年 6 月的数据为例，采用上述效益函数计算水市场的均衡价格，分析集市型水权交易的效益。在计算过程中，根据澳大利亚的经济数据，选取市场的无风险利率 $\lambda = 0.06$。作物选取维多利亚州典型灌区的小麦，其不同季节价格水平根据澳洲证券交易所（ASX）公布的价格确定，如表 8-2 所示。市场的参与人数根据维多利亚州水权交易网站获得（http：//waterregister. vic. gov. au）。式（8-16）计算出的市场均衡价格与实际水权交易价格的比较见表 8-2。根据表 8-2 中的数据可以生成澳大利亚维多利亚州典型灌区水权交易价格随时间的变化曲线，对比模型计算结果与实际交易的均衡价格，分析 HARA 模型推导的适用性，如图 8-2 所示。

表 8－2　　2015 年 7 月至 2016 年 6 月澳大利亚水量与水价关系表

月份	分配水量 / （×10^9L）	实际交易价格 / （澳元/10^6L）	小麦价格 / （澳元/t）	模拟交易价格 / （澳元/10^6L）	相对误差
7 月	37.0	260	280	262.6	1%
8 月	54.3	200	260	210.4	5%
9 月	75.4	200	290	206.9	3%
10 月	34.2	245	270	261.1	7%
11 月	46.3	280	300	258.0	8%
12 月	76.6	270	285	202.1	25%
1 月	40.4	255	280	253.8	0%
2 月	62.5	210	270	207.0	1%
3 月	78.9	230	265	185.8	19%
4 月	64.3	225	275	208.5	7%
5 月	51.2	245	285	235.8	4%
6 月	59.6	185	250	195.2	5%

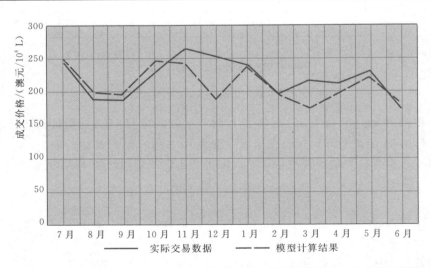

图 8－2　2015 年 7 月至 2016 年 6 月澳大利亚维多利亚州典型灌区水权交易价格模拟结果

由图 8－2 可知，模型结果与实际交易价格两者的拟合情况较好，说明基于 HARA 函数的经济效益模型能够较好地反映市场中的实际交易情况。从图 8－2 中可看出，除 12 月和 3 月出现较大误差外，其他月份相对误差不超过 10%，其中 12 月份的交易价格模拟误差较大，主要是由于 11 月的作物价格相对较高、水市场预期较好，购买水量的需求增加而导致。综上，基于 HARA

函数的经济效益模型能够较好地反映集市中的交易状况，可以采用该函数对市场的均衡效益进行分析。

8.3 集市型水权交易的一般均衡模型分析

本节采用经济活动的一般研究方法，分析水市场的运行规律，探寻水市场的一般均衡并分析其均衡特点。具体包括，基于 HARA 效用函数建立集市型水权交易的一般均衡模型，分析集市型交易的一般均衡特点，得到帕累托最优的结果，并以此评价集市型交易模式的有效性。

8.3.1 集市交易的一般均衡模型

8.3.1.1 水市场的外部影响因素及其模型概化

水市场与一般资源要素的交易市场相类似，主要由外部因素、内部要素和市场结构三部分构成。根据水资源自身的特点，水市场的外部影响因素主要是水文和需水的不确定性。其影响主要是由水资源供给与需求的年内变化造成。水市场区域内的降水量随季节丰枯变化，不同季节的水资源需求量和供给量的相应变化带来了水市场各个要素改变，比如，会造成用户用水边际效益的变化。在采用模型描述水文和需水变化时，由于变量连续变化会造成水市场模型构建上的困难，我们对时间变量进行简化，将其分为两期，以离散变量代替连续变量进行模型构建和计算。由此，定义时间变量为 t，其取值范围为 0 和 1。

为了描述特定时间点上水市场区域来水量（可用径流量）的不确定性，采用 ω 来表示流域可能的降雨和径流状况，对于同一时间 t，不同状况的集合构成了该时间 t 的状态空间，该状态空间内的状态标识数为 Ω，即在第 t 期可能存在 Ω 种水文状况，如各种频率的丰水或干旱。

记状态 ω 发生的概率为 p_ω，则有：

$$\sum_{\omega=1}^{\Omega} p_\omega(t) = 1 \qquad 0 \leqslant p_\omega(t) \leqslant 1 \qquad (8-18)$$

根据概率公理化体系可以知道，满足式（8-18）的概率可以构成概率空间，我们称 P 为该状态空间上的概率测度。

8.3.1.2 水市场的内部影响因素及其模型概化

水权交易市场的内部要素主要为市场的参与者。作为市场的主体，参与者自身的资源、效益以及收益是影响市场结果的关键因素。市场参与者的资源，也称参与者资源禀赋。在经济学中，资源禀赋是指个体所用于生产的资源要素的总和。对于水权交易者而言，其所具有的资源禀赋是指交易者所拥有的水权以及资金。交易者的禀赋会随着交易行为的进行而发生变化。以买方为例，假设交易者在第 0 期拥有的资金为 e，其花费 c_0 用于买水，则其在第 1 期拥有的资金禀赋则变为 $e-c_0$。与此同时，不同的交易个体所具有的禀赋也是不同的，我们用 $e_{k,0}$ 来表示买家 k 在第 0 期的资金禀赋，用 $e_{k,t}$ 表示买家 k 在第 t 期的资金禀赋，则可以得到买家在各个时期的资金禀赋向量为：

$$\vec{e}_k = (e_{k,0}, e_{k,1}, e_{k,2}, \cdots, e_{k,t})^T \qquad (8-19)$$

交易者的资源禀赋是交易者参与市场交易的基础，而不同交易者在用水过程中的不同效益则是推动水市场交易发生的内在动力。市场存在的重要作用是实现了不同效益的个体之间资源的优化配置，促进资源要素的合理流动，水市场也不例外。正是由于不同用户对于水资源的使用效益不同，导致该用户对于其水权的评价也不相同，这种差异促成了水资源从低效益用户向高效益用户转移。在水市场中，参与者的效用函数应满足效用函数的一般性质，即效用函数单调递增且边际效用递减，为严格的凸函数。根据效用函数存在定理，在水市场中的效用函数也具有自反性、完备性、传递性、连续性和单调性等性质，也即效用函数为连续的严格的凸函数。在相应的外部环境和参与者参与之下，水市场通过参与者之间转移交易要素的形式优化市场内部资源配置，实现水资源由低效益用户向高效益用户转移。因此，水市场交易可以概化为：以交易者效用最大化为目标，对不同用户在不同时期以及不同水文状况的水资源进行优化配置，同时寻求市场整体的均衡，最终实现水资源的流转。

根据上述概化，假设在水市场中买方个体的数量是 n，在各期内交易者会通过本期的外部环境对交易策略进行调整，以求实现本期内效用的最大化。因此，在市场中买方群体在第 t 期的交易计划，可以用调整矩阵来表示：

$$\boldsymbol{X}(t) = \begin{bmatrix} x_{11} & x_{12} & \cdots & x_{1n} \\ x_{21} & x_{22} & \cdots & x_{2n} \\ \vdots & \vdots & \ddots & \vdots \\ x_{\Omega 1} & x_{\Omega 2} & \cdots & x_{\Omega n} \end{bmatrix} \qquad (8-20)$$

式中：$x_{\Omega n}$ 表示第 n 个买水者在 Ω 种水文状况下的可能买水量。

相应地，对于市场的供给方而言，其卖水的数量也根据本期内的外部环境进行决策。因此，在不同时期内，卖家选择的卖水量是不同的，我们记 $\theta_k(t)$ 为第 t 期供给者 k 的卖水量，则：

$$\theta_k(t) = F(\theta_{k,1}, \theta_{k,2}, \cdots, \theta_{k,\Omega}) \qquad (8-21)$$

假设市场中共有 N 名卖家，则在第 t 期内，市场中总的水资源供给量为各个卖家卖水量的代数和，用 $\theta_M(t)$。然而，由于各个卖家的决策受到水文情况影响，具有不确定性。各种可能的卖水量是依概率而改变的，我们采用其期望值来进行表示，即：

$$E(\theta_M(t)) = \sum_{k=1}^{N} \sum_{i=1}^{\Omega} \theta_{k,i} p_i(t) \qquad (8-22)$$

在市场中，买方的需求量不仅取决于外部环境，其还会随价格的变化而变化，假设市场中成交的水权价格为 q，则有，市场中第 t 期内买家 k 在价格 q 的条件下，对于水权的需求量为：

$$X_k(q(t),t) = [x_{k,1}(q(t),t); \cdots; x_{k,\Omega}(q(t),t)] \qquad (8-23)$$

根据水量平衡，可以得到市场均衡的情况下，市场内总体的需求量与市场内的供给量相等，即：

$$E(\theta_M(t)) = \sum_{k=1}^{N} \sum_{i=1}^{\Omega} X_{k,i}(q(t),t) p_i(t) \qquad (8-24)$$

基于上述公式构建集市型水权交易在一般均衡理论下的基础模型，即以水市场内供需平衡为基本方程，考虑用户在水资源不确定性条件下，通过调整自身交易策略实现自身优化配置的基本模型。

8.3.2　一般均衡模型的均衡结果

在一般均衡模型中，交易者根据各期面临的外部环境选择相应的交易策略，实现用户当期效益的最大化。与此同时，用户可以结合自身资源禀赋的认识以及对于未来事项的合理预期进行跨期资源配置，寻求综合收益的最大化。在集市型交易中，由于定期集中进行集市交易，交易的集中性和固定性使得交易者能够更好地实现跨期配置的交易策略。考虑两期的交易资源跨期配置，市场内的资源禀赋投入为：

$$c_0 = \sum_{k=1}^{n} \sum_{i=1}^{\Omega} X_{k,i}(q(0),0) \times p_i(0) \times q(0) \qquad (8-25)$$

$$c_1 = \sum_{k=1}^{n} e_{k,0} - \sum_{k=1}^{n} \sum_{i=1}^{\Omega} X_{k,i}(q(1),1) \times p_i(1) \times q(1) \qquad (8-26)$$

式中：n 表示市场中所有买家和卖家的数量；c_0 表示第 0 期市场内的买水花费和卖水收款，代表第 0 期市场内的资源投入；$\sum_{k=1}^{n} e_{k,0}$ 表示第 0 期市场内所有买家和卖家的可用资金禀赋；c_1 表示买家和卖家在第 1 期扣除当期买水花费和卖水收款后的剩余资金，代表第 1 期市场内的所有可用资金投入。

根据经济学理性人假定，市场的理性参与者将选择效用最大化的交易策略，可以得到如下的优化问题：

$$\max \sum_{t=0}^{T} \sum_{k=1}^{n} U_k(t) \left(\sum_{i=1}^{\Omega} X_{k,i}(q(t),t) p_i(t) \right) \qquad (8-27)$$

$$s.\,t \quad c_0 = \sum_{k=1}^{n} \sum_{i=1}^{\Omega} X_{k,i}(q(0),0) \times p_i(0) \times q(0)$$

$$c_1 = \sum_{k=1}^{n} e_{k,0} - \sum_{k=1}^{n} \sum_{i=1}^{\Omega} X_{k,i}(q(1),1) \times p_i(1) \times q(1)$$

式中：n 表示市场中所有买家和卖家的数量；$U_k(t)$ 代表用户 k 的用水效益。

在交易过程中，水市场除满足上述条件外还应满足水量平衡的约束，即两期之后实现市场的出清，交易者买入的水量应与卖出的水量相平衡，卖出水量等于买入水量，见式（8-28）。

$$\sum_{t=0}^{1} \sum_{k=1}^{n} \sum_{i=1}^{\Omega} X_{k,i}(q(t),t) \times p_i(t) = 0 \qquad (8-28)$$

综合上述条件，得到两期的一般均衡模型。该模型中，市场参与者在市场内整体资源禀赋的约束下，实现效用最大化并达到市场的平衡。该模型可以表示为：

$$Z = \max \sum_{t=0}^{1} U_k(t) \left(\sum_{k=1}^{N} \sum_{i=1}^{\Omega} X_{k,i}(q(t),t) p_i(t) \right) \qquad (8-29)$$

$$s.\,t \quad c_0 = \sum_{k=1}^{n} \sum_{i=1}^{\Omega} X_{k,i}(q(0),0) \times p_i(0) \times q(0)$$

$$c_1 = \sum_{k=1}^{n} e_{k,0} - \sum_{k=1}^{n} \sum_{i=1}^{\Omega} X_{k,i}(q(1),1) \times p_i(1) \times q(1)$$

$$\sum_{t=0}^{1} \sum_{k=1}^{n} \sum_{i=1}^{\Omega} X_{k,i}(q(t),t) \times p_i(t) = 0$$

式中：Z 表示市场交易效益最大的目标函数；c_0 表示市场中第 0 期的可用资金约束；c_1 表示市场中第 1 期的可用资金约束。

对于上述的交易模型，我们可以采用拉格朗日法进行求解，为了方便计算，我们令：

$$X_k(t) = \sum_{i=1}^{\Omega} X_{k,i}(q(t),t) p_i(t) \qquad (8-30)$$

则原优化问题可以写成：

$$\max \sum_{t=0}^{1} \sum_{k=1}^{n} U_k(t)(X_k(t)) \qquad (8-31)$$

$$s.\,t \quad c_0 = \sum_{k=1}^{n} X_k(0) \times q(0)$$

$$c_1 = \sum_{k=1}^{n} e_{k,0} - \sum_{k=1}^{n} X_k(1) \times q(1)$$

$$\sum_{t=0}^{1} \sum_{k=1}^{n} X_k(t) = 0$$

对于个体参与者而言，其并不关心整个市场是否出清，仅仅关心是否实现自身效用的最大化。因此，对于单一个体而言，可以省去市场出清的约束，其自身的优化函数可以写成：

$$\max \sum_{t=0}^{1} U(t)(X_k(t)) \qquad (8-32)$$

$$s.t \quad \begin{aligned} c_0 &= X_k(0) \times q(0) \\ c_1 &= e_0 - X_k(1) \times q(1) \end{aligned}$$

令

$$U(X(0), X(1)) = \sum_{t=0}^{1} U(t)(X_k(t)) \qquad (8-33)$$

采用拉格朗日法进行求解：

$$\partial_t(U) = \partial U(t)(X_k(t)) - \lambda_k q(t) = 0 \qquad (8-34)$$

$$X_k(0)q(0) + X_k(1)q(1) = e_{k,0} \qquad (8-35)$$

根据上面可以得到：

$$\lambda_k = \frac{\partial U(0)(X_k(0))}{q(0)} = \frac{\partial U(1)(X_k(1))}{q(1)} \qquad (8-36)$$

根据费马定理，当单一参与者不同时期边际效用相等时，其自身效用最大；根据式（8-31），此时市场整体的最优性约束条件也成立。也就是说，当个体实现最优性条件，即 $\sum_{t=0}^{1} U(t)(X_k(t))$ 达到最大值时，市场整体也达到了最优。因此，在集市型水权交易中，水市场通过个体用水效益的优化达到了整体的最优配置，也即实现了帕累托最优的结果。帕累托最优是一种资源优化配置的结果。在帕累托最优的状态下，市场无法实现在不降低他人收益的前提下提升个人收益。也即是说，如果单纯增加一人效益，则必然会使他人收益降低。在集市型水权交易中，由于个人效益最大化与整体效用最大化是一致的，如果有一人收益增加，则必然会导致另一人收益减少，因此集市型水权交易可以达到帕累托最优。

8.3.3 两期一般均衡模型的推广

在简化的两期一般均衡模型中，我们分析了集市型交易的一般均衡结果，得到了集市型水权交易可以实现帕累托最优的结论。然而，在实际的市场交易中，由于时间是连续变量，集市进行也并非只有两期。在现实的水权交易中，交易者在长期内对自己的资源禀赋进行合理规划以及有效配置，需要建立多期以及连续的一般均衡模型，分析水权市场在更长的时间范围内实现资源优化配置的特点。在多期模型中，记时间变量为 t，其取值范围为 $0,1,2,3,\cdots,T$，参与者可以在 T 期内实现资源的跨期配置。在整个时间长度内，交易者所拥有的资源禀赋为：

$$e_T = \sum_{t=0}^{T} \sum_{k=1}^{n} \sum_{i=1}^{\Omega} X_{k,i}(q(t),t) \times p_i(t) \times q(t) \qquad (8-37)$$

相应地，市场中的供需平衡为：

$$\sum_{t=0}^{T} \sum_{k=1}^{n} \sum_{i=1}^{\Omega} X_{k,i}(q(t),t) \times p_i(t) = 0 \qquad (8-38)$$

由此可以得到 T 期的集市型水权交易优化模型：

$$\max \sum_{t=0}^{T} \sum_{k=1}^{n} U_k(t) \left(\sum_{i=1}^{\Omega} X_{k,i}(q(t),t) p_i(t) \right) \qquad (8-39)$$

$$s.t \quad e_T = \sum_{t=0}^{T} \sum_{k=1}^{n} \sum_{i=1}^{\Omega} X_{k,i}(q(t),t) \times p_i(t) \times q(t)$$

$$\sum_{t=0}^{T} \sum_{k=1}^{n} \sum_{i=1}^{\Omega} X_{k,i}(q(t),t) \times p_i(t) = 0$$

采用 8.3.2 节的模型求解方法对上述多期模型进行求解，同样可以得到在 T 期内集市型水权交易能够达到帕累托最优的结果，即可以通过最大化用户个体收益实现市场整体福利的最大化。

综上所述，集市型水权交易的参与者通过对不同时期资源禀赋的综合筹划，做出水权交易决策并实现个人收益的最大化。在市场中，个人收益的最大化与市场总体福利的最大化实现了统一，集市型水权交易可以实现帕累托最优的结果。集市型水权交易是水权交易的重要模式，具有效率高、操作简单等诸多优点，可以为我国水市场建设所借鉴。

8.4 集市型水权交易机制下用户的报价行为研究

本节基于集市型水权交易的数学模型，对交易者的报价行为进行分析，模拟集市型交易中交易者对于风险和收益的平衡行为，计算其在市场中的最优策略。

8.4.1 集市型水权交易的撮合定价流程及其数学表达

撮合机制和定价算法是水权交易研究的热点。Zaman（2009）和 Khan（2010）采用统计学的方法，对交易的均衡价格和交易量进行回归分析，预测水权交易价格。Reddy（2015）以经济损失最小为原则，分析了工业水权交易市场的出清价格。Hung（2014）以个人收益最大化为目标，通过分析最优性条件求解了水市场的均衡价格。孔珂等（2005）对水权交易市场进行了博弈分析，求解得到纳什均衡的结果，给出了相应的交易参与策略。王为人等

（2006）通过建立基于回流模型的水权双向拍卖机制，分析得出了水权交易的最优条件和均衡价格。

集市型水权交易，通过对多个买家和多个卖家的报价进行统一撮合，形成市场均衡价格。在集市型水权交易中，买卖双方背对背地提交交易申请，并在集市中进行统一的撮合交易，确定成交价格。在一次集市交易中，买卖双方仅被允许提交一次交易申请，如果交易不成功则修改报价参与下一次集市。集市型水权交易机制较面对面的直接交易或者现场喊价模式，提高了交易的灵活性，减小了交易成本。但是，由于水资源具有流动性、外部性和来水的不确定性，导致水权交易与股票交易相比需要更复杂的审批和监管机制以及更加全面的信息披露内容，需要从时间和空间上对交易进行合理匹配。

集市型水权交易以最大成交量原则与最小交易成本原则来对集市中的水权交易进行匹配和定价。水权交易的参与者提交交易申请后，所有购买和出售的水量及其报价都汇集到水权交易中介机构，中介机构运算集市算法，在价格约束与水量约束下，搜寻本次集市的最大交易量及其对应的边际卖家与边际买家，以两者的平均价格为最终成交价格。集市型水权交易的具体步骤如下：

步骤1：交易双方向水权交易中介（平台）提交交易挂牌（水量与报价）。

步骤2：中介机构（平台）将集市中所有卖家按其报价的升序排列，所有买家按其报价的降序排列，并按照排序计算集市中累计的卖方水量和买方水量。

步骤3：当排序列表中买家出价刚好大于卖家出价，且列表中仍有水量购买需求或水量出售的时候，为交易成交点；报价在此点以上的买家都能买到水，报价在此点以下的买家由于出价低于卖家，无法买到水。此点处的累计水量，即为本次集市的最大成交量。

步骤4：选取最大交易量的成交点为最终成交点。以排序列表中距离成交点最近的买卖双方的平均价格为本次集市均衡价格。所有其他买家和卖家按照此均衡价格签订水权交易合同。按照这种方式，排序列表中最终成交点以上的所有买家的报价都高于均衡价格，成交点以上的所有卖家的价格都低于均衡价格。按照均衡价格签订合同，买家以相对初始报价更低的价格买到水，卖家以更高价格卖出水，所有成功交易的买家和卖家的效益均有增加，市场实现帕累托优化。与此同时，排序列表中交易成交点以下的买家和卖价，由于购买价格低于出售价格，不能达成水权交易，在本次集市中交易失败。

此外，由于集市中买卖双方背对背进行报价，若在集市型水权交易中出现报价最高的买家报价低于最低的卖家报价，即按照报价降序排列的买家列表和按照报价升序排列的卖家列表在价格上没有重叠。在该情境下，直接宣布此次撮合交易失败，买卖双方调整报价后重新提交交易申请。

集市型水权交易定价的基本原则是最大成交量原则，其目的是实现水权交易市场整体福利最大化。

在最大成交量的基本原则之下，根据集市型水权交易的定价步骤，给出定价算法图，如图 8-3 所示。

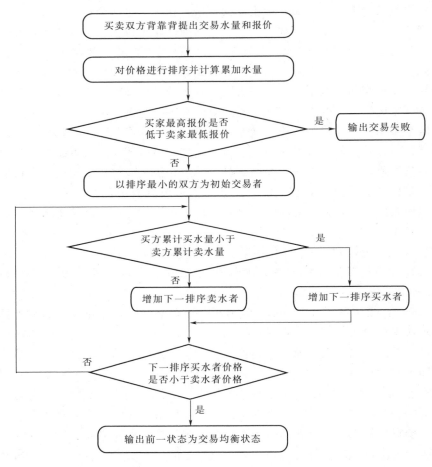

图 8-3　水权交易集市型撮合和定价流程

价格约束和水量约束是该交易模式下交易的控制因素，在交易价格发现机制中起着决定性作用。其中，价格约束是判断交易结果的直接判据，交易双方交易指令中的报价集合直接决定交易最终的结果。对于买卖双方而言，在理性框架下进行合理报价是实现个人收益最大化的关键。根据集市型水权交易的文字表述和算法框图，建立相应的集市型水权交易定价算法的数学模型，其数学表述如下：

假设策略集合 $\{X_i, \alpha_i\}$ 为卖家 i 的交易申请，$\{Y_j, \beta_j\}$ 为买家 j 的交易申请，其中，X_i，α_i 分别表示卖家的报价和水量，Y_j，β_j 分别表示买家的报价和水量，$i = 1, 2, 3, \cdots, m$，$j = 1, 2, 3, \cdots, n$，对买卖双方分别按照价格降序和升序排列，见表 8-3 和表 8-4。

表 8-3　　卖家排序列表

卖　家	价　格	出售量
1	X_1	α_1
2	X_2	α_2
...	...	...
k_1	X_{k1}	α_{k1}
...	...	...
m	X_m	α_m

表 8-4　　买家排序列表

买　家	价　格	购买量
1	Y_1	β_1
2	Y_2	β_2
...	...	...
k_2	Y_{k2}	β_{k2}
...	...	...
n	Y_n	β_n

其中满足 $X_1 \leqslant X_2 \leqslant \cdots \leqslant X_{k1} \leqslant \cdots \leqslant X_m$，$Y_1 \geqslant Y_2 \geqslant \cdots \geqslant Y_{k2} \geqslant \cdots \geqslant Y_n$，即卖方按照报价升序排列，买方按报价的降序进行排列。在满足交易量最大化原则之下，交易结果的目标函数为：

$$\max(k_1, k_2)$$

交易的约束条件为：

价格约束：
$$X_{k1} \leqslant Y_{k2} \qquad (8-40)$$

水量约束：
$$\sum_{i=1}^{k_1} \alpha_i \geqslant \sum_{j=1}^{k_2} \beta_j \qquad (8-41)$$

整数约束：$k_1 = 0, 1, \cdots, m$，$k_2 = 0, 1, \cdots, n$

在该交易机制下，选择满足上述交易规则的边际卖家和边际买家的平均价格作为水权交易集市的均衡价格，即：

$$Y_c = \frac{X_{k1} + Y_{k2}}{2} \qquad (8-42)$$

下面举例对于集市型交易算法进行说明，假设集市中买卖双方的交易数据如表 8-5 所示。

表 8-5　　　　　　　　　集 市 交 易 示 例

序号	买家			卖家		
	出价 /（元/m³）	水量 /万 m³	累积水量 /万 m³	出价 /（元/m³）	水量 /万 m³	累积水量 /万 m³
1	0.30	70.0	70.0	0.10	4	4
2	0.26	8.5	78.5	0.18	30	34

续表

序号	买 家			卖 家		
	出价 / (元/m³)	水量 /万 m³	累积水量 /万 m³	出价 / (元/m³)	水量 /万 m³	累积水量 /万 m³
3	0.25	3.0	81.5	0.20	50	84
4	0.25	11.0	92.5	0.20	60	144
5	0.24	5.0	97.5	0.21	40	184
6	0.22	85.0	182.5	0.22	10	194
7	0.21	20.0	202.5	0.23	20	214

首先，将集市中所有卖家的出价按升序排列，所有买家的出价按降序排列。然后，依次计算集市中累积的买水量和卖水量。随后，按照列表从上到下依次对比卖家和买家的报价以及累计的卖水量和买水量。当累积水量接近，且临界线处买家出价大于卖家出价，将临界线处的买卖双方，即边际卖家与边际买家出价的平均价格作为市场均衡价格。在表 8-5 的集市中，出价最低的前 6 个买家与出价最高的前 5 个卖家即为达成交易的双方（表中阴影部分的买家和卖家），此时取边际买家与边际卖家的平均价格，即 (0.22+0.21) /2=0.215 元/m³ 作为集市的成交价格，成交水量为 182.5 万 m³。

由此可见，集市型水权交易实现了交易的集中化和交易量的最大化，最大限度地挖掘了市场上存在的潜在交易者。构建集市型水权交易算法的数学模型，分析交易者的交易行为和报价策略，对于提高该算法的实用性具有现实意义。

8.4.2 集市型水权交易的最优报价策略及其数学表达

集市型水权交易是多人同时进行水权交易的一种方式，交易双方背对背地提交竞价（报价与交易量），并在集市中进行统一的撮合。在该算法的定价模式下，交易申请者可以通过采取不同的竞价策略，提升个人在交易中的整体收益。

根据集市定价过程的排序原则可以看出，对于买家而言其报价越高交易的成功概率也就越高，若其报价低于集市的均衡成交价格，意味着交易失败，在本次集市中买不到水。因此，对于买家而言，不同的报价水平代表了其面临的风险和收益的相对大小。所谓报价策略就是指买家综合权衡集市交易中失败的风险和买水收益，确定合理的报价水平，实现交易的综合收益最大。为简化计算，将市场设定为单一买家的交易模式，即假设买方市场有且仅有一个交易者，建立模型分析并优化其在集市型水权交易机制下的报价策略。

假设：①卖方市场水量充足，各个卖家独立报价；②买方市场内有且仅有一个买家，出价为 Y；③买家根据水市场的历史交易价格，对于当前集市的卖家报价做出估计，估计值服从一定区间的均匀分布，即 $X \sim U(a,b)$；④买家的用水效率为 k，即买家买到水后其生产活动可以得到的效益为 k。

基于以上假设，对于该单一买家而言，其买到一单位水的收益为：

$$U = k \cdot 1 - \text{成交价} \cdot 1 = (k - \frac{X+Y}{2}) \cdot I_{Y \geqslant X} \qquad (8-43)$$

式中：X 为卖家报价；Y 为买家报价；k 为买家的用水效益；$I_{Y \geqslant X}$ 为事件函数，当 $Y \geqslant X$ 时，$I_{Y \geqslant X} = 1$，否则 $I_{Y \geqslant X} = 0$。当买家报价高于卖家报价，交易成功，买到一单位的水；当买家报价低于卖家报价，买不到水。

因此可以得到，买家每买一单位的水，其收益为：

$$U = \begin{cases} k - \dfrac{X+Y}{2} & if \quad Y \geqslant X \\ 0 & if \quad Y < X \end{cases} \qquad (8-44)$$

在集市中，假设卖家的报价为服从均匀分布的 $X \sim U(a,b)$ 的随机变量。只有当买家的报价高于卖家的报价才能买到水，因此买家在做买水报价决策时受卖家报价的直接影响。进而，根据式（8-44），买家的用水收益 U 也是卖家报价的函数，具有随机性。根据买家的收益函数，即式（8-44），求解卖家报价为均匀分布情况下买家的期望收益 $E_Y(U)$。

（1）当 $a \leqslant Y \leqslant b$ 时，有：

$$E_Y(U) = \int_a^Y (k - \frac{X+Y}{2}) g \frac{1}{b-a} \mathrm{d}X = (k - \frac{Y}{2}) \frac{Y-a}{b-a} - \frac{Y^2 - a^2}{4(b-a)} \quad (8-45)$$

求解买家的最大期望收益，有：

$$4(b-a)E_Y(U) = -3Y^2 + (4k+2a)Y + a^2 - 4ak \qquad (8-46)$$

最大化 $E_Y(U)$，令 $E_Y(U)$ 对 Y 求导，导数等于零，可以得到：

$$\hat{Y} = \frac{2k+a}{3} \qquad (8-47)$$

此时的期望收益为：

$$U = \frac{(k-a)^2}{3(b-a)} \qquad (8-48)$$

（2）当 $Y > b$ 时，求解买家最大的期望收益。此时，集市中买家报价大于卖家的最高报价。如果买家想买到水并且尽可能低出价以降低买水的成本进而最大化用水收益，只有当出价 $\hat{Y} = b$ 时买家的收益最大，此时收益为：

$$U = k - \frac{X+b}{2} \qquad (8-49)$$

期望收益为：

$$E(U) = k - \frac{b}{2} - \frac{a+b}{4} \tag{8-50}$$

分析上面的结果可以看出，在假定只有一个买家和一个卖家，卖家的出售水量充分多且卖家报价为一个均匀的可能报价区间 $[a,b]$，此时就买方而言，每买一单位水，可以产生效益 k，初步认为 $k \geqslant b$。在这种情况下买家面临两个选择：

（1）方案 1：报出一个大于 b 的价格，这样肯定可以买到水。

（2）方案 2：报出一个介于 a 和 b 之间的价格，从而压低均衡价格，提升收益。但有可能由于报价低于卖家报价而买不到水，具有交易失败的风险。

那么，买家如何进行报价策略选择呢？买家需要根据自己的用水效益 k 进行综合权衡。根据式（8-47），令买家报价 Y 小于等于卖家的可能最高报价 b，此时满足 $2k+a \leqslant 3b$，即买家的用水效益 $k \leqslant (3b-a)/2$。也就是说，买家在这种用水效益情况下，宜选择方案 2，所报的买水价格较低，与方案 1 比较可以得到更高期望收益。相反，当 $2k+a > 3b$ 时，买家的用水效益 $k > (3b-a)/2$，此时买家用水效益较高，可以承担更多的买水成本，适宜以较高的价格买水，以保证交易成功。因此，选择方案 1，直接报价 b 即可。

综上所述，买家的最优报价策略为：

$$\hat{Y} = \min(\frac{2k+a}{3}, b) \tag{8-51}$$

上述理论分析表明，在集市型水权交易模式下，考虑单个的买水个体，其在不确定信息（卖方报价随机）的情况中往往存在两个主要倾向：①增加报价，以降低不确定信息而带来的买不到水的风险；②降低报价，压低均衡价格，增加个人在水权交易中的综合收益。由于这两种倾向存在矛盾，决策者需要根据自己的用水效益情况决定所能承受的风险水平，确定相对收益最高的最优报价策略。当买家本身用水效率较低，一单位水产生的效益相对较小时，其会尽量压低成交价格，从而承担相对较高的风险水平；而当买家用水效率较高时，其表现为极度的风险厌恶型交易者，其在交易指令的提交中会选择风险水平相对较低的交易水平，从而牺牲一定的潜在收益而提升综合效益。

为更加直观地描述决策者在一定信息基础之上的报价决策，现假设卖家报价服从在区间 $[15,30]$ 之间的均匀分布，计算得出集市交易中单独买家交易时的决策曲线如图 8-4 所示。根据买家报价的决策曲线可以看出，当买家对卖家的可能报价有一定预估的情况下，买家的报价是随着其用水效益的增加而增加的。其原因在于，随着用水效益的提高，买家对于风险的厌恶水平逐渐增加，会选择增加报价以确保买水成功。当买家的用水效益达到一定的水平时，会选择完全规避风险的报价，选择卖家报价的上限作为自己的报价决策。而随着其效益的继续增加，报价水平会维持不变。在这种高效益情况下，理性的买家为实现收益最大化，不存在继续增加自身报价的激励。

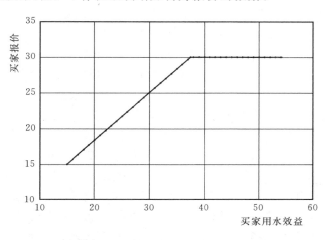

图 8-4　买家报价与其用水效益的关系

　　上述模型采用集市型水权交易的定价原则，从理论上解释了决策者在参与水权交易时面对风险和收益相矛盾时的策略选择情况，从具体数值上给出了最优的出价策略。这对于理解个体在集市型水权交易机制下的交易行为是有意义的。

8.5　澳大利亚集市型水权交易的实证分析

　　作为采用集市型水权交易模式的典型代表，澳大利亚的水权市场在长期的实践中积累了丰富的经验。本节基于澳大利亚水权交易的数据，对其水权交易市场的特征进行实证分析，进一步加深对集市型水权交易在实践中运行状况的理解。澳大利亚水权交易市场的建设、发育和完善经历了较长的历史时期。在长期的发展过程中，澳大利亚水权交易市场不断扩大并形成了自身鲜明的特征，建立了集市型交易的基本模式。本节分析了澳大利亚水权交易市场的历史沿革，描述了市场的典型特征以及市场结构，可为我国的水权及水市场建设提供积极的参考。

8.5.1　澳大利亚水市场沿革

　　20 世纪 80 年代晚期，在澳大利亚墨累-达令河流域，新南威尔士州和维多利亚州将水资源使用的权利从土地权利中分离出来，标志着水资源管理从行政管理走向市场化管理（Connell 和 Grafton，2011）。1985 年墨累-达令河流域管理局（MDBC）成立，该机构被授权管理和协调各州之间的水资源分配和供给问题，并对水流和水质的各项指标进行监测。与此同时，墨累-达令河流域管理论坛（MDBMC）作为一个政策性的论坛也在同年成立，作为公众性组织，其主要目的在于提高流域内一般性政策的统一性和一致性，并关注一些特殊问题，如水质、水资源的再分配以及环境流量管理等。1987 年修订的墨累-达令河流域水资源使用协议规定了流域内各州之间水权分配和用水计量的核算系统，在水权核算的基础上允许各州将未使用的水权留到下一年使用。此项规定为水量相对充沛的昆士兰州于 1992 年加入该协议奠定了基础。

1994 年，国家层面的水资源管理改革框架在澳大利亚政府管理议会（COAG）中得以通过。在该框架指导下，各州政府被赋予了更大的财政激励用于弱化水资源管理体系中的行政影响，逐步发展以市场为基础的水资源管理机制。与此同时，维多利亚州对其水资源管理政策进行了较大的修改，允许永久性的水权交易，极大增强了用户尤其是灌溉农户参与水权交易的积极性和信心。然而，在明确水权可以自由交易后，澳大利亚出现了灌溉农户采用非正式的手段从个人手中买卖水资源的现象，并在全国范围内迅速蔓延。1995 年，针对这个问题，墨累-达令河流域管理委员决定对用户实施用水总量和交易总量的控制。在总量控制下，当年的用水总量下降到 1993 年和 1994 年的水平之下。

20 世纪 90 年代澳大利亚政府管理议会（COAG）进行的水资源管理改革和国家层面的水市场建设，对此后几十年间澳大利亚水市场的发育影响深远。改革的影响主要有以下几个方面：①水权从土地权益中分离；②明确了环境流量和相关的水权分配要求；③水资源由低效益用户流向高效益用户；④对地下水进行了分配和交易，扩大了水市场范围。2004 年，澳大利亚政府管理议会（COAG）决定开展全国性水资源改革行动（National Water Initiative），进一步深化水市场建设，清除水市场发育的各项阻碍，为进一步扩大交易范围、实现全国范围的水权交易提供了有效保障。

目前，澳大利亚水市场已经相当完善，在缓解季节性缺水、促进节水、提高用水效益以及保障生态用水等方面发挥了显著的作用。澳大利亚水市场也成了全球的典范。Howe 等（1986）提出了澳大利亚水市场的 6 个显著特征，分别是：①具备产权明晰的水权分配机制和灵活可靠的水权调度实现技术，流域初始水权已分配到用水户个体，建立了基于长期水权调度实现的年度水量分配和调度机制，通过市场交易有效实现了水资源在不同效益用户之间的流转，调节了不同用户之间的用水关系，缓解了竞争性的用水矛盾；②制定明晰具体的法律，保障用户水权及相关的交易行为，有效限制了官僚体制对用户水权的干预，极大增强了用户持有水权并投资节水以及出售结余水量的信心；③具备清晰合理的水权交易定价机制，交易价格可切实反映市场中水资源的边际效益，有效避免了水权交易过程中官僚体制的权力寻租及其他投机行为；④由于农户的水权明晰且具有法律保障，水市场的交易机制清晰且各项制度完备，水市场的运行结果具有相当的可预测性，这种可预测性有效减少了市场风险、增强了交易者信心，交易者对水市场的信赖有效降低了水文不确定性对水资源配置和利用的影响；⑤随着澳大利亚水权交易市场的发育，用户群体增加，水市场本身的公信力增强，参与者对于水权市场交易的期待具有充分的信心与信赖，交易成本较低；⑥水市场机制体现了水资源的公共属性，对河流水质和环境流量做出了要求，政府作为环境和生态水权的代理人，从灌溉农户购买农业水权以增加生态用水，体现了水市场的生态保护效益。

此外，澳大利亚水市场具有集中的交易场所、固定交易平台和灵活的中介机构，绝大部分水权交易都是在交易平台上通过中介机构撮合完成。作为维多利亚州最大的区域性用水机构，古尔本-布若垦流域（Goulburn Broken）早在1998年就建立了北维多利亚州水资源交易系统（NVWE），构建了统一的交易平台。通过该平台，灌区管理单位可以获取市场中的水权交易需求，管理水权和交易挂牌信息，联络并撮合市场中的买卖双方。与此同时，该平台定期发布水权价格信息以及水资源的市场交易状况，协助交易者根据当前的市场信息做出交易决策。该交易平台采用集市型交易模式，以周为单位，每周进行一次集市撮合。在一次集市交易中，买卖双方仅被允许提交一次交易申请，如果交易不成功则修改报价参与下一次集市。集市型水权交易中，交易主体为农业用水户。集市交易通常情况下每周四上午 10 时开始，撮合结果在当天中午进行公示。交易的订单通常在每周周一进行提交，并可以在周四撮合之前对订单进行修改，以周四开市前的最新订单为准。集市开市后不允许修改交易订单。

交易者可以通过多种方式进行订单的提交，如电话、电子邮件、传真以及网页在线提交。按照本章8.4节描述的集市撮合与定价规则，交易平台对所有买家和卖家进行竞价排序，计算得到本次集市的均衡价格和成交水量。集市的撮合与定价过程包括：将集市中卖家的价格按照升序进行排列，最低报价的卖家在集市中可以优先交易，最高报价的卖家则被排在最后进行交易。相应地，将买家按照降序进行排列，最高价格的买家可以优先进行交易，最低报价的买家则排在最末位进行交易。市场通过竞价排序在价格约束与水量约束下搜寻本次集市的最大交易量及其对应的边际卖家和边际买家，以两者的平均价格为最终成交价格。

集市型水权交易在澳大利亚已经实施多年，其以周为单位的数据为我们分析市场的交易价格以及用户的交易行为提供了依据。此外，通过分析交易数据，可以研究交易双方对于水价变动的响应，也就是价格弹性的变化，可为更好地理解集市型水权交易的特点提供实际证据。

8.5.2 澳大利亚典型水市场的交易数据分析

本节通过分析澳大利亚水权交易活跃地区 2010—2016 年的水权集市交易结果，研究澳大利亚水权市场的交易结构及年际变化特征，分析水市场中交易者的报价行为及交易双方的价格弹性，实证集市型水权交易的有效性。

在澳大利亚最大的流域——墨累-达令河流域，北维多利亚州水库供水区（Northern Victoria Regulated）的水市场最为活跃。在该区域内，古尔本-布若垦流域内的水权交易最为频繁。本节分析该流域 2013 年 7 月至 2016 年 6 月的集市型水权交易数据，研究用户的交易行为及市场的交易效率。

在古尔本-布若垦流域，用水户主要为农业用户，农业生产主要包括乳制品业、肉禽养殖、羊毛加工、灌溉种植、农林业种植以及逐步扩张的葡萄酒加工产业。水市场的主要参与者是对农业产品产量及价格敏感的用户。水市场中的买家通常为用水效益较高的奶制品生产和肉禽养殖业的大型农场主，而卖家则通常为进行作物或牧草种植的农户。在这样的产业结构中，卖家较为零散，而买家则较为集中。目前灌区内已经实现了渠道自动化灌溉和用户用水的自动监测及数据远程传输，这为水权交易的实施提供了有力的基础设施和技术保障。

8.5.2.1 交易者数量

水市场中的交易者数量是表征市场活跃程度的重要指标。以维多利亚州古尔本-布若垦流域的古尔本灌区为例，分析 2013 年 7 月至 2016 年 6 月灌区内参与水权交易的用户数量变化，如图 8-5 所示。

分析图 8-5 可以看出，集市中的交易者数量呈现周期性变化。每年 6 月（澳大利亚为秋末冬初）为最高值，1—3 月（澳大利亚为夏季）可以达到次高峰，7 月和 4 月均达到了一年交易者数量的最小值。分析其原因可能是灌区内水权交易的参与者主要是农业用户，农户用户生产活动和用水具有一定的周期性，导致水市场的活跃程度也相应具有一定的周期性。每年 1—3 月为澳大利亚的旱季，此时气候干旱，水资源短缺，用水紧张，市场中的交易行为较为活跃，农户希望通过购买提高供水保证率以应对可能发生的进一步的干旱。此外，澳大利亚灌区的供水从每年 7 月开始到次年 6 月结束。在每年 6 月年度供水结束时核算全年水权配水量和用水量。次年 7 月后，农户当年的结余水权将被清零并获得新一轮的配水。因此，在每年年末，用户可以明确知晓今年的水权是否有结余，具有充足的信心和动力参与水市场出售结余水量。相应地，7 月份刚刚开始新一年的配水和供水，受水文不确定性影响，农户无法确定未来

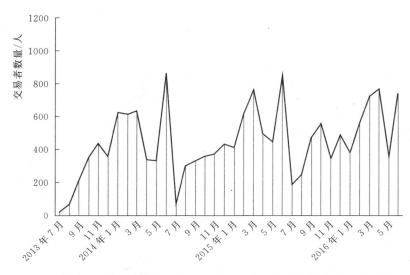

图 8-5 2013 年 7 月至 2016 年 6 月古尔本灌区水权交易者数量变化图

是否干旱及当年的水权配水是否充足。在这种情况下，农户在水市场中采取厌恶风险的保守行为，水市场活跃度较小。通过以上分析可以看出，水文不确定性导致的缺水风险以及市场参与者的风险承受能力对用户参与水市场的活跃程度具有显著的影响。

8.5.2.2 交易量与交易平均价格

2013 年 7 月至 2016 年 6 月澳大利亚古尔本灌区水市场的交易量和交易平均价格变化情况见图 8-6 和图 8-7。由图 8-6 可以看出，水权的成交量呈现周期性变化。成交量的峰值出现在 6—7 月，而 1—3 月通常位于低谷期。这与场中参与人数变化趋势不同，成交量的峰谷变化与市场参与人数变化的峰谷不一致。

原因可能是，1—3 月是澳大利亚的旱季，用户的用水可靠性均处在较低水平。这自然促使交易者进入市场参与交易，市场活跃程度在此时达到了较高的水平。然而，水资源在市场上普遍供给不足，导致了市场中的活跃者多为买方，此时单方的活跃并不能造成市场整体成交量的提升，恰恰相反，由于市场供给的严重不足，市场内的成交量较低，造成 1—3 月的成交量低谷。类似地，水权成交量在 6—7 月出现高峰，主要是由于该时段处于澳大利亚的冬季，农业配水和灌溉临近结束，灌溉用水量较小，用水可靠性较高。通过全年水量账户核算，农户可以确定当年的水权使用量和结余量，因此更有信心参与水市场交易、卖出结余水量。

通过上述交易数据可以看出，在水市场中，用户的用水保证程度对交易量有显著的影响。在市场普遍缺水的情况下，容易形成强大的买方市场。此时，

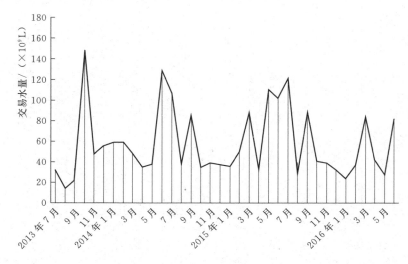

图 8 - 6　2013 年 7 月至 2016 年 6 月古尔本灌区水权交易量变化图

虽然市场中的参与者较多，但成功交易的较少，这也就导致了市场成交量与市场活跃程度的不匹配。与此相反，在水市场供水充足、卖家较多的情况下，才能真正实现交易量的提升，市场交易具有较高的交易质量。

在交易平均价格方面，根据图 8 - 7 所示，交易平均价格总体上呈现逐年递增的趋势。但从局部上看，交易平均价格的波动同样呈现一定的周期性，表现在每年 1—3 月会出现一个小的峰值，而在 6—7 月会相应地有所下降。这一周期性表现与成交量的变化趋势基本相同。从整体趋势上讲，交易的平均价格逐年增加且 2016 年维持在较高的水平。造成这一现象的原因主要有两点：①自 2015 年以来澳大利亚墨累-达令河流域面临持续的干旱，导致灌区内用水可靠性普遍降低，用户的用水成本提升，进而造成水权价格的迅速上涨；②农户的用水效益有所提升，能够承受更高的购水成本，这也是近年来维持较高水价的可能原因。由此可以看出，来水的可靠性和供水的保证率对水权交易价格具有显著的影响。当来水可靠性高、供水充足的时候，水价相对较低；相反，干旱季节水价偏高。

综上所述，在澳大利亚集市型水权交易系统中，供水可靠性和用户的风险偏好对市场交易的形态（交易量和交易价格）具有显著的影响。在供水可靠性较高或者用户风险偏好较小的情况下，整个市场内的交易会呈现出活跃的状态。相反，当流域内用水保障程度较低，市场中的用户面临较大的缺水风险时，水市场则会相对疲软，交易量较低。对比图 8 - 5、图 8 - 6 和图 8 - 7 可知，在评价水市场活跃程度的时候，如果仅仅依据市场内交易者的数量进行判断，很可能会得到"市场繁荣"的假象，即市场中参与水权交易的用户很多，

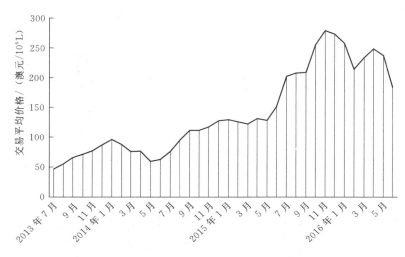

图 8-7　2013 年 7 月至 2016 年 6 月古尔本灌区水权交易平均价格变化图

而实际的成交量却很低。也就是说，对于水市场而言，保持水资源的供需平衡才是维持市场繁荣、提升市场活跃的关键因素。供给或者需求不均衡的水市场，无论是以卖方为主体还是以买方为主体，最终都会造成"有人无市"的现象发生。

8.5.2.3　交易类型

图 8-8 和图 8-9 对古尔本灌区的交易水量和交易参与者的数量进行了分类。图中，"商业交易"是指采用集市型交易模式进行的农户之间的灌溉水权交易；"场外交易"是指在集市型水权交易平台以外，农户之间通过私下联系或者询价协商等方式进行的"一对一"交易；"环境交易"是指政府作为买水者，向农户购买灌溉水权以补充生态用水。从图 8-8 中可以看出，集市中农户之间商业交易量所占的比例较小，约为总交易水量的 1/4；而以政府和环境水权持有者为主体的环境交易占据近一半的交易量。从交易者的数量来看，由图 8-9，集市中的商业交易用户占市场总用户的近 2/3，而政府和环境水权持有者的数量约为市场用户总数量的 1/100。由此可见，澳大利亚古尔本灌区的水市场具有以下特征：

（1）数量众多的散户是水市场的主体，是支撑市场活跃性的关键。

（2）数量较少的特定主体，主要为政府和环境水权持有者，通过回购灌溉水权补充生态用水，提供了市场交易量的最大份额。

（3）水市场具有很强的生态补偿功能。通过市场交易增加环境流量已成为澳大利亚水市场的重要特征。

（4）市场中存在一定数量的场外交易。集中化、固定场所的集市型交易可很好地兼容场外市场，并对场外交易给予一定的价格信息和指引，提高交易效率。

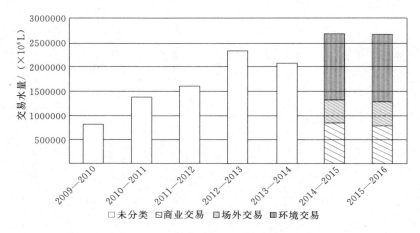

图 8-8　古尔本灌区水权市场各类型交易水量变化图

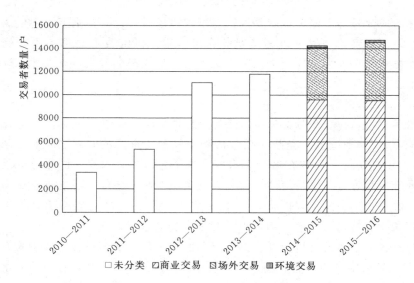

图 8-9　古尔本灌区各类型交易者数量变化图

8.5.3　澳大利亚水市场特征分析

首先，散户对于维持水市场的稳定具有十分重要的意义。水市场中的散户作为市场交易最重要的主体，虽然在交易中承担的水量份额不是最大，但其交易行为构成了市场运行的基础。散户通过集市型水权交易确定的交易价格为其他两类交易者（场外交易和环境交易）进行报价和协商提供了重要参考。除此之外，数量庞大的散户也是保障市场流动性的重要因素。散户的积极交易可以增强其他用户对水市场的信心，进而减轻水文和用水不确定性造成的市场价格与交易量的波动。在集市交易中，散户的订单份额相对较小，用户的报价差距也相对较小，因而能够对市场变动做出灵活的响应，有效地降低市场风险。广泛参与的散户是水市场中最重要的主体，为市场的发育、集市价格的确定以及市场整体的稳定都提供了重要的保障。

其次，在市场中也存在一定数量的场外交易，它是集市型水权交易的有效补充。由于在水资源交易过程中不同的交易者有着不同的交易偏好，而这种偏好差异在集市的集中撮合下有时难以体现，而场外交易能够很好地应对交易者的偏好要求。此外，由于购买报价过低或者出售价格过高，在集市中未能成功交易的水权交易者可以选择在场外进行一对一协商，继续进行交易。这样可以降低交易者再次参加下一场集市的成本，规避集市交易再次不成功的风险。因此，场外交易是集市型交易的重要补充和延续，在水市场中具有不可或缺的作用。与此同时，集市交易的结果和撮合的均衡价格可为场外交易定价提供参考，两种交易模式互为支撑。

再次，作为水市场中交易份额最大的主体，环境水权持有者（通常为政府）是支撑水市场交易的重要力量。在澳大利亚古尔本灌区水市场中，环境水权持有者的数量相对较少，但其购买的水量体积较大，对支撑市场运行起到了举足轻重的作用。政府通过水市场向农户购买灌溉水权以增加河流生态流量，通过市场机制保障了生态环境用水，发挥了水市场的社会效益。在我国，主要以行政手段配置水资源和保障生态环境用水，但是由于水资源系统的复杂性以及生产和生态用水的竞争性需求，在保障生态用水和河流健康的过程中往往面临诸多阻碍，如生态流量指标难以落实、生态用水配置和监测不到位，等等。从澳大利亚水市场的经验看，政府出资购买农业灌溉水权并回补生态，基于市场规则有效缓解了生产和生态用水的竞争性矛盾，在恢复生态的同时保障了农民的用水权益，对农民进行了补偿，有效减少了落实生态用水过程中的阻碍。

综上所述，澳大利亚典型水市场中具有商业交易的散户、场外交易的交易者及购买生态环境用水的公共机构。这三者的协调配合维持了水市场的有机运转。商业交易的散户是市场中最重要的主体，是保持市场稳定性和流动性的基础。环境保护交易者，是实现水市场社会效益的重要主体，通过市场交易实现生态环境用水的有效保障。这些交易者具有最大的交易份额，对于市场的稳定和持续运行具有十分重要的作用。场外交易作为集市型交易的重要补充，为水权交易询价和协商提供了更加灵活的途径。三种交易有机配合，共同实现了水市场的有效性。

8.5.4　澳大利亚水市场交易行为分析

交易行为主要指用户在集市型水权交易中的报价活动。用户在开市之前提交交易申请，给出交易报价和购水量或者出售量，经过集市的统一撮合达成交易。

下面对交易的价格弹性作一分析。

价格弹性指需求量或者供给量对于价格的弹性，表征某一产品价格变动时，需求量或者供给量变化的敏感程度。分析市场中产品的价格弹性，对市场运行趋势的分析、计算、预测和交易决策具有一定的参考价值。水权交易市场作为典型的经济资源交易市场，其价格弹性具有一定的独特性。一方面，水资源作为生产生活的必需品，在很多情况下交易者对于水资源的需求为刚性需求，弹性较小；另一方面，水市场作为调节资源配置的重要手段，为充分发挥市场的优势，实现资源的高效流动和整体用水效益的提高，要求水资源具有一定的价格弹性。如何设计水权交易的价格弹性，是水市场建设中的重要技术问题。

本节以 2014 年 7 月至 2016 年 6 月古尔本灌区的交易数据为基础，分析澳大利亚集市型水权交易中交易者的价格弹性情况。假设交易者订单中的价格为其真实的水资源利用价值，交易量为实际需要交易的水量，即交易中不存在交易者的策略性行为。以月为单位，拟合集市中的报价与交易水量，得到交易者的价格弹性。

假设灌区内的需求（买水）价格弹性为 ε_D，则有：

$$DQ_i = \alpha_0 + \varepsilon_D \cdot PB_i + u_i \qquad (8-52)$$

式中：DQ_i 为各个交易订单中的买水量；PB_i 为各个交易订单中所报的买水价格。

以月为单位，采用最下二乘法对用户的交易订单进行回归，得到各个月的需求（买水）价格弹性，建立买水价格弹性的变化曲线，如图 8-10 所示。

分析买方需求弹性变化图可以发现，水权交易与一般的商品不同，集市型水权交易市场中的需求价格弹性呈现一定的周期性，具有明显的年内变化特征。造成这一特征的原因是水资源供给和需求在一年内是变化的。来水的周期性和不确定性造成了用户的资源禀赋在年内发生变化，进而影响了买方的需求弹性，产生了以年为尺度的周期变化特征。在图 8-10 中，交易者的需求价格弹性为负值，随着交易价格的上升，交易量减少，这符合市场中对于理性消费者需求变化曲线的一般预期，说明澳大利亚集市型水权交易市场中交易者的行为是理性的。

进一步分析水交易市场中消费者需求弹性变化特点可以看出，市场中消费

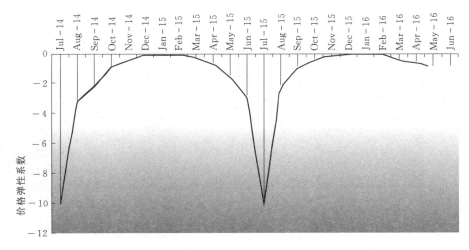

图 8-10　2014 年 7 月至 2016 年 6 月买方需求价格弹性变化图

者的需求弹性在 6—8 月达到最大，在 12 月至次年 2 月几乎为零。6—8 月为澳大利亚的冬季，当年配水和灌溉接近尾声，水资源的需求量和来水的不确定性均相对较小，与此同时，水量供给一般较为充足，导致形成一个供过于求的市场，买方主导了市场的交易。在该市场中，买方处于强势地位，对价格的敏感程度较高，需求弹性较大，此时的买方希望通过尽可能地压低价格从而降低购水成本、提高收益。在 12 月至次年 2 月，澳大利亚处于夏天，高温干旱，作物用水激增，灌溉需求强烈，市场中需求量较大而供给量较少。在这种情况下，水资源作为生产的必需品，需求者面临刚性需求，从而带来了几乎为零的需求价格弹性。此时卖方主导了水权市场，具有更高的定价能力。卖方通过自身定价与刚性需求的消费者进行交易，而消费者不得不为此付出高昂的成本。

　　类似地，分析澳大利亚古尔本灌区的卖方供给弹性，根据 2014 年 7 月至 2016 年 6 月的数据，以月为单位，拟合集市中的报价与交易水量，得到交易者的价格弹性。假设灌区内的供给价格弹性为 ε_S，则有：

$$SQ_i = \beta_0 + \varepsilon_S \cdot PS_i + e_i \tag{8-53}$$

式中：SQ_i 为各个交易订单中的供给量；PS_i 为各个交易订单的卖水价格。

　　以月为单位，采用最小二乘法对用户 2014 年 7 月至 2016 年 6 月的交易订单数据进行回归，得到各个月的供给价格弹性，建立供给弹性的变化曲线，如图 8-11 所示。

　　与买方需求曲线相类似，卖方供给曲线也呈现周期性变化，在 4—6 月弹性较大，在 12 月至次年 2 月供给弹性几乎为零。在 4—6 月，接近水量配置和调度年的末尾，此时农户的年度配水量和用水量基本明确，结余水量信息确

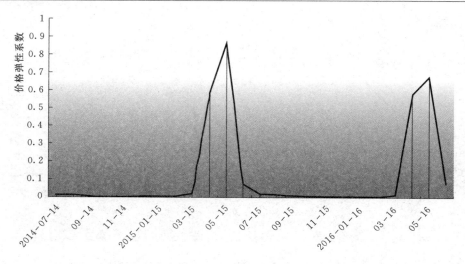

图 8-11　2014 年 7 月至 2016 年 6 月卖方供给价格弹性变化图

定；次年 7 月后，农户当年的结余水权将被清零并获得新一轮的配水。因此，在每年年末，农户具有充足的信心和动力参与市场，出售结余水量。此时，卖水者水量较多，市场竞争条件下，导致供给方的价格弹性较大；在 12 月至次年 2 月的夏季，高温干旱导致供水普遍紧缺，卖水者的水量较少，供给的价格弹性几乎为零。

　　此外，对比图 8-11 和图 8-12 可以看出，卖方的供给价格弹性明显低于买方的需求价格弹性。这主要是因为，澳大利亚古尔本灌区水市场中的交易者主要是农户，水资源对于灌溉农户而言是生产的必需品，且农户的风险厌恶程度较高。所以在市场中，农户往往在用水保证性得到充分满足的情况下才会进入市场进行交易，出售多余的水量。农户主要将其水权量用于农业生产，一般情况下只在具有多余水量时才考虑出售，水权出售行为对水市场价格的敏感性较小。这是导致市场中卖方的供给价格弹性相比需求价格弹性较小的主要原因。

　　由此可见，即便是在市场化程度相当高的澳大利亚，水市场也是水资源配置的补充手段而非水资源配置的主要措施。这表现在市场中卖方主体的市场化程度相对较低。一般情况下，卖方在自身生产用水需求得到满足且具有多余水量的情况下才会在市场上出售水权。这是水市场和一般商品市场的本质区别。

　　综上所述，本节通过分析澳大利亚古尔本灌区的水权交易数据，得到了市场内交易者数量、交易量和交易平均价格的周期性变化特征，分析了水市场特征年内变化的内在原因，发现灌区市场一般以买方为主导，人数众多的买方具有较高的价格弹性，具有较好的市场灵活性。而卖方通常人数较少，风险厌恶程度较高，只有在用水得到高度保证时才会出卖多余水量，导致供给的价格弹性较低。这充分证明了水权交易市场不是完全的商品市场，是建立在水资源利用和生产活动基础上的次级市场。水文不确定性和用水的刚性需求，造成诸如交易者数量、交易量和交易平均价格等市场要素在一年内呈现周期变化，导致在不同季节交易者的价格弹性也不同，且买水方的价格弹性明显高于卖水方的价格弹性，这构成了水市场区别于一般商品市场的本质特征。

8.6 集市型水权交易算法的改进——耦合用户空间位置的集市交易

本节结合中国农村灌区的水量分配和灌溉用水情况，对集市型水权交易算法进行改进，提出耦合用户空间位置的集市型水权交易改进算法，提高集市型水权交易在我国灌区的适用性，为该方法在我国的实践推广提供参考。

前文所述的传统集市型水权交易，以最大成交量为交易目标，对买卖双方进行竞价排序和顺序撮合。其控制变量是交易参与者的交易水量和报价。在这个过程中，处在灌区任何位置的农户，可同时参与到相同的集市中提交报价，完成水权交易。在这种情况下，集市中可能会出现有些买水者和卖水者由于距离较远或处在不同的灌溉渠道，交易撮合后供水渠道等配水系统难以完成配水。因此，集市交易应当考虑交易水量的调度可实施性，要求参与集市的买家和卖家在空间上位于相同或者相近的供水区域，以降低交易撮合后的水量调度成本。

耦合用户位置信息的集市型水权交易算法是在传统的集市型算法基础上增加用户的位置信息。在集市撮合匹配的过程中，通过分析水权交易申请者的位置，结合我国水资源行政管理的科层结构，以空间位置相近且隶属于同一水行政管理部门的用水户优先进行匹配为原则，进行集市撮合和定价。通过将用户位置信息和水资源管理结构信息加入到集市撮合过程中，撮合得到的交易双方具有空间距离较近、水量调度管理方便等特点，降低了交易之后的水量调度成本。

耦合用户位置信息的集市型水权交易算法，首先搜集集市交易申请者的地理位置和上级水资源管理部门的隶属关系数据，建立用户之间空间拓扑结构，对隶属于同一水资源管理部门的用水户进行聚类。交易管理部门根据灌区内作物种植结构以及各个用水个体或单位的交易需求确定集市交易进行的时间，具有水权交易意愿的用水个人或单位在规定的时间内提交或取消交易的申请。参与水权交易的个人或单位的交易申请中需要包括交易需求为买入还是卖出、参与交易的水权的量、单位水权的价格，以及交易者在整个水资源管理体系中的位置信息。然后按照传统的集市竞价算法，对参与集市的所有用户进行竞价排序并计算累计的买水量和卖水量；随后以交易量最大为原则，按照序列进行交易撮合并计算均衡价格；最后，在交易成功的买水者和买水者序列中，以空间距离最小且隶属于同一水资源管理部门的用水户优先达成水权交易为原则，进行买卖双方的匹配。

耦合用户空间位置信息的集市型水权交易算法的独创之处在于其基于位置信息的交易匹配。系统根据灌区水资源管理的实际结构建立基于成功交易者位置信息的拓扑结构，将水权交易申请中的位置信息与已有拓扑结构对应起来，确定在实际交易操作中买卖双方匹配的优先级，进行交易匹配。在同等条件下，拓扑结构图中处于最下层的同一集合内的买卖双方进行交易，未能成功在此集合匹配的交易者则自动进入上层集合进行匹配，最终实现全部交易者的成功匹配。该方法通过同一地区或处于同一管理部门辖区内的交易者的优先匹配，通过分层管理降低了水资源管理部门的管理成本以及输水和配水过程的成本。

以灌区水权交易为例，如图8-12所示，其中最小层级为用水小组，往上依次为用水者协会、灌区和流域。根据位置信息的拓扑结构图，将按照交易报价和竞价排序撮合成功的所有交易者纳入到相应的集合中，进行买卖双方的匹配。

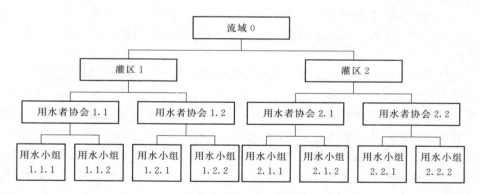

图8-12　用户位置层级结构图

以图8-12中用水小组1.1.1为例进行说明。假设位于用水小组1.1.1且在集市中成功交易的卖家为$m_{1.1.1}$，成功交易的买家为$n_{1.1.1}$。此时计算集合内的剩余水量 $\sum\limits_{i=1}^{m_{1.1.1}} \alpha_i - \sum\limits_{j=1}^{n_{1.1.1}} \beta_j$。

（1）如果 $\sum\limits_{i=1}^{m_{1.1.1}} \alpha_i - \sum\limits_{j=1}^{n_{1.1.1}} \beta_j = 0$，则该用水小组可以实现小组内的完全匹配。

此时集市算法在该小组内进行随机的交易匹配，无需进行下一级的交易匹配。

（2）如果 $\sum_{i=1}^{m_{1.1.1}} \alpha_i - \sum_{j=1}^{n_{1.1.1}} \beta_j \neq 0$，此时需要进行下一级的交易匹配。在该条件下判断 $\sum_{i=1}^{m_{1.1.1}} \alpha_i$ 与 $\sum_{j=1}^{n_{1.1.1}} \beta_j$ 的相对大小，确定剩余交易者的交易属性。如果 $\sum_{i=1}^{m_{1.1.1}} \alpha_i > \sum_{j=1}^{n_{1.1.1}} \beta_j$，表示卖家剩余，此时在用水小组 1.1.1 内可以完成买家的完全匹配，并将剩余卖家提交至下一层级，即用水者协会进行匹配。也就是说，在这种情况下，位于用水小组 1.1.1 内的集市撮合成功的卖家在小组内无法全部售出水量，需要到用水小组 1.1.1 所处的上级用水者协会的其他用水小组中匹配买水者。类似地，如果 $\sum_{i=1}^{m_{1.1.1}} \alpha_i < \sum_{j=1}^{n_{1.1.1}} \beta_j$，则表示为买家剩余，集市算法会首先完成小组内卖家的完全匹配，并将剩余的买家提交到下一层级进行匹配。

（3）用水者协会收集所有来自上一层级的剩余交易申请进行集中处理，并采取类似的方法进行匹配，如本层级内部无剩余则可实现交易的完全匹配；如有剩余，则将剩余申请提交下一层级进行处理，依此类推，最终实现交易的完全匹配。

耦合用户位置信息的集市型水权交易模式，有效解决了传统集市型水权交易对用户空间位置差异考虑不足造成的交易后水量调度不便的问题。相比传统的集市型交易算法，耦合空间位置的集市交易不仅仅给出集市交易的均衡价格、成交总水量以及成功的交易者列表，还可以回答具体是哪个卖家把水卖给了哪个买家，按照空间距离最近且隶属于相同水资源管理机构的原则，实现了买卖双方的一对一匹配。这种基于位置信息的匹配结果，可以赋予交易者买卖双方的信息，让卖家知晓到底把水卖给了哪个买家且对方距离很近。这在中国农村灌区用水者协会之间或者农户之间的水权交易中非常重要。在中国农村，由于乡村治理、乡土文化以及水资源管理体制等社会因素的影响，农户更加倾向于将水量出售给相距较近且熟识的对象。而传统的集市型交易方法单纯按照报价进行交易撮合，无法满足中国农村水权交易的这种社会性需求。相反，基于位置信息的集市匹配结果则可以消除农户对于"水权远售"的心理担忧，增加了农民参与水市场的积极性和信心，也降低了管理部门的水量调度和输送成本。

8.7 小结

在集市型水权交易中，买卖双方背对背地提交交易申请，交易算法以最大成交量为原则对集市中的交易申请进行集中匹配和统一定价。水权交易的参与者提交交易申请后，所有购买和出售的水量及其报价都汇集到水权交易中介机构，中介机构通过竞价排序在价格约束与水量约束下搜寻本次集市的最大交易量以及其对应的边际卖家与边际买家，以两者的平均价格为最终成交价格。在一次集市交易中，买卖双方仅允许提交一次交易申请，如果交易不成功则修改报价参与下次集市。较面对面的直接交易或者现场喊价模式，集市交易提高了交易的灵活性，减小了交易成本。

本章建立了基于 HARA 函数的水权交易经济效益模型和集市型水权交易的一般均衡模型。通过理论计算推导得出了集市性水权交易的均衡结果具有高效性和稳定性的特点。分析得出了集市型水权交易的结果为帕累托最优的结论，即集市型交易在实现个体收益最大化的同时实现了整个市场福利的最大化。此外，本章建立了集市交易中撮合和定价流程的数学表达，计算了市场中交易者的综合收益，得出了集市型交易模式下参与者的最优报价策略，给出了报价策略与用水效益及预期报价的函数关系，评价了交易者在风险和收益转化过程中的决策行为及其内在机理。

本章基于澳大利亚古尔本灌区集市型水权交易的历史数据，分析了市场内交易者数量、交易水量和交易平均价格的周期性变化特点以及周期内的变化特征，得到了澳大利亚集市型水权交易市场中买方活跃程度较高、自身资源配置能力较强，而卖方的活跃程度较低、风险厌恶程度较高、自身资源配置能力较弱的不均衡的市场结构，这为我国进一步完善水市场制度提供了新的视角。最后，针对我国流域与区域管理相结合的水资源管理机制特点，提出了耦合用户空间位置的改进的集市型水权交易算法。该算法在集市竞价匹配中增加了用户空间距离最近或水资源区域管辖范围趋同的原则，空间距离较近或者隶属于同一水资源管理机构的用户在满足竞价规则的前提下，优先进行水权交易。

参考文献

安新代，殷会娟.（2007）.国内外水权交易现状及黄河水权转换特点［J］.中国水利，(19)：35-37.

陈贺，杨志峰.（2006）.基于效用函数的阶梯式自来水水价模型［J］.资源科学，28(1)：109-112.

陈洪转，羊震，杨向辉.（2006）.我国水权交易博弈定价决策机理［J］.水利学报，37(11)：1407-1410.

陈锋.（2002）.水权交易的经济分析［D］.

邓晓红，钟方雷.（2010）.水权交易多轮一阶密封投标拍卖定价研究［J］.中国农村水利水电，(3)：117-120.

董锋，韩立岩.（2006）.中国股市透明度提高对市场质量影响的实证分析［J］.经济研究，(5)：87-96.

胡鞍钢，王亚华.（2001）.从东阳-义乌水权交易看我国水分配体制改革［J］.中国水利，(6)：35-37.

黄锡生，邓禾.（2003）.澳大利亚和美国水权制度的启示［C］.2003年中国环境资源法学研讨会，武汉.

金海，姜斌，夏朋.（2014）.澳大利亚水权市场改革及启示［J］.水利发展研究，14（3）：78-81.

孔珂，解建仓，岳新利，等.（2005）.水市场的博弈分析［J］.水利学报，(4)：491-495.

李海红，王光谦.（2005）.水权交易中的水价估算［J］.清华大学学报（自然科学版），(6)：768-771.

李平，曾勇.（2006）.封闭式与开放式集合竞价机制下的价格发现分析［J］.系统工程理论与实践，26（2）：10-18.

马晓强，康佳楠.（2011）.跨部门水权转换的理论阐释及其政策含义——以宁夏为例［J］.开发研究，155（4）：71-74.

潘闻闻，吴凤平.（2012）.水银行制度下水权交易综合定价研究［J］.干旱区资源与环境，26（8）：25-30.

王浩，王建华.（2012）.中国水资源与可持续发展［J］.中国科学院院刊，27（3）：352-358.

王小军.（2008）.加利福尼亚州水权制度［J］.南水北调与水利科技，6（3）：107-111.

汪恕诚.（2001）.水权和水市场——谈实现水资源优化配置的经济手段［J］.水电能源科学，(1)：1-5.

王为人，屠梅曾.（2006）.基于回流模型的水权双方叫价拍卖分析［J］.水利学报，(1)：115-119.

赵连阁，胡从枢.（2007）.东阳-义乌水权交易的经济影响分析［J］.农业经济问题，28（4）：47-54.

谢文轩，许长新.（2009）.水权交易中定价模型研究［J］.人民长江，40（21）：101-103.

张利平，夏军，胡志芳.（2009）.中国水资源状况与水资源安全问题分析［J］.长江流域资源与环境，18（2）：116-120.

Alfonsi A., Fruth A. and Schied A.（2010）. Optimal execution strategies in limit order books with general shape functions［J］. *Quantitative Finance*, 10（2）：143-157.

Bekchanov M., Bhaduri A. and Ringler C.（2015）. Potential gains from water rights trading in the Aral Sea Basin［J］. *Agricultural Water Management*,（152）：41-56.

Bousquet F., Bakam I. and Proton H., et al.（1998）. Cormas: Common-pool resources and multi-agent systems［C］. *International Conference on Industrial and Engineering Applications of Artificial intelligence and Expert Systems: Tasks and Methods in*

Applied Artificial Intelligence. Springer – Verlag，826 – 837.

Brooks R. and Harris E. (2008). Efficiency gains from water markets: empirical analysis of Water move in Australia [J]. *Agricultural Water Management*，95（4）：391 – 399.

Connell D. and Grafton R. Q. (2011). Water reform in the Murray-Darling Basin [J]. *Water Resources Research*，2011，47，W00G03.

Erfani T.，Binions O. and Harou J. J. (2014). Simulating water markets with transaction costs [J]. *Water Resources Research*，50（6）：4726.

Gohar A. A. and Ward F. A. (2010). Gains from expanded irrigation water trading in Egypt: an integrated basin approach [J]. *Ecological Economics*，69（12）：2535 – 2548.

Grafton Q. R. and Horne J. (2014). Water markets in the Murray – Darling Basin [J]. *Agricultural Water Management*，(145)：61 – 71.

Grafton Q. R.，Squires D. and Fox J. K. (2000). Private property and economic efficiency: a study of a common – pool resource [J]. *The Journal of Law and Economics*，43（2）：679 – 713.

Hadjigeorgalis E. and Lillywhite J. (2004). The impact of institutional constraints on the Limarí River Valley water market [J]. *Water Resources Research*，40（5）. W05501.

Harou J. J.，Medellínazuara J. and Zhu T. J.，et al. (2010). Economic consequences of optimized water management for a prolonged, severe drought in California [J]. *Water Resources Research*，46（5）：567 – 573.

Howe C. W.，Schurmeier D. R. and Shaw W. D. (1986). Innovative approaches to water allocation: the potential for water markets [J]. *Water Resources Research*，22（4）：439 – 445.

Hung M. F.，Shaw D. and Chie B. T. (2014). Water trading: locational water rights，economic efficiency and third – party effect [J]. *Water*，6（6）：723 – 744.

Khan S.，Dassanayake D. and Mushtaq S.，et al. (2010). Predicting water allocations and trading prices to assist water markets [J]. *Irrigation and Drainage*，59（4）：388 – 403.

Jonas Luckmann，Dorothee Flaig and Harald Grethe，et al. (2016). Modelling sectorally differentiated water prices – water preservation and welfare gains through price reform [J]. *Water Resources Management*，30（7）：2327 – 2342.

Li Y. P.，Liu J. and Huang G. H. (2014). A hybrid fuzzy – stochastic programming method for water trading within an agricultural system [J]. *Agricultural Systems*，123（2）：71 – 83.

Lumbroso D. M.，Twigger – Ross C. and Raffensperger J.，et al.（2014）. Stakeholders' responses to the use of innovative water trading systems in East Anglia England [J]. *Water Resources Management*，28（9）：2677 – 2694.

Madhavan A. (1996). Security prices and market transparency [J]. *Journal of Financial Intermediation*，5（3）：255 – 283.

Moore S. (2014). The development of water markets in China: progress, peril and prospects [J]. *Water Policy*, 17 (2): 253 - 267.

Murphy J. J., Dinar A. and Howitt R. E., et al. (2000). The design of "smart" water market institutions using laboratory experiments [J]. *Environmental & Resource Economics*, 17 (4): 375 - 394.

Obizhaeva A. A. and Wang J. (2013). Optimal trading strategy and supply/demand dynamics [J]. *Journal of Financial Markets*, 16 (1): 1 - 32.

Qureshi M. E., Grafton R. Q. and Kirby M., et al. (2011). Understanding irrigation water use efficiency at different scales for better policy reform: a case study of the Murray - Darling Basin, Australia [J]. *Water Policy*, 13 (1): 1 - 17.

Qureshi M. E., Shi T. and Qureshi S. E., et al. (2009). Removing barriers to facilitate efficient water markets in the Murray - Darling Basin of Australia [J]. *Agricultural Water Management*, 96 (11): 1641 - 1651.

Raffensperger J. F. and Cochrane T. A. (2010). A smart market for impervious cover [J]. *Water Resources Management*, 24 (12): 3065 - 3083.

Reddy S. M. W., Mcdonald R. I. and Maas A. S., et al. (2015). Industrialized watersheds have elevated water risk and limited opportunities to mitigate risk through water trading [J]. *Water Resources and Industry*, (1): 27 - 45.

Robert Speed. (2009). Transferring and trading water rights in the People's Republic of China [J]. *International Journal of Water Resources Development*, 25 (2): 269 - 281.

Schreinemachers P. and Berger T. (2011). An agent - based simulation model of human - environment interactions in agricultural systems [J]. *Environmental Modelling & Software*, 26 (7): 845 - 859.

Straton A. T., Heckbert S. and Ward J. R., et al. (2009). Effectiveness of a market - based instrument for the allocation of water in a tropical river environment [J]. *Water Resources*, 36 (6): 743 - 751.

Turral H. N., Etchells T. and Malano H., et al. (2005). Water trading at the margin: the evolution of water markets in the Murray - Darling Basin [J]. *Water Resources Research*, 41 (7), W07011.

Vaux H. J., Howitt R. E. (1984). Managing water scarcity: an evaluation of interregional transfers [J]. *Water Resources Research*, 20 (7): 785 - 792.

Wheeler S., Loch A. and Zuo A., et al. (2014). Reviewing the adoption and impact of water markets in the Murray - Darling Basin, Australia [J]. *Journal of Hydrology*, 518 (2): 28 - 41.

Wildman R. A. and Forde N. A. (2012). Management of water shortage in the Colorado River Basin: evaluating current policy and the viability of interstate water trading [J]. *Journal of the American Water Resources Association*, 48 (3): 411 - 422.

Zaman A. M., Malano H. M. and Davidson B. (2009). An integrated water trading - allocation model, applied to a water market in Australia [J]. *Agricultural Water Manage-*

ment, 96 (1): 149 – 159.

Zhang J. (2007). Barriers to water markets in the Heihe River basin in northwest China [J]. *Agricultural Water Management*, 87 (1): 32 – 40.

Zeng X., Li Y. and Huang G., et al. (2014). Inexact mathematical modeling for the identification of water trading policy under uncertainty [J]. *Water*, 6 (2): 229 – 252.

Zuo A., Nauges C. and Wheeler S. A. (2015). Farmers' exposure to risk and their temporary water trading [J]. *European Review of Agricultural Economics*, 42 (1): 1 – 24.

第9章　水权交易互联网平台的设计及开发

水权交易互联网平台是用户发布水量购买和出售需求、管理水量账户、追踪水权交易进展的门户网站，是水资源管理单位或水权交易中介机构进行交易信息搜集、处理、撮合、管理和交易合同签署以及普通公众进行水权交易信息查询的电子商务平台。网站一般采用现代互联网技术，基于日趋成熟的电子商务平台构架，将水权交易和管理的业务流程电子化、网络化，为水权交易参与者、中介者、监管者以及公众提供水权交易、管理和研究的数据和信息服务。

9.1　开发水权交易互联网平台的意义

"互联网平台"这一概念，无论在互联网行业内，还是在法律界甚至在学术界，都存在很多不一致的说法。国家商务部于 2007 年发布的《关于网上交易的指导意见（暂行）》中提出"网上交易平台"的概念："（1）网上交易平台服务提供者，从事网上交易平台运营并为买卖双方提供交易服务。网上交易平台是平台服务提供者为开展网上交易提供的计算机信息系统，该系统包括互联网、计算机、相关硬件和软件等。（2）网上交易辅助服务提供者，为优化网上交易环境和促进网上交易，为买卖双方提供身份认证、信用评估、网络广告发布、网络营销、网上支付、物流配送、交易保险等辅助服务。生产企业自主开发网上交易平台，开展采购和销售活动，也可视为网上交易服务提供者。"国家工商总局于 2014 年发布的《网络交易管理办法》第三条中提出"第三方交易平台"的概念："本办法所称有关服务，是指为网络商品交易提供第三方交易平台、宣传推广、信用评价、支付结算、物流、快递、网络接入、服务器托管、虚拟空间租用、网站网页设计制作等营利性服务。"此外，在互联网行业实践以及其他有关的法律法规中出现的相关表述还有："网络交易平台""出版物网络交易平台""电子商务平台""第三方电子商务交易平台""电子商务第三方平台""网络餐饮服务第三方平台""网络食品交易第三方平台"等等。这些概念虽然各不相同，但经过仔细对比研读可以发现，其中大部分都强调了"第三方"这一概念。有些概念虽然没有明确提出"第三方"这个词，但也在表述中隐含着这一含义。

从经济学视角来看，与传统经济形态相比，互联网平台展现出了很多有新意的特征，包括生产者的边际成本大幅度降低，搜寻与匹配带来的交易成本大幅度降低，网络经济、批量生产带来的规模经济，流量、算法与数据等核心要素带来的范围经济以及与之相关联的增值服务等等。

9.1.1 便利信息交流，降低交易成本

互联网平台可以为水权供求信息的交流提供便利，节省买卖双方的信息沟通时间，降低交易成本。在当前的水资源管理机制中，水资源的评价和用水量的计量由水资源管理部门负责组织实施，用户的水权量和用水量等信息由当地水资源和灌溉管理部门独家占有，具体数据并不对公众开放。也就是说，用户尤其是农业灌溉用水农户，不知道其他用户的水权配水量和用水量信息，也就无从知道其他用户的水权盈亏，更无法判断其他用户是否有购买和出售水量的需求。因而，水市场中的供求信息不对称非常明显。这就造成用户在水市场中购买和出售水量时，不得不求助于具有信息优势的水资源管理部门，搜索潜在的卖水者或者买水者；此后，水资源管理部门将潜在的交易者介绍给该用户，通过一对一进行磋商和议价，最后完成交易并到管理部门签订合同和备案。在这个过程中，交易诉求信息首先从用户上报到管理部门，管理部门在数据库中搜索潜在交易者再把信息反馈给用户，用户和潜在交易者进行反复磋商和议价，再把达成交易的信息反馈给管理部门，信息交流的时间较长，成本很高。

水权的互联网交易平台可以显著减少水市场中信息的不对称性，实现信息自动和高效地传递和流转。在集市型水权交易中，用户无需与潜在交易者进行一对一的协商和讨价还价，只需在集市开市之前将自己的报价和水量需求提交给交易平台，之后便可等待交易结果。与此同时，水权交易中介或管理部门也无需在水权和用水数据库中逐个查找潜在交易者，只需在集市开市之前等待交易申请信息，在交易申请信息自动汇聚到平台上后，运行集市撮合功能，即可生成交易匹配结果。在这个过程中，水权买卖双方不用搜索对方信息，不用讨价还价，中介和管理部门也不用搜索潜在交易信息，也不用与交易双方进行协商，这大大降低了水权交易中的信息成本，非常有利于促进交易的产生和发展。此外，对于农业灌溉水权交易来说，由于中国农户的种植面积较小、农业水价偏低，农户之间水权交易的规模一般较小，水量少，收益低。因而，过高的交易成本会超出农户间水权交易的收益，阻碍交易发生。因此，通过互联网和电子商务技术建立交易平台，降低交易成本，对农户灌溉水权交易来说更为必要。

9.1.2 固定交易场所，激发交易动力

2016 年，水利部印发《水权交易管理暂行办法》（水政法〔2016〕156

号)，其中第七条提出："水权交易一般应当通过水权交易平台进行，也可以在转让方与受让方之间直接进行。区域水权交易或者交易量较大的取水权交易，应当通过水权交易平台进行。本办法所称水权交易平台，是指依法设立，为水权交易各方提供相关交易服务的场所或者机构。"第二十九条提出："水权交易平台应当依照有关法律法规完善交易规则，加强内部管理。水权交易平台违法违规运营的，依据有关法律法规和交易场所管理办法处罚。"

水权交易所不仅是买卖双方公开交易的场所，更为交易者提供多种服务。交易所可以随时向交易者提供在交易所挂牌的水权交易情况，包括成交价格和数量等信息，也可为用户提供其水权配水量和水量使用数据，为其水权交易决策提供参考。交易所制定各种规则对参加交易的用水户进行严格管理，对水权交易活动进行监督，防止操纵市场、内幕交易、欺诈客户等违法犯罪行为发生。交易所还要不断完善各种制度和设施，以保证正常交易活动持续、高效地进行。因此，固定的交易场所是水权交易正规化、正式化的必然需求，是水市场发育的必经之路。

此外，在我国水市场尚不普及，公众和用水户对水权交易尚不熟悉的情况下，设置固定的交易场所，建立水权交易所，开发水权交易平台，可以显性地表达水市场的存在和运行，形象化地为公众、用水户和水资源管理部门传达水市场的理念、结构和功能，从而强化宣传，激发用户参与水权交易的动力和信心，促进水市场的发育。

9.1.3　信息公开公示，规避交易风险

交易结果和市场动态信息的公示和发布，是互联网水权交易平台的主要功能之一。首先，交易结果的公开公示，可以为水权交易的公众和舆论监督提供支持，通过发挥公众参与的力量，对水权交易进行更深层次的监督，可以减轻交易的第三方影响。举例来说，在我国，对于农户之间的灌溉水权交易，交易结果的公开公示非常必要。由于农户灌溉面积较小且大部分灌区没有对单个农户的用水进行精确计量，用水计量基本只到行政村（或用水者协会）层面，因此，正式的水权交易只能在行政村（或用水者协会）之间开展，这就造成卖水的收益也只能汇到行政村（或用水者协会）的集体账户。由于缺乏每个农户的用水计量信息，因此难以辨识出售的水量归属哪个农户的节水，也就是说，无法精确计算出售的水量是由哪个农户的节水行为导致，也就无法将售水收益分配给相应的农户。一般来说，这种集体水权的出售，收益款大都以集体的名义用于行政村或用水者协会的水资源公共事务，如渠道维护和水量监测设备的购买等等。这就需要对水权交易信息公开公示。农户有权知晓村长或用水者协会会长的水权交易行为，以及水量出售收益款项的使用情况等等。基于互联网的

水权交易平台可为普通农户提供查询账号。农户可登录平台查询所在村或用水者协会的水权交易操作和结果，避免集体水权交易中代理人（村长或协会会长）擅自交易、以权谋私的风险。

9.2　交易平台的基本功能和数据流程

9.2.1　交易平台的基本功能

以甘肃省石羊河流域农业灌溉水权在线交易平台为例，水权交易平台的基本功能如图 9-1 所示，包括交易的撮合和管理、交易协议与合同管理、交易用户管理和数据后台等等。具体而言，平台提供集市型交易和"一对一"协议交易两种交易服务。对于集市型交易，平台的功能包括交易申请、审批、买卖出价排序和集市撮合、交易付款确认和合同生成；对于"一对一"协议交易，平台的功能包括买卖双方的交易信息公开挂牌、买卖双方在线互动协商（聊天室）、交易协议的在线签订和合同备份等。同时，考虑到流域内很多用户不习惯使用互联网进行水权交易，部分水权交易仍采用线下磋商的传统方式进行，平台提供对线下交易信息的管理和备份功能。对于已完成的线下交易，平台提供交易信息的录入和备份等合同管理功能，为交易参与者的信息查询和管理机构的交易监管提供支撑。

对于灌溉水权交易，平台提供农户、用水小组、用水者协会和灌区管理单位四级的账号系统，用于交易信息的申请、审理和反馈。对于具备农户用水计量监测的地区，提供农户层面的水量账号。农户可以登录账号查询其水权配水、已用水量和结余水量信息，并向用水小组或用水者协会提出水权交易申请，小组或协会审查交易申请后，通过平台的电子化办公系统，将交易申请和审批意见上报灌区管理单位进行下一步的交易撮合和合同签订。此外，交易平台需明确农户、用水小组、用水者协会和灌区管理单位的管辖关系，以便在农户或协会提交交易申请后，将相应订单流转给对应的管理单位进行审核和批准。只有具备管辖权限的灌区管理单位账户才能对其下属的用水者协会或农户的水权交易订单进行处理。

与其他电子商务平台类似，水权交易平台提供完善的账号管理、信息服务和数据处理功能，包括各层级账号的设置、管理和删除。用户和管理单位可通过平台管理员账号实现用户水量账户的添加和删除；管理单位可登陆平台发布水权交易结果、市场动态信息和相关新闻公告。此外，平台需要用户实时的水权量、配水量以及用水量信息，用以计算每个潜在交易者的水量结余信息，判断交易者是否有足够的水量出售。因此平台提供与当前水资源监测系统的接

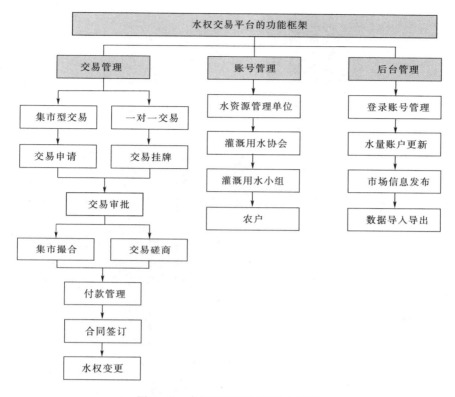

图 9-1　水权交易平台的基本功能

口，可以从灌区或流域水资源管理部门的数据库导入相关数据，用于水权交易的管理。

9.2.1.1　水权交易的申请

在水权交易平台中，交易申请的流程如图 9-2 所示。以农村用水者协会之间的灌溉水权交易为例，农户向用水小组或用水者协会提出交易申请，小组或协会审核申请后，以小组或协会为基本单位登录水权交易平台进行操作，生成水权交易订单。需要指出的是，在实际操作中，交易申请分为两种情况：一是农户对自己的水权有明确的认知且农户层面的用水量有精确计量。在这种情况下，农户提出个人交易申请，经由用水者协会审核，用水者协会相关管理人员登录平台，以用水者协会的账号向灌区管理单位提交交易订单；二是用水者协会内缺乏农户层面的用水计量，农户无法提出交易申请。此时，用水者协会管理人员根据协会整体的配水和结余水量情况，直接登录系统提交交易申请。这种情况下，农户能够以查询者身份登录系统进行交易信息的查询，监督用水者协会会长或村长水权交易的每个操作。

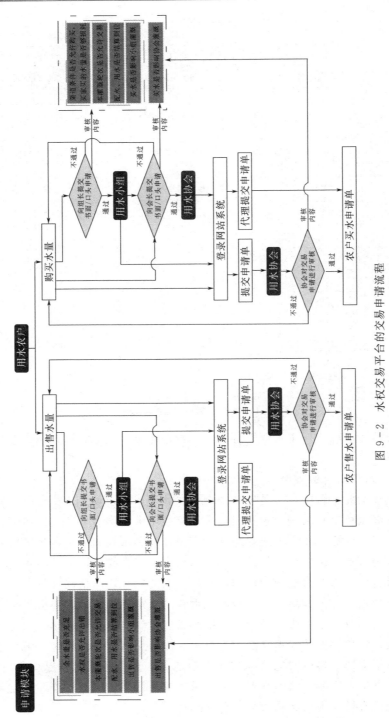

图 9 - 2　水权交易平台的交易申请流程

出售水权时，用水者协会需要考虑和审核的要素包括：农户或者协会是否有结余水量可供出售、配水和用水是否结算到位以及出售水量是否会影响本轮次的灌溉用水等等。类似地，购买水量时需要考虑和审核的要素包括：用水协会或农户所在的渠道是否能够输送购买来的水量、灌区本轮次灌溉对水权交易的影响，即在灌溉轮次间歇期间渠道没有水量输送的情况下如何购买水量并供水等等。此外，考虑到农户受教育水平有限以及对互联网和计算机不熟悉等因素，在用水者协会内部，农户可通过口头方式向用水小组或用水者协会管理人员提出交易申请，然后由小组或协会的管理人员登录网站系统提出正式的交易订单。在实践过程中，由于我国大部分灌区没有对农户层面的用水进行精确计量，定量化的用水计量一般止于行政村和用水者协会层面，因而灌溉水权交易的申请主要由用水者协会的管理人员，一般为协会会长提出。通过过去十几年的农业现代化建设和大型灌区节水改造，在我国广大农村，行政村和用水者协会的办公室已经基本普及了计算机和互联网，具备登录水权交易平台并进行水权交易操作的条件。

9.2.1.2　水权交易的审批

仍然以甘肃石羊河流域农村用水者协会之间的灌溉水权交易为例，水权交易的审批流程如图 9-3 所示。在石羊河流域，用水者协会一般以行政村为单位，对下属的农户进行灌溉配水和用水管理。用水者协会以上的水资源管理部门包括隶属当地乡镇政府的乡镇水资源管理办公室和隶属市县水务部门的灌区灌溉管理所和管理站。这些管理部门都需要登录水权交易平台对农村用水者协会提交的交易申请进行分级审核，审核的内容包括：出售或购买水量是否影响到本乡镇的农业灌溉，水权交易是否符合本乡镇水资源管理的相关规定，水权交易是否影响灌区灌溉管理站的配水和用水计划，以及是否违反相关的管理规定等等。

在具体操作实务中，用水者协会在平台提交交易申请后，生成交易订单。订单随后流转入管辖该用水者协会的乡镇水资源管理办公室和灌溉管理站的账号。乡镇水资源管理办公室和灌溉管理站填写审批意见后，上报灌区灌溉管理所或灌区水权交易中心进行下一级审批。考虑到乡镇水资源管理办公室和灌溉管理站的行政和水资源管理业务繁忙，可能难以及时进行交易申请的审批和意见上报，在水权交易平台中，如果交易申请订单在乡镇水资源管理办公室和灌溉管理站账号内停留一段时间，如一个工作日，而未得到及时处理，订单直接流转到灌区管理所或灌区水权交易中心进行最高级别审批。

在灌区灌溉管理所或灌区水权交易中心，管理人员登录交易平台即可看到本灌区内所有的买水申请和卖水申请以及来自下属灌溉管理站和乡镇水资源管理办公室的审批意见。在这种情况下，灌溉管理所或水权交易中心能够对买方

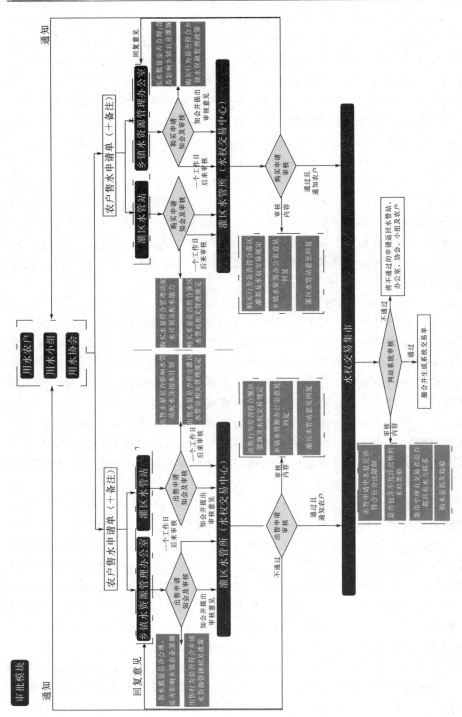

图 9-3　水权交易平台的交易审批流程

和卖方的信息以及下属单位的审批意见进行综合分析和权衡，做出水权交易订单的最终审批。审批所要考虑的要素包括：用水者协会出售的水量是否过多，是否影响正常灌溉；是否有不允许出售的水权类型，比如生态用水；卖水者和买水者之间是否具备水力联系，是否具备水量输送和调配的设施和能力；卖水者和买水者是否处于同一渠道、距离是否太远、调配用水的供水损失是否太大；水量出售是否影响灌区轮次用水计划；出售的价格是否满足政府指导价，等等。

　　灌溉管理所或水权交易中心完成交易订单的最终审批后，平台系统锁定所有交易申请者的水量账户，冻结当前的配水量和用水量；随后，订单进入集市进行竞价排序和撮合；之后，交易成功的买水者对卖水者进行付款；然后，平台系统变更买卖双方的水量账户，扣减卖水者的年度配水量并增加买水者的年度配水量，并将变更信息反馈给灌区管理单位用以重新编制下一轮次的配水计划；最后，解冻买卖双方的水量账户，准备进行下一轮的交易申请和集市撮合。

9.2.1.3　水权交易的配水

　　集市撮合成功并在网上签订交易协议后，成功达成水量交易的用水者协会在规定的时间内到相应的水权交易中心付款结账。然后由灌区水权交易中心工作人员登录系统后台，找到相应的交易记录，确认付款并开具发票。确认付款后，核减卖方协会的配水量，同时将核减的水量配置到买方协会的水量账户，本轮次集市型交易完成。水量账户更新流程如图9-4所示。

　　水权交易在线操作、集市撮合、合同签署以及水权变更后，灌区管理单位根据交易平台提供的买卖双方配水变更信息以及买水者提交的购水使用时间，重新编排轮次灌溉用水计划，并将计划下发给所辖各渠道的灌溉管理站遵照执行。用水者协会按照新的灌溉配水计划，在规定灌溉轮次内增加用水（买方）或减少用水（卖方），灌溉管理站负责监测用水者协会的用水量，并将轮次用水量录入到水权交易平台网站。平台网站随后更新用水者协会的水量账号，用协会的年度总配水量减去累积到当前的总用水量，重新计算结余水量和可出售水量。当协会可出售水量为零时，系统自动冻结该账户，不允许该账户继续提交水权出售申请。

9.2.1.4　"一对一"的协商交易

　　对于集市交易场外的"一对一"协商交易，水权交易平台提供交易申请信息的挂牌公示、买卖双方的在线协商、交易协议备份、合同管理以及配水信息更新等服务。以农村用水者协会之间的灌溉水权交易为例，其具体的业务流程包括：①用水小组或用水者协会向灌区水权交易中心提交交易申请；②灌区水权交易中心审核交易申请；③审核通过，水权交易中心的管理人员登录网站后

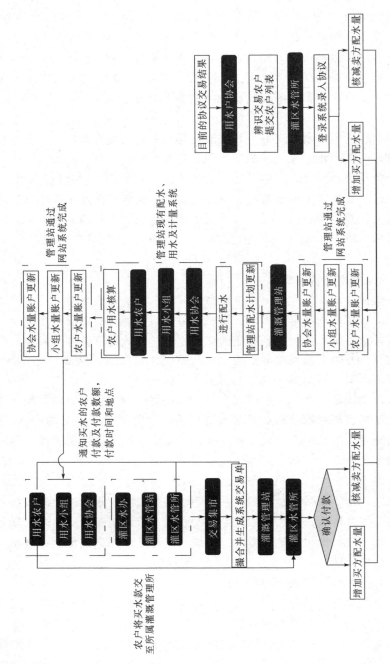

图 9-4 水权交易平台的水量账户更新流程

台，提交申请的交易水量、报价、联系人及联系电话等信息，发布交易挂牌；④交易挂牌信息将在网站首页进行公示；⑤买方或卖方通过平台提供的在线聊天室或电话联系，协商议价并达成交易，签订交易协议，并将交易结果上报水权交易中心；⑥灌区水权交易中心审核、备份和公示所签订的交易协议，撤销网站首页上买卖双方的挂牌信息，结束本次水权交易。

此外，为了方便灌区用水者协会发布水权交易信息和搜寻潜在交易对象，用水者协会负责人可委托灌区管理单位或交易中心的工作人员登录网站系统代其发布信息。因此，灌区管理单位或交易中心的工作人员也具备发布交易信息并进行交易挂牌的权限。所挂牌的信息包括交易水量、价格、联系人、联系电话、协会、乡镇等数据。同时，网站平台提供完善的交易协议历史查询和管理功能。

9.2.1.5 交易协议的管理

通过平台在线撮合的水权交易，最终都需要通过交易协议的方式予以固化。无论是集市型撮合交易还是"一对一"协商交易，都需要在交易平台签订交易协议并备案。以农村用水者协会之间的灌溉水权交易为例，交易协议的基本内容包括：买卖双方的名称，所属渠道、灌区和乡镇，水量类型（地表水或地下水），买卖的水量体积和成交水价，买家预期的用水时间，水权交易相关的法律规定和地方规章，以及交易违约的处理和仲裁规定，等等。为了与流域或灌区现行水资源管理机制相契合，增强协议对买卖双方的约束力，除了在线签订电子协议外，水权交易平台还需要提供交易协议的纸质版输出。打印出来的协议，需要买卖双方用水者协会盖章确认，并送交双方所在的乡镇水资源管理办公室、灌区管理站和管理所进行签字盖章，以确保交易协议的行政效力。

按照上述过程，在实践中，为了完成农村用水者协会之间的水权交易协议，协会管理人员需要手持纸质协议历经三个层次的管理部门、至少加盖 6 个"红章"。这明显增加了交易的成本，延长了交易生效的时间。如何简化行政审批流程和盖章手续，降低农村用水者协会之间水权交易的行政成本，是水权交易平台设计中需要解决的问题。由于在纸质协议生成和打印之前，相关管理部门已经在网上审批过交易申请，因此从互联网和电子商务的角度看，已经不需要打印纸质协议并现场盖章了。但是，为了与传统的管理体制和现行的管理机构相结合、相适应，增强政府或灌区水资源管理单位对于农户间水权交易的信任程度，减少风险，石羊河流域灌区在水权交易平台的设计中，仍然提供了纸质协议的功能。在这种情况下，如何简化盖章的手续呢？可能的解决方案是将各用水者协会、乡镇水资源管理办公室、灌区管理站和管理所的行政章以及负责人的电子签名录入到水权交易系统中，在交易达成并生成纸质协议的同时，直接加盖电子章和电子签名。如此，既不需要用水者协会的管理人员穿村过镇地"长途跋涉"去给交易协议盖章，降低了交易成本，又生成了符合当前管理习惯的、盖满"红章"和具备领导签字的协议。

此外，水权交易互联网平台提供完善的交易协议录入、备份和查询功能。灌区管理单位或水权交易中心可以登录网站平台，对经过平台撮合产生的交易协议进行管理，对未经平台撮合、买卖双方在线下签订的协议进行录入和备份。平台可以以乡镇、灌区以及渠道为单位进行交易协议的查询、分类和汇总。

水权交易协议的管理界面如图 9-5 所示。

图 9-5　水权交易协议的管理界面

9.2.1.6　组织机构及其账户管理

仍以石羊河流域灌溉水权交易为例，水权交易平台涉及的交易申请和管理的机构及个人包括：灌区水权交易中心（灌区灌溉管理所）及其下属的灌溉管理站、乡镇水资源管理办公室、农村用水者协会、农村用水小组、用水农户。

每个灌区设置一个水权交易中心，协调和管理整个灌区的水权分配和交易，负责水权交易平台的日常维护，包括：用户水量账户的设置、水量账户数据的更新、水权交易的审核、集市型水权交易的撮合、交易协议的管理和备份、新闻资讯管理等。在石羊河，灌区水权交易中心设置在灌区灌溉管理所。灌溉管理所隶属于当地水务局，负责所辖灌区的灌溉配水、计量、供水以及水费征收等业务。

每个灌溉管理所下设若干个灌溉管理站，灌溉管理站基本按灌溉支渠设置，即一个灌溉管理站负责一条支渠的灌溉配水和供水。在石羊河灌区，灌溉用水从水库沿着干渠进入灌区，再沿着支渠进入每个乡镇，然后沿着斗渠进入行政村和用水者协会范围。每个灌溉管理站基本负责一条支渠上的供水，具体工作包括：编制下属斗渠的灌溉用水计划，委派专人操作和监控下属斗渠口的供水闸门，对斗渠进行轮次供水，对所辖用水者协会征收水费等等。灌溉管理站是直接面向用水者协会的供水业务部门，最了解当地用水者协会的渠道情况和轮次灌溉计划，因此应当参与到水权交易的审批中。

乡镇水资源管理办公室，是设置在石羊河流域地级市（如武威市）下属乡镇的政府部门，是针对石羊河水资源短缺情况和落实石羊河综合治理规划而设置的专项部门，负责乡镇政府对于水资源管理的专项行动。因此，水权交易平台中也为其设置了账号，授权其对本乡镇的水权交易进行审批。

灌区水权交易中心（灌区灌溉管理所）及其下属的灌溉管理站和乡镇水资源管理办公室，是石羊河灌区水权交易的主要审批单位。审批流程见图9-3。以石羊河流域灌区为例，水权交易的组织机构及其行政管辖关系界面见图9-6。

	账户查询：请选择水管站 请选择乡镇					查 询			
	协会 水管站 乡镇						创建账户		
	协会名称	所在灌区	所在水管站	所在乡镇	联系人	协会状态	操作		
1	五沟协会	西营灌区	水库管理所	水库西营镇	五沟协会	正常	详情	编辑	删除
2	三沟协会	西营灌区	水库管理所	水库西营镇	三沟协会	正常	详情	编辑	删除
3	二沟协会	西营灌区	水库管理所	水库西营镇	二沟协会	正常	详情	编辑	删除
4	用水大户	西营灌区	西营一站	一站西营镇	用水大户	正常	详情	编辑	删除
5	一站西营上六村	西营灌区	西营一站	一站西营镇	一站西营上六村	正常	详情	编辑	删除
6	碑岭村	西营灌区	西营一站	一站西营镇	碑岭村	正常	详情	编辑	删除
7	红星村	西营灌区	西营一站	一站西营镇	红星村	正常	详情	编辑	删除

图9-6 水权交易的组织机构及其行政管辖关系界面

农村用水者协会，是我国农村基层灌溉管理的基本单位，是农民参与灌溉管理的典型措施。在目前的灌溉管理机制中，灌区管理单位仅面向用水者协会进行用水管理，以协会为基本单元进行灌区用水计划编制、用水调配和计量监测以及水费征收；用水者协会负责组织内部农户进行协会内的用水计划编制、水量输送、用水计量和水费征收。用水者协会范围一般与其所在的行政村一致，即一个行政村就是一个用水者协会。协会具有自己的组织章程，具有法人地位，是国家承认的正式组织机构。用水者协会由协会会长、工作人员和普通成员组成。协会会长负责整个协会的灌溉业务，工作人员按照协会章程和相关规定，对协会内部农户的用水进行计划、调配和计量。在灌区供水渠道网络中，一般情况下，一个斗渠灌溉一个用水者协会。

石羊河流域灌溉水权交易平台设计中，以用水者协会为基本单元，进行水权交易订单的申请，同时，为每个用水者协会设置用于水权交易的水量账户，根据用水和水权交易情况实时更新用水者协会的配水量、累计用水量、结余水量以及可交易水量。用水者协会根据协会内用水小组或农户的水量结余情况和水权交易需求，统筹安排协会的灌溉用水并作出水权交易决策。用水者协会会长作为全体灌溉农户水权交易的代理人，负责登录平台提交交易申请。用水者协会会长登录网站后，主要进入三个界面：一是水量账户界面，二是交易申请界面，三是交易历史查询界面。通过这三个界面，可以查询水权配水量的余缺、当前交易申请的审批进展以及以往的交易协议。

在甘肃石羊河流域灌区水资源管理中，每个用水者协会下辖若干个用水小组。用水小组的行政范围基本与农村生产大队一致，负责生产队内部的灌溉用水管理。对于人数较多、灌溉面积较大的用水者协会，协会难以对每个农户的灌溉进行管理，因此下设用水小组，通过用水小组进行进一步管理，以减轻用水者协会的工作量。因此，石羊河流域灌溉水权交易平台也为用水小组设置了账号，以便在某些农户数量较多的用水者协会，以用水小组为单位进行水权交易的申请和管理。

在石羊河流域，灌溉水权已经分配到户。每户农户均持水权，并通过农户水权证的形式将水权法定、固化。用水者协会每年按照农户的水权进行配水和灌溉，农户的用水量严格控制在其年度水权配水量以内。可以说，农户是灌区内水权的最小持有单元。但是由于农户灌溉面积较小（石羊河为人均 2.5 亩），数量众多且分散，如果以农户为单元进行水权交易，交易成本极高，交易水量和效益较低。

9.2.1.7　账号的设立及权限管理

仍以石羊河流域农村用水者协会之间的灌溉水权交易平台为例，平台为灌区灌溉管理所、管理站、乡镇水资源管理办公室、农村用水者协会、用水小组以及农户分别设立具有不同权限和功能的账号。首先，为用水者协会（或用水小组）设置水量账户。水量账户于每年年初进行初始化配置，获得当年的水权配水量。水量账户的数据包括：水权账户编号（平台内具有唯一性）、水权账户类型（包括地表水、地下水）、用户所在的灌区、当年的配水量、累计买入量、累计卖出量、累计使用量、当前可交易量、当前结余量，以及当前可出售水量等。

当前结余量和当前可交易量的计算规则如下：

当前结余量＝当年配水量＋当前累计买入量－当前累计使用量－当前累计卖出量

当前可交易量＝当年配水量＋当前累计买入量－当前累计使用量－当前累计卖出量－申请中或者正在挂牌的卖水量

其中，当年配水量为每年年初灌区依据用水者协会的多年平均初始水权，按照"丰增枯减"规则或者"丰不增、枯不减"规则，给每个用水者协会分配的水量。当前累计买入量为用水者协会截至当前时刻累计买入的水量。当前累计卖出量为用水者协会截至当前时刻累计卖出的水量。当前累计使用量为用水者协会截至当前时刻累计使用的水量。用水者协会的水量账户界面如图 9 - 7 所示。

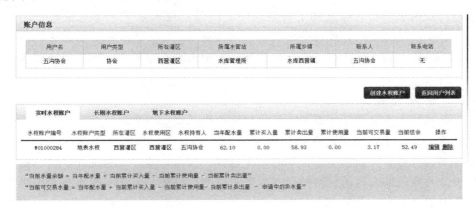

图 9 - 7 用水者协会的水量账户界面

此外，交易平台为不同组织机构设置不同的交易账号并分配不同级别的权限。账号包括：灌区水权交易中心及灌溉管理所的账号，灌区水管站的账号，乡镇水资源管理办公室的账号，用水者协会、用水小组以及农户的账号。

灌区水权交易中心的账号权限包括：创建职权管辖范围内的行政机构和用户的账号（包括灌区水管站、乡镇水资源管理办公室、用水者协会、用水小组以及农户账号），管理配水量和用水量信息（包括分配水权与增减水权等），更新灌区内所有水量账户水量数据（包括导入导出用水者协会的用水数据、计算累计用水量等等），审核交易申请单，撮合集市型交易申请，管理交易协议以及新闻公告等。灌区水管站的账号权限包括：查看和管理管辖范围内的各用水者协会、用水小组的用水数据，审核用水者协会的交易申请，查询历史交易数据等。乡镇水资源管理办公室的账号权限包括：查看和管理乡镇水资源管理办公室职权管辖范围内的各用水者协会、用水小组的用水数据，审核用水者协会的交易申请，查询历史交易数据等。用水者协会账号的权限包括：查看协会的水量账户，提交交易申请单，查看和管理交易申请单数据，查询历史交易协议等。

需要指出的是，在交易平台设计中，对于以用水者协会为单元的水权交易，需要为每个用水者协会中的普通农户设置一个公共查询账号。农户可登录该账号查询所在用水者协会的水量账户和其水权交易的申请、审批和撮合情况，用以监督用水者协会的水权交易操作。

为了方便平台的数据管理，平台系统提供基于 Excel 的数据导入和导出功能。可从平台内导出灌区管理所、管理站、乡镇水资源管理办公室以及用水者协会的行政管辖和组织关系数据，导出用水者协会水量账户中的配水量、用水量和历史交易量数据等。同时，可通过 Excel 将每个用水者协会的水权量、配水量以及用水量实时导入到平台系统中，用以实现水量账户中水量数据的更新。每个灌溉轮次后，灌区管理所（或水权交易中心）的工作人员需要将当轮次每个用水者协会的用水计量监测数据导入到水权交易平台，用以滚动修正当轮次的可交易水量。

9.2.1.8　信息的公示和发布

每场集市交易后，所有的交易结果都将自动显示于交易平台的主页，进行交易结果的公示。公示的信息包括交易双方的名称、所隶属的灌区、交易水量、交易价格、付款情况等。同时，平台首页提供近期交易的统计信息和相应报表，公布近期交易的价格走向和成交水量变化趋势，为潜在的交易者提供市场动态信息参考。此外，水权交易中心可以通过平台网站发布和更新水权交易相关的法规政策、管理办法、政府公告和相关新闻报道。

9.2.2　交易平台的数据流程

石羊河流域灌溉水权交易平台的数据流包括：

（1）用水者协会依据灌溉需求及水量账户中的水量余缺数据，提交水权交易申请。申请的交易水量和价格必须满足灌区内水权交易相关规范和指导建议，如：交易价格不能高于政府指导价。石羊河流域规定，农村用水者协会出售水量的最高价格不得高于当地农业灌溉水价的 3 倍。此时，交易申请数据由用水者协会水量账户流转到交易申请单的数据表单。交易平台将申请单数据存储在待交易数据库表中。

（2）申请单数据库接收到交易申请后，交易平台将通知用水者协会交易申请单提交成功及等待审核。申请单状态变更为"待审核"。相应的，在申请单提交成功后，交易平台以站内邮件和短信通知的方式，通知上级水资源行政管理单位进行申请单的审核操作。与此同时，对于出售水量的用户，冻结其水量账户；此时，该用户的可出售水量等于年度配水量减去累计已经使用的水量，再减去累计已经卖出的水量，加上累计已经买入的水量，最后减去冻结的当前申请的卖水量。

（3）上级水资源行政管理单位（如乡镇水资源管理办公室、灌区水管站）接收审核通知，进入平台系统查看申请单信息，进行申请单审核操作。审核成功后，申请单流转至更上一级的水资源行政单位进行审批，并实时修改申请单状态为"待审核";如果审核不通过,修改申请单审核状态为"失败",并通知用水者协会申请单审核失败。用水者协会根据审核意见修改申请单数据,重新提交交易申请单。如果审核不通过,需解冻水权出售者水量账户中的当前申请卖水量。

(4)交易申请单经过逐层流转和审批,灌区水权交易中心接收交易申请单并做出最终审核后,申请单进入待交易申请单池中等待进行集市型撮合交易。此时申请单的状态变更为"审核通过,待撮合"。为了避免水权交易对灌溉轮次的影响,在每轮次灌溉开始前执行集市交易撮合操作,通过基于地理位置信息的集市型交易算法,寻找空间距离位置较近且出价匹配的买水者和卖水者,达成水量交易,生成水量交易协议,并将交易结果通过交易平台对外进行公示,通知买卖双方水权交易已撮合完成。此时交易申请单状态变更为"交易成功,待付款"。同时,将本轮次交易的详情明细写入数据库表。在交易双方完成付款,水权交易中心财务确认后,交易申请单状态变更为"已付款"。此时,将出让方交易水量转让至受让方水量账户,完成水量交易过程。水权交易平台的数据流程见图 9-8。

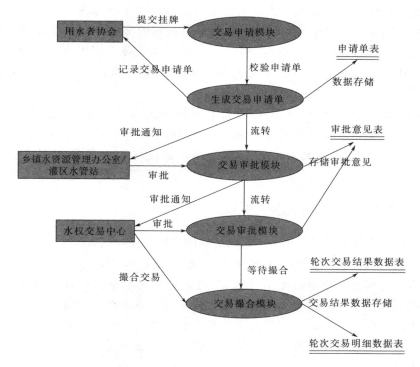

图 9-8　水权交易平台的数据流程(以农村用水者协会间的灌溉水权交易为例)

247

9.3　集市型水权交易算法的实现

9.3.1　耦合用户空间位置信息的集市型水权交易算法

甘肃石羊河流域灌溉水权交易平台采用第 8 章提出的耦合用户空间位置信息的集市型水权交易算法进行交易的撮合与定价。

算法基本原则包括：①成交水量最大；②价格优先；③地域优先。

算法的实现流程为：

（1）将灌区内所有审批通过且满足交易条件的买方和卖方申请单进行排序列表，将买方申请单按价格从高到低降序排列，卖方按价格从低到高升序排列，按上述排序，累计买方水量和卖方水量，以累计买水量和累计卖水量达到最近且排序最末端的买家价格刚好高于卖家价格的临界点作为集市撮合点。以临界点处买方和卖方的平均出价作为本轮次集市交易的成交水价。

（2）将报价高于集市成交价的所有买方和报价低于集市成交价的所有卖方，也就是将在本次集市中成功实现交易的所有买家和卖家，按照"地域优先"的原则进行归类。具体地，将处于不同地域的交易申请单按照所处地域（乡镇或者灌溉渠道范围）进行分类，处于相同渠道或空间距离较近的买卖双方优先匹配，进行一对一的交易匹配，明确集市中哪个卖家把水卖到哪个买家。

（3）通过步骤（1）、（2）搜索符合规则的买（卖）方，达成水量交易，生成本轮次集市型交易结果数据和交易明细数据。平台数据库存储集市型交易结果，并在网站首页中公示交易结果，完成本轮次的集市型水权交易过程。

9.3.2　集市型水权交易的操作流程

在水权交易平台中，集市型水权交易的操作流程示例如图 9-9 所示。

首先，水权持有者登录交易平台提交买/卖水申请，经审核通过后，进入集市进行撮合。集市根据用户的买/卖水价格和水量，进行竞价排序和撮合匹配。对于用水者协会之间的灌溉水权交易，集市在每灌溉轮次前定期开市。集市交易完成后，所有买水者向灌溉管理部门支付买水资金。灌溉管理部门将买水资金收齐后统一支付给卖水者，并变更买卖双方的取水许可或年度配水量。

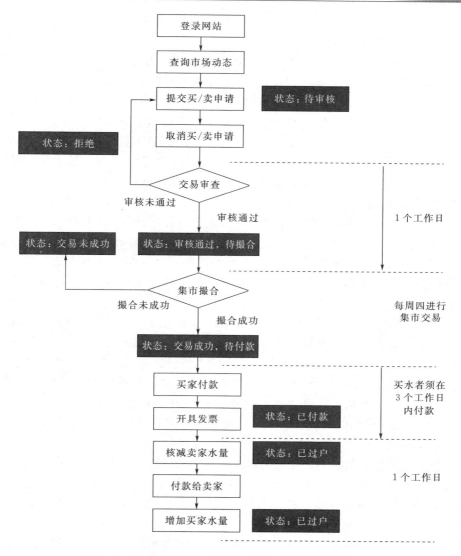

图 9-9　水权交易平台的集市型水权交易操作流程示例

9.4　交易平台数据库设计及数据接入

9.4.1　交易平台的数据库设计

以甘肃石羊河流域灌溉水权交易平台为例，平台的数据存储和管理采用 mysql 数据库。mysql 是一种开放源代码的关系型数据库管理系统，使用数据库管理语言——结构化查询语言（SQL）进行数据库管理。石羊河流域灌溉水权交易平台的数据库设计充分遵从数据库设计基本原则，减少冗余数据，提高数据库的存储效率、数据完整性和可扩展性。平台的核心数据库表结构包括：

（1）用户信息表。主要存储用户的基本数据信息，主要字段包括：用户ID、单位名称、所属乡镇、所属灌区、单位地址、邮编、电话、开户银行、银行账号、银行开户人姓名、本账户联系人的手机号码、邮箱以及保留字段等。

（2）水权账户信息表。用于存储水量账户中的水量数据，主要字段包括：水权编号（如 dwt001。地下水水权以 dwt 开头；地表水长期水权以 cwt 开头，地表水当年配水水权以 swt 开头。通过水权编号可以识别该账户的水权类型）、用户ID、水权账户类型、关联水权账户ID（表明该账户是否与地下水水权相关联）、当前年份、上年度结余水权、水权的水源地、水权的使用区、当年度的年初配水量、当前实际的配水量（等于截至当前时刻的各轮次配水量之和）、累计的使用量、累计买入量、累计卖出量、累计损耗量、当前的结余水量、当前的可交易水量、水权类型ID、该类型水权是否允许交易、该类型水权是否允许流转到下一年使用、当前时刻和灌溉轮次、该水权关联的管理单位ID以及保留字段等。

（3）交易申请单表。存储交易申请单的数据信息，主要字段包括：交易申请单号、关联的上一级申请单ID、关联的交易结果信息表ID、申请单用户ID、用水小组ID、用水者协会ID、用户的水账号、交易申请的类型、水权类型、付款方式、挂牌的交易水量、挂牌的交易价格、挂牌时间、挂牌有效期、最终达成的交易水量、最终达成的交易价格、申请单的审核状态（包括新提交、待审核、审核通过和审核失败）、交易状态（包括已申请、交易成功、交易失败以及无效）。

（4）交易结果信息表。存储集市型交易的结果数据，主要字段包括：买卖双方的交易申请单ID、买卖双方所处的用水者协会、乡镇以及灌区的ID、交易水权的类型、成交水量、成交价格、成交时间、买家的供水时间、付款方式、付款状态等。

（5）交易结果明细表。存储集市型交易的明细数据，主要字段包括：集市开市的时间、参与集市的人数、参与集市的所有买家ID、所有卖家ID、集市交易的水权类型、集市达成的交易水量、集市均衡价格等。

（6）交易审批意见表。存储申请单的审核明细数据，主要字段包括：交易申请单ID、用户ID、负责交易申请单审核的上级管理部门ID、申请单提交时间、当前的审核状态以及审批意见等。

（7）组织机构关系表。存储平台账号的组织结构数据，具体字段包括：用户ID、用户角色、隶属的用水小组、隶属的用水者协会、隶属的乡镇、隶属的水管站、隶属的水管所、所处的渠道名称等。

9.4.2 交易平台的数据接入

石羊河流域灌区的用水情况复杂，各灌区拥有的水权类型不一致（有些灌区只有地下水，有些灌区只有地表水，有些灌区地表水地下水都有）。灌区渠道工程建设完善程度不同，相应的水量监测设备和水量数据传输系统建设、使用和管理的情况不一致，导致各灌区用水计量数据的准确性和实时性很难掌控。此外，用水数据的不连续性和多样性导致数据存储的可靠性大大降低。但是，水权交易平台对于数据的准确性和实时性要求很高，否则将会导致交易平台水量账户数据和交易数据与用户实际拥有的水量数据不统一而产生交易纠纷。

所以，为了更好地接入各灌区的水量计量监测数据，方便数据传输，石羊河流域灌溉水权交易平台结合流域实际情况，针对不同灌区实行不同的数据接入方案，具体包括：

（1）针对信息化建设程度高、具备数据远程网络传输能力的灌区，在灌区的水量监测存储数据系统中安装用水者协会的用水量数据传输装置，依据制定的水量数据传输规则和协议，及时准确地将最新的水量数据自动同步到交易平台数据库中。通过数据同步，最低限度地减少对灌区内已有数据的干扰和改造，及时准确接入灌区内的用水量数据，为交易平台水量账户数据的准确性提供保障。

石羊河流域灌溉水权交易平台公共数据服务接口是基于 Web service 的一套标准化数据传输服务。Web service 是一个平台独立的、低耦合的、自包含的、基于可编程的 Web 应用程序，可使用开放的 XML（标准通用标记语言下的一个子集）标准来描述、发布、发现、协调和配置应用程序，从而达到数据传输接口的规范化管理，提供高效、准确且及时的数据传输服务。

（2）针对信息化程度较低、用水计量监测和数据管理相对比较落后的灌区，灌区水权交易中心管理人员登录系统进行数据的管理和操作。同时，如果灌区内生产作业过程导致灌区用水量和用水结构发生变化，管理人员需登录交易平台，将灌区水量数据报表文件提交交易平台数据服务系统。数据服务系统接收报表文件，通过后台数据报表解析程序完成数据报表文件解析，同时更新灌区内相应的水量账户数据信息，确保交易平台数据与真实的配水量及用水量数据一致。

9.5 石羊河流域灌溉水权交易平台的主要界面

石羊河流域灌溉水权交易平台的主页、用户登录界面、用户水量账户界面、交易历史查询界面、交易申请界面、审批撮合界面及生成的交易协议等见图 9-10～图 9-18。

图 9-10 平台主页

图 9-11 用户登录界面

图 9-12　用户水量账户界面

图 9-13　交易历史查询界面

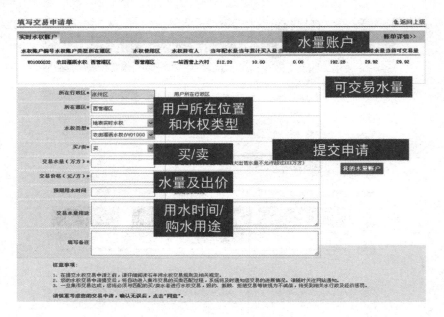

图 9-14　交易申请界面

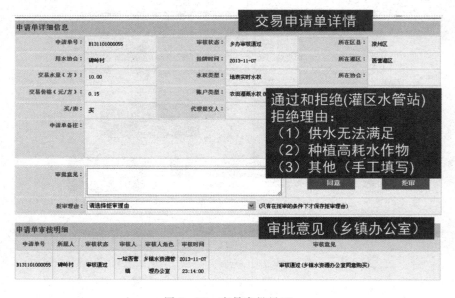

图 9-15　交易审批界面

图 9-16　集市交易竞价排序界面

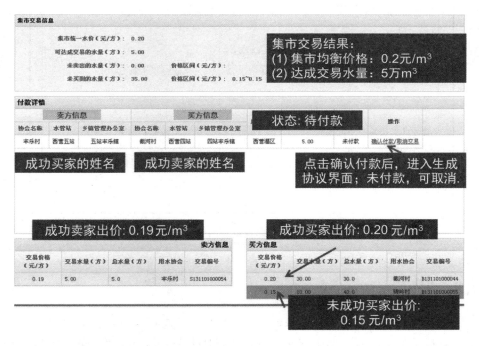

图 9-17　交易结果界面

水量交易协议

　　为了优化水资源配置、促进水资源高效利用，根据《武威市水权水市场建设指导意见》，遵循公平公开、平等互惠的原则，开展水量交易。

　　水量出让方（甲方）：**西营灌区** 灌区 **五站丰乐镇** 乡镇 **丰乐村** 协会。

　　水量受让方（乙方）：**西营灌区** 灌区 **四站丰乐镇** 乡镇 **截河村** 协会。

　　一、水量出让方将满足自身用水需求后结余的用水，交易给水量受让方用于用水。

　　二、交易水量：**5.00** ㎡；（大写立方米）

　　三、交易价格：**0.20** 元/㎡；（大写元/立方米）

　　四、交易方式：**集市交易**

　　五、集市交易时间：**2013-11-07**

　　六、预计用水时间：第 ＿ 灌溉轮次。（＿＿＿＿年＿＿月＿＿日至＿＿＿＿年＿＿月＿＿日）

　　七、本协议经双方协商成交后，由双方乡（镇）水资源管理办公室及管理站审核并报水管处审批后生效。

　　八、本协议一式六份，甲乙双方各持一份，双方乡（镇）水资源管理办公室及水管站各存一份，水权交易中心存档二份。

甲方意见：	乙方意见：
双方乡（镇）水资源管理办公室意见：	双方水管站供水意见：
灌区水权交易中心意见：	区水权交易中心意见：

石羊河水权交易互联网平台
清华大学技术支持

图 9-18　平台生成的交易协议

9.6　小结

　　本章针对水权交易关键技术框架（7.8节）的应用层——交易信息平台建设，设计了基于互联网的水权交易撮合和管理平台，提出了平台的功能构架和数据流程，包括水权交易的申请、审核、配水、协商、合同、账户管理、权限设置以及信息查询和公示等等。其中，水权交易平台的数据库设计及与其他水利信息化系统的数据对接，是水权交易平台开发中的重点。通过互联网平台对水权交易进行撮合与管理，需要获取用户的水权、配水、用水及相关的工程和管理数据，这些数据一般掌握在流域或区域水资源管理或者水文监测部门，水权交易平台必须对接这些数据，才能对交易者的水权交易申请进行评估，对资质进行审核，进而实现交易的撮合与定价。因此，在水权交易平台的设计中，必须要充分考虑平台运行环境中水资源监测和管理的数据结构，与交易区域的水资源管理平台对接。

第 10 章　水权交易互联网平台的应用
——石羊河灌溉水权交易

　　基于互联网和电子商务技术的水权在线交易平台，在我国水资源管理和水权制度建设中属于新兴事物，在我国水市场尚不成熟的条件下，如何实现平台的实践应用和推广，如何让互联网平台真正在流域和区域水权交易中发挥作用，如何让水资源管理者和用户接受并使用互联网平台进行水权交易报价和撮合。这些都是在水权交易平台应用中需要解决的问题。本章通过甘肃石羊河流域灌溉水权交易平台的应用，从实践角度总结水权交易平台应用和推广的关键技术框架，提出应用推广的步骤和流程，分析互联网平台实践应用所需要的制度和技术基础，以及面临的约束和限制，为水权交易平台在更大范围推广应用提供技术支撑。

　　水市场通过经济激励促使水资源从低用水效益的用户向高效益的用户流转，从而协调不同用户之间的用水竞争，提高总体的用水效益。20 世纪 70 年代以来，学者们通过理论推导和逻辑演绎的方法建立了许多数学模型，用于模拟水市场的运行，设计市场机制；与此同时，另有很多学者通过归纳的方法，总结世界上成功的水市场经验，如美国和澳大利亚的水市场建设经验，用以识别水市场建设的条件和阻碍。然而，无论是演绎法还是归纳法，都无法描述在特定流域或区域，特定的水文、经济和社会条件下，水市场到底是如何一步一步建立和培育起来的。

　　基于数学模型的模拟分析只能给出水市场的设计方案，而美国和澳大利亚的经验总结，也只能使我们看到成功之后的水市场。这些研究都无法回答在中国的水文情势、基本国情及社会主义市场经济条件下，如何建立和培育水市场，其流程是什么？步骤是什么？关键要素有哪些？需要解决的关键技术是什么？针对这些问题，本章系统梳理总结了水权交易互联网平台在甘肃石羊河流域典型灌区投入实践应用的过程，提出将一个水权交易平台投入实践应用、从无到有培育一个水市场的关键步骤和方法框架。

10.1　水权交易平台实践应用的技术框架

　　水权交易平台实践应用的技术框架如图 10 - 1 所示。框架包含 6 个关键步

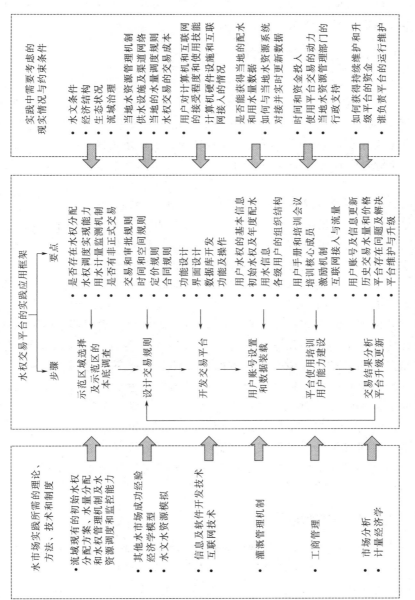

图 10-1 水权交易平台实践应用的技术框架

骤和 24 个关键要素。该框架包含了每个步骤所需要的水权交易理论、技术和相应的制度设置，也提出了完成每个步骤所面临的困难和限制。本框架属于技术的实践方法，类似于产品的使用说明，目的是为水权交易平台的实践应用和培育水市场提供思路、路径和技术方案参考。

10.1.1　步骤 1：示范区域的选择和本底调查

首先，选择水权交易平台实践应用的示范区域，系统调查当地的水文水资源情况、初始水权分配及其调度实现情况、供用水量的计量监测情况以及相应的水资源管理机制体制等。需要指出的是，在水权交易平台设计与开发过程中，适宜先选择平台应用区域，再根据区域的水文、水资源管理和水权制度建设情况，有针对性地进行交易平台的设计与开发，从而增强平台在示范区的适用性。

在进行示范区本底调查时，需要特别关注四点关键要素：当地的初始水权分配情况，供水基础设施和水权调度实现情况，用水计量监测系统，以及当地是否已经存在非正式的水权交易。这四点内容是建立水市场的关键基础。第一，具备初始水权分配方案且水权用水总量配置到用户或区域，是在用户或区域之间开展水权交易的基础。第二，供水基础设施和渠道系统是水市场发挥作用不可或缺的硬件条件，具有足够的水量调度能力可以保障水权交易的实施和交易后水量的调配输送。第三，必须具备较为精确的用水计量监测系统。只有精确计量用户的用水量，才能明确用户是否具有多余水量可出售，才能调控交易的水量，保障交易双方的经济利益，避免交易纠纷。根据示范区水权分配的明晰程度，以及水权调度实现能力和用水计量监测的单元，设置水市场中最小的交易单元。根据当地水资源管理机制和机构情况，设计水权交易平台的账户结构、隶属关系和相应的权限。第四，如果示范区已经出现一些用户之间自发的、非正式的水权交易，那么将有可能为水权交易平台的实践应用提供好的基础。可以根据其现有水权交易的规则和流程，设计交易平台的相应功能。

10.1.2　步骤 2：交易规则设计

基于示范区的水资源管理机制体制现状和水权制度建设情况，研究建立水市场的水权交易规则。其中关键性的规则包括：交易的申请和审批规则、交易的空间和时间规则、交易的撮合与定价规则，以及交易的合同规则。

1. 交易的申请和审批规则

此规则包含水市场的准入规则，即什么人可以入市买水或卖水，以及如何提交交易申请。此外，交易申请应当被当地的水资源管理部门或水权监管部门审核，以保证水权交易的有效性和避免第三方影响。在交易申请和审批规则中，如何平衡政府监管与市场运行之间的关系是非常关键的问题。政府部门既要对水权交易申请进行审批，对交易过程进行监管，又不能对市场干涉过多。如果审批手续繁琐复杂，监管机制官僚死板，将会大大增加水权交易的交易成本，阻碍交易发生。因此，如何恰当的定位政府在水市场中的角色，平衡政府与市场的作用，是水市场设计中需要深入研究和着重解决的问题。

2. 交易的空间和时间规则

水权交易的空间规则主要是规定空间上哪些用户之间可以进行交易，哪些用户之间不能进行交易。由于空间水力联系和供水设施的限制，水权交易后水量可能无法输送到买水者。比如，如果买水者和卖水者相距很远，甚至位于两个不同的流域，则无法进行水权交易。澳大利亚的水市场将维多利亚州按照水系划分为多个交易区划，每个交易区划基本是一条河流或者一条渠道。交易区划内可以自由交易，跨交易区划的交易需要根据供水设施的具体情况进行可行性分析，对于可行但是需要较复杂的跨区水量调度的交易，征收一定的交易手续费。

交易的时间规则主要指如何确定交易的有效期。一般来讲，交易根据有效期分为永久交易和临时交易。永久交易是指永久性转让水权，水权出让方将不再拥有这部分水权。在我国，水权出让方考虑到未来经济发展对于水资源的增量需求，永久性出售水权的交易很少见，水权交易期限一般为几年到几十年。在黄河流域宁夏和内蒙古的工农业水权转换中，一般规定水权转换的期限为25年。临时水权交易，一般用于灌区内部灌溉用户之间的水权交易，一般以1年为限。

3. 交易的撮合与定价规则

水权交易互联网平台提供两种撮合与定价规则，包括"一对一"交易和集市型交易。在"一对一"交易中，交易者需要通过互联网或电话相互联系，协商议价并完成交易；相反，集市交易中，买卖双方无需见面和沟通，只需要将各自申请提交给集市，由集市进行统一撮合并获知交易结果。

集市型水权交易竞价算法类似于股票交易中的集合竞价。交易双方背对背地提出交易的水量和报价，由市场根据竞价排序规则进行统一撮合，最终确定成交量和交易价格。集市型水权交易在澳大利亚水市场中已应用多年。这种机制具有多年的实践运行经验，发展较为成熟，具有操作简单、交易成本较低等诸多优点。具体而言，在集市型水权交易中，水权交易中介机构每隔一段时间组织一次水权交易集市。在集市上，水权买卖双方在不知道对方交易报价的情况下提出各自的交易水量和报价；然后，由交易中介机构对所有报价进行排序，以买方价格高于卖方价格且交易水量成交量最大为基本原则，进行交易撮合并计算本次集市的均衡价格。撮合后，所有买卖者按照集市的均衡价格（集市统一价）进行交易，初始报价高于均衡价格的买入申请者和低于均衡价的卖出申请者均可以交易成功。集市型水权交易在澳大利亚的应用见：https://www.waterpoolcoop.com.au

4. 交易的合同规则

该规则主要规定水权交易中什么时候签订合同、如何签订合同以及合同包含哪些条款等。通过水权交易互联网平台，买卖双方可以签订电子合同以减少交易的手续和成本，具体见本书第 9 章。

10.1.3　步骤 3：交易平台开发

水权交易平台是面向用水者和水资源管理者的水权交易综合业务平台。与其他水利信息化系统不同，水权交易平台不仅为水资源管理者提供信息服务，更重要的是，平台的主要用户是普通公众中的潜在水权交易者。因此，平台应当结构简单、容易使用、操作方便，同时能够满足水权交易的专业业务要求。这就大大增加了平台开发的难度，需要水文学、水资源管理以及信息工程等学科的交叉融合和相关专家的协同合作。

水权交易平台的主要功能包括：①水量账户：平台为每个用户分配定期更新的水量账户，明确其配水量、用水量、交易量和结余量；②交易申请：包括交易量、价格、用水时间和购水用途等；③交易审批：根据示范区水资源管理机制和机构，提供交易申请单的逐级审批功能，可追踪每级别审批的操作人员和审批意见；④交易撮合：采用集市型水权交易算法进行交易撮合，发布集市中不成功交易者的电话及交易需求和报价，促进其线下自主联系和磋商交易；⑤付款确认：基于示范区现有的水费征收和财务机制在线下进行水权交易的付款，付款后在水权交易平台上进行付款的确认和登记，并变更买卖双方的水量账户；⑥结果公布和历史交易查询。

水量平衡核算是水权交易平台的一项重要功能。水量平衡按式（10-1）计算，并随时间推移滚动更新。

$$Balance(t) = Wa - \sum_t Wu(t) - \sum_t Ws(t-1) + \sum_t Wb(t-1) - Ws(t)$$

$$(10-1)$$

式中：t 代表当前交易的时间；Wa 是用户的年度配水量；$\sum_t Wu(t)$ 是用户从年初到 t 时刻的累计用水量；$\sum_t Ws(t-1)$ 是用户的累计卖水量；$\sum_t Wb(t-1)$ 是用户的累计买水量；$Ws(t)$ 是 t 时刻处于申请状态的卖水量，在交易达成之前，处于冻结状态；$Balance(t)$ 是 t 时刻用户可交易的水量。

10.1.4　步骤 4：平台数据装载

水权交易平台的实践应用需要大量的数据。以灌溉水权交易为例，平台应用所需的数据包括：从灌区管理处到用水者协会的灌溉用水管理机构名称及管辖关系、每个用水者协会的初始水权量和历年的水权配水量、灌区及用水者协会的灌溉用水计划、每时段（或每次集市）滚动更新的用水者协会实际用水量。在我国目前的灌溉管理机制中，这些数据是不对外公开的，尤其是每个用水者协会的用水数据，通常只有当地的灌溉管理机构才能掌握。因此，与其他电商平台不同，水权交易平台不可能在上线以后自动获得用户和数据并投入运行。水权交易平台的实践应用需要当地水资源管理部门和灌溉管理机构的强力行政支持，才能获得相应的用户资料和数据信息。否则，水权交易平台是不可能成功运行的。

10.1.5　步骤 5：平台培训与应用

水权交易平台的使用培训是其在示范区应用的必要工作。由于大部分基层灌溉管理单位和农民用水者协会的工作人员大多没有接受过高等教育，对于互联网的接受和熟悉程度有限。因此，需要对其进行大量的培训和教育工作，增强其使用互联网平台进行水权交易和管理的能力。在这个过程中，由于灌区的用水者协会和农户数量太多，不可能对所有人进行培训。因此，建议选择用水者协会一些较年轻、受教育程度较好的核心工作人员，通过会议进行集中培训。然后由这些人员在会后对其他会员进行培训，以节省时间、减少成本。

10.1.6　步骤 6：交易结果分析与平台升级

平台实践应用的最后一步是定期从平台获得交易数据及用户使用反馈，并对交易平台进行升级改造。在这个步骤中，如何获得平台运行维护和升级改造的资金，是一个关键问题。一般来说，水权交易平台会对其所撮合的交易收取一定的手续费，以维持平台的运行和发展。但是，我国目前水市场尚不完善，尤其是灌区层面农户之间的水权交易数量少、水量小、价格低、交易成本高，加之农户和基层灌溉管理者使用互联网平台的积极性有待提到，征收交易手续费不利于平台的应用和推广，水权交易平台的应用还处于免费阶段。因此，在目前阶段，水权交易平台的维护和发展应主要依赖于政府和水资源管理部门的投入。

10.2 示范区应用方案设计

10.2.1 石羊河流域水权制度建设情况

甘肃石羊河流域位于我国河西走廊,气候干旱少雨,人口众多,是我国水资源最为短缺、生态退化最为严重的流域之一。流域多年平均自产水资源量为 15.6 亿 m^3,扣除与地表水重复的地下水资源量为 1.0 亿 m^3,石羊河流域可利用水资源量为 16.6 亿 m^3。新中国成立以来,伴随着社会经济的发展,为适应流域内的用水需求,大量的水利工程逐步建设起来。据统计,流域中游灌溉面积由新中国成立初期的 165 万亩增加到 2003 年的约 278 万亩,增长了 1.7 倍;总耗水量由新中国成立初期的 5.67 亿 m^3 增加到 2003 年的约 10 亿 m^3,增加近 2 倍。用水的增加使得流域面临严重的水资源危机。民勤县位于石羊河流域的下游,由于中游及上游的用水量巨大,以及毫无节制地用水,导致进入下游民勤盆地的水资源量不足 1.0 亿 m^3。由于缺乏合理的水资源管理和控制措施,流域上下游用水矛盾尖锐,进一步加剧了下游地区的水资源短缺。民勤盆地 2000 年绿洲面积约 1313 km^2,比 50 年代减少了 289 km^2。全流域年超采地下水量达 4.32 亿 m^3,其中民勤盆地超采 2.96 亿 m^3,其北部湖区生态已濒于崩溃,"罗布泊"景象已经局部显现,部分群众不得不移居他乡,沦为生态难民。

2007 年国务院实施石羊河流域综合治理,将水权制度作为控制流域社会经济用水总量、增加生态用水的主要手段。通过《石羊河流域重点治理规划》的实施,石羊河流域尤其是武威市已经完成了农民用水者协会层面的初始水权分配,明确了各个协会的水权水量并颁发了水权证。用水者协会的配水量和供水量被严格控制在其水权水量以内。由于从总量上控制了农民用水者协会的灌溉水量,灌溉用水需求不能得到满足的一些协会开始购买其他协会的节余水权。自 2008 年起,流域内部分灌区逐渐产生了农民用水者协会之间的自发的水权交易。与此同时,石羊河流域颁布了一系列水权分配、管理和交易的规章制度,流域水权管理的机制体制逐渐成熟,为水权交易的萌发和水市场的发展提供了坚实的制度基础。

石羊河流域水权分配和交易的主要制度见图 10-2。2006 年 2 月甘肃省政府下发了《石羊河流域地表水量调度管理办法》《石羊河流域水事协调规约》和《关于加强石羊河流域地下水资源管理的通知》4 个规范性文件。2007 年 7 月甘肃省人大常委会颁布实施《甘肃省石羊河流域水资源管理条例》(以下简称《条例》)。2014 年 1 月,甘肃省政府通过了《甘肃省石羊河流域地下水资源管理办法》(以下简称《办法》),作为《条例》的配套规章,《条例》和《办法》相关条款规定了水权交易的内容，在省级法规规章层面上为开展水权交易提供了法律依据。自 2007 年以来，流域内武威市先后出台《关于水权制度改革的实施方案》《关于水资源配置和完善水权制度的意见》《关于深化水价改革的实施意见》等制度，大胆探索并建立了水权交易市场，制定了水权转让管理办法，明确水权交易范围和方式。武威市在 2007 年、2010 年、2013 年分 3 次对水价进行改革，对农业供水执行差别水价，城市供水对非居民、工业和特种行业用水实行超定额累进加价制度，对居民生活用水推行阶梯式水价。武威市凉州区先后出台《凉州区用水总量控制办法》《凉州区加快水权水市场建设的指导意见》《凉州区水权水市场管理办法》等规范性文件，使水权分配、管理和水权交易工作有章可循、有据可依。武威市民勤县出台《民勤县水权水市场建设实施方案》，明确了水权交易的范围、形式、条件和程序，探索建立方便可行、操作简便的水权交易机制和政府监管、市场调节的水权交易管理体系，积极开展水权交易试点。2015 年修订完善了《民勤县水权交易管理办法》，在示范灌区利用水权交易平台，指导用户开展水权交易。

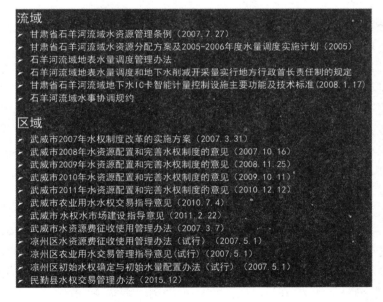

图 10-2　石羊河流域水权分配和交易的主要制度

按照《石羊河流域重点治理规划》和《条例》的规定，全流域实行总量控制与定额管理相结合的用水制度。甘肃省石羊河流域管理局以《石羊河流域重点治理规划》和《石羊河流域水资源分配方案》确定的总量控制目标为依据，将总量控制目标分解到县（区），县（区）分行业将水量配置到灌区，灌区最后将水量配置到农民用水者协会。

对地下水水权逐级分解到每一眼机电井。按照先确权、再计划，先申请、再分配，先刷卡、再配水的程序，控制灌溉定额和用水总量，完成了全流域初始水权分配。此外，甘肃省石羊河流域管理局严格按照《石羊河流域重点治理规划》和《石羊河流域水资源分配方案》确定的用水总量，对流域内地表水和机井的取水许可证进行了换发，确定了石羊河流域用水总量控制指标；依据《甘肃省行业用水定额》和市级政府出台的行业用水定额，按照就低不就高的原则对水资源进行定额管理。随着石羊河流域重点治理项目的大力实施，地表水、地下水计量设施逐步完善，水资源管理制度逐步健全，对流域内所有机井做到有计量设施、取水许可证、水权的"三有"原则，否则不得取水。甘肃省石羊河流域管理局以此为基础，以省人民政府批准的水量控制指标为依据，监督落实市、县（区）用水总量及削减量，督促流域内市、县（区）人民政府编制各自区域内的水量分配方案和地下水开采削减量计划，贯彻落实流域用水总量控制指标。

10.2.2　水权交易示范区情况

选取石羊河流域武威市凉州区的西营地表水灌区和清源地下水灌区作为用水者协会层面水权交易的示范区。结合石羊河流域水权制度建设现状，石羊河流域管理局在与武威市相关县（区）政府水行政主管部门及基层水管单位充分协商的基础上，划定了水权交易示范区的范围，进行水权交易试点；根据石羊河水权交易平台数据库的要求，搜集试点灌区水文气象、社会经济及水资源开发利用数据，掌握灌区层面的灌溉制度、配水计划、水票制度等水量调度操作方式，摸清农户层面水权、用水、耕地及作物等情况，为水权交易的示范提供数据基础。

1. 西营地表水灌区

西营灌区位于甘肃河西走廊东部武威市城西，介于东经 $101°45'\sim102°40'$、北纬 $37°30'\sim38°10'$ 之间，东临金羊、永昌两个井泉灌区，东南邻金塔河灌区，北与永昌县东大河灌区相依，西与肃南裕固族自治县铧尖乡接壤。西营河属内陆河，是石羊河水系中最大的一条支流，也是武威市境内最大的山水河流，总地势西高东低，海拔在 $1510\sim4295m$ 之间。西营河水库以上集水面积 $1455km^2$，年平均径流量 3.78 亿 m^3，多年平均流量 $11.99m^3/s$。西营灌区多年平均降水量 280mm 左右，降水少且年内不均匀，6—9 月降水占全年降水的 69%。多年平均蒸发量 1200mm。西营河灌区辖 8 个乡（镇）、104 个行政村和部分机关农场，人口 15.6 万人，其中农业人口 14.8 万人。灌区现有耕地面积 44.99 万亩，有效灌溉面积 35.80 万亩。

为实现《石羊河流域重点治理规划》中规定的"平水年份，使民勤蔡旗断面下泄水量由现状的 0.98 亿 m³ 增加到 2.5 亿 m³ 以上"的治理目标，2010 年西营河专用输水渠建成通水。通过专用输水渠，西营河直接向下游民勤县调水。截至 2015 年，凉州区西营灌区累计向下游民勤县调水 6.81 亿 m³。调水任务使得西营灌区水资源短缺，为西营灌区地表水水权交易提供了驱动力。

2. 清源地下水灌区

清源灌区位于武威市区东部，东以红水河为界，紧连腾格里沙漠与内蒙古自治区相隔，南靠古浪县、黄羊河灌区、杂木河灌区；西与杂木河灌区、金塔灌区接壤；北与金羊灌区毗邻。清源灌区总面积 323.5 km²，耕地面积 21.3 万亩，属温带大陆性干旱气候，四季分明，光照充足，降水稀少，夏秋昼夜温差大，冬季寒冷少雪，降雨稀少，年降水量 150～160mm，降水在年内各月份分布极不均匀，4—9 月降水量多，占全年降水量的 82%～85%，而 10 月至次年 3 月占 15%～18%。蒸发量 2020mm。清源灌区以农业生产为主，辖有吴家井乡、长城乡、清源镇、清水乡、发放镇、大柳乡，以及邓马营湖生态建设指挥部 2 个镇、4 个乡、1 个指挥部、30 个农林场、70 个行政村、527 个村民小组，总人口 11.64 万人，其中农业人口 10.97 万人，非农业人口 0.67 万人。种植作物主要有小麦、玉米、辣椒、油菜、蔬菜等，是武威市凉州区重要的粮食生产区。国民生产总值 18264.25 万元，工农业生产总值 16430 万元，其中农业生产总值 3874.752 万元，农民人均纯收入 4156 元。

10.2.3 示范区平台应用方案设计

1. 水权交易的范围

根据流域内"压减农业用水、节约生活用水、增加生态用水、保证工业用水"的总体思路，石羊河流域目前的水权交易水量仅限于各类经济用水，包括工业用水和农业用水。生活用水是必须无条件且应按人口均等化满足的，不鼓励进入水市场；生态用水是维持生态系统和水环境必须的水资源量，水权不具出售的性质；工农业生产用水具有竞争性，通过市场机制可以实现水资源在地区和行业间的优化配置。但水权交易不能对公共利益、生态环境或第三方利益造成重大影响（第三方是指未参与水权交易而受水权交易活动影响的个人或团体）；不能向国家或区域内限制发展产业转让水权。此外，非农产业水权不得改变用水性质向低效产业转让。

2. 水权交易的期限

水权交易水量使用期限由双方协商。水权交易期限要兼顾水权交易双方利益，综合考虑交易双方的水利工程使用年限。在石羊河流域灌溉水权交易中，交易水量在当年内使用，不得跨年度使用。

3. 水权交易的价格

水权交易必须以物价部门核定的水价为基础。在石羊河流域灌溉水权交易中，农业灌溉用水交易的价格不得超过正常水价标准的 3 倍，其交易后的资金收入归水权出售者所有。

4. 水权交易的流程

在水权交易中，农民用水者协会对售水方和购买方的水权交易申请进行初步审核。经审核通过可进行水权交易的，向乡（镇）水资源管理办公室水权交易中心提出申请，经乡（镇）水资源管理办公室水权交易中心审核、灌溉管理站复核、水权交易中心审查后上报乡（镇）水资源管理办公室，由其组织用水者协会签订水权交易协议书，同时将用水者协会水量交易差价、管理站计量水费结算向买卖双方用水者协会进行公布，使出售方和购买方明晰水权交易情况。在水权交易过程中，灌溉管理站要对交易水量进行登记，并可对部分交易水量在购买方之间进行适当调配，以达到水资源合理、有效的利用。

5. 水权交易的审批

（1）灌区水权交易中心负责灌区内农业内部、每次交易量 2 万 m^3 以下的乡（镇）间、协会间的水量交易。大于 2 万 m^3 以上的农业水权交易、跨行业间水权交易须经上级水权交易中心审批后备案执行。农业用水向工业或非农业出售水权，双方可自主协商，委托所在的中心交易平台经乡镇、灌区交易中心逐级初审，报县（区）水权交易中心论证、批准备案后进行交易，交易水量由所在灌区负责供给。

（2）乡（镇）水资源办公室负责审核交易水量在 $5000 \sim 20000 m^3$ 以内的协会间交易和乡（镇）间交易。乡（镇）水权交易中心向灌区水权交易中心提出申请，经灌区水权交易中心审核备案批准后进行交易，交易水量按水权管理权限由灌区监督、乡镇水资源办公室负责供给。

（3）协会水权交易中心负责交易水量在 $500 \sim 5000 m^3$ 的协会间交易。由协会双方向所在乡（镇）及灌溉管理站提出申请，经乡（镇）水资源办公室及灌溉管理站审查同意，报灌区水权交易中心审核批准备案后进行交易；协会水权交易中心同时负责本协会内各灌水小组间的水权交易，交易水量在 $100 \sim 500 m^3$ 的灌水小组间交易，由灌水小组双方向所在协会提出申请，由协会报所在乡（镇）水资源办公室及水管站审查同意，报灌区水权交易中心审核批准备案后进行交易。

6. 水权交易的限制

①取用水总量超过本流域或本行政区域水资源可利用量的，除国家有特殊规定的，不得向本流域或本行政区域以外的用水户转让；②在地下水限采区的地下水取水户不得将水权转让；③为生态环境分配的水权不得转让；④对公共

利益、生态环境或第三者利益可能造成重大影响的不得转让；⑤不得向国家限制发展的产业用水户转让。

7. 水权交易的监督管理

灌区水权交易中心对灌区内水权交易进行引导、服务、管理和监督，积极向社会提供信息，对跨行业水权交易的可行性进行研究和相关论证，对转让双方达成的协议及时向社会公示。对涉及公共利益、生态环境或第三方利益的，水权交易中心应当向社会公告并举行听证。对有多个受让申请的转让，水权交易中心可组织招标、拍卖等形式进行水权交易。

10.3　水权交易平台的试用和使用培训

10.3.1　平台的试用

在石羊河流域灌溉水权交易平台建设过程中，平台设计人员先后多次到武威市凉州区西营、清源灌区及民勤县七干灌区进行实地调研，在凉州区南河、侯吉、截河，民勤县东大、建设等 18 个用水者协会，凉州区清源、发放、长城等 5 个灌溉水管站以及 3 个灌区的水权交易中心进行了水权交易的在线申请、审批和撮合。同时对灌区管理人员、乡镇水资源办公室人员、用水者协会会长进行了现场培训和在线演示，听取了灌区管理人员、协会工作人员的意见建议，对水权交易平台进行了修改完善，使网站的操作更便捷实用。2013 年 12 月 2 日、2014 年 6 月 10 日，在石羊河中游西营地表水灌区开展了用水者协会之间的水权集市交易示范，共 11 个用水者协会参加集市交易。通过网站撮合，达成 7 笔水权交易。

2013 年 12 月，甘肃石羊河流域武威市西营灌区首次集市型水权交易的交易结果和协议如图 10-3 和图 10-4 所示。根据西营灌区 2013 年冬灌水权交易要求，所有交易的买卖双方采取"平价"交易方式，即以地表水水费 0.2 元/m³ 作为交易价格。水权购买者为出售者支付地表水灌溉水费，不再额外加价出售水量。

2013—2014 年，石羊河流域灌溉水权交易平台在武威市清源地下水灌区进行了 12 次集市交易。部分水权交易结果及协议见图 10-5～图 10-7。

10.3.2　平台的使用培训

自 2013 年石羊河流域灌溉水权交易平台上线运营以来，在石羊河流域管理局、武威市凉州区水务局、武威市凉州区西营灌区管理处、武威市凉州区清源灌区管理处的行政协调和组织支持下，石羊河水权交易平台组织灌区灌溉管理人员和用水者协会会长召开水权在线交易的培训。培训内容包括水权交易的

图 10-3　西营灌区首次集市型水权交易结果

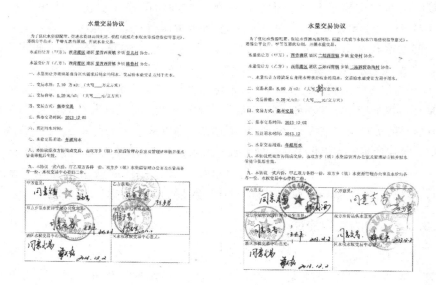

图 10-4　西营灌区水权交易协议

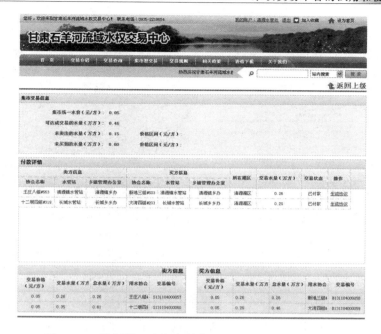

图 10-5 清源灌区水权交易结果（2013 年 11 月 13 日）

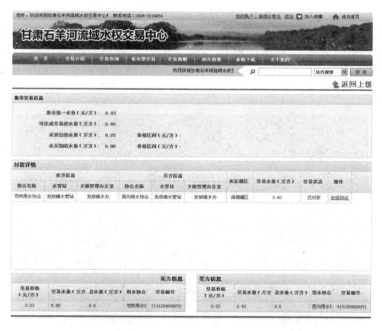

图 10-6 清源灌区水权交易结果（2013 年 12 月 3 日）

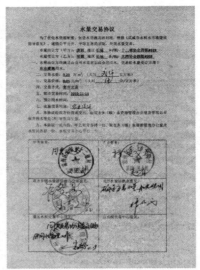

图 10-7　清源灌区水权交易协议

在线申请、审批与集市撮合等全过程。培训会上详细介绍了水权交易平台的使用方法，并让学员亲自操作。定期、集中的使用培训，是水权交易平台在基层尤其是灌区和农户中示范应用的必需。由于时间和资金有限，不可能对石羊河流域 20 余个灌区，上千个用水者协会进行面对面的水权交易培训。因此，重点培训示范区西营灌区和清源灌区的相关人员。然后，由这些受过培训的人员，在平时对其他灌区用水者协会进行培训。石羊河流域灌溉水权交易平台的使用培训情况见图 10-8 和图 10-9。

图 10-8　西营灌区水权交易培训会

图 10-9　清源灌区水权交易培训会

10.4　水权交易数据的统计与分析

2008—2014 年，西营灌区的地表水交易总量达到 2919.4 万 m³，平均交易价格为 0.186 元，如表 10-1 所示。在这段时期内，每年有 30～70 笔交易，平均每笔交易量为 8.37 万 m³。灌区水权交易有效期为一年，交易只在当年有效。

表 10-1　　　2008—2014 年西营灌区地表水水权交易统计数据

年　份	2008	2009	2010	2011	2012	2013	2014
水权配水量/万 m³	26648.54	25355.60	22577.41	22603.29	21330.86	21330.84	21411.55
水权交易量/万 m³	284.71	94.15	444.47	291.22	718.94	400.57	685.34
平均价格/（元/m³）	0.144	0.161	0.233	0.165	0.165	0.2	0.201
交易次数/次	55	47	50	31	68	41	57
最大交易量/万 m³	200	80	310	340	465	550	400
最小交易量/万 m³	5	3	7.1	10	15	5	13
最高价/（元/m³）	0.20	0.25	0.30	0.40	0.281	0.20	0.23
最低价/（元/m³）	0.10	0.20	0.141	0.14	0.03	0.20	0.20

图 10-10（a）所示为 2008—2014 年西营灌区交易水量的年际变化趋势。2008 年以来，随着《石羊河流域重点治理规划》的实施，灌区配水总量逐年减少，灌区内用水者协会之间的水权交易量逐渐上升。图 10-10（b）所示为

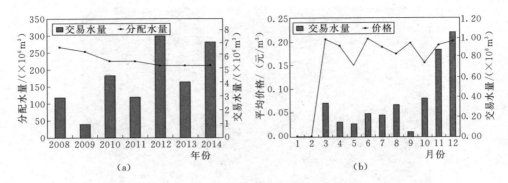

图 10-10　2008—2014 年西营灌区年际及月平均水权交易变化情况

2008—2014 年西营灌区月平均交易水量的变化。总体上看，交易的高发时间是每年的春灌之前和冬灌结束之前。春灌之前的交易，其卖水主要动因包括：部分农户外出务工、弃耕，集中出售当年水权；集中买水、增加灌溉土地的土壤湿度以备春耕。此外，与澳大利亚水市场类似（见第 8 章 8.5 节），受水文和用水不确定性影响，石羊河流域的地表水用水农户倾向于在年底灌溉结束之前、水权结余清晰的时候出售节余水权，以规避可能发生的缺水风险。在交易价格方面，根据图 10-10（b），2008—2014 年的月平均交易价格变化不大，基本上在 0.15～0.2 元/m³。石羊河流域规定，地表水交易价格不能超过当地地表水水价 0.2 元/m³ 的 3 倍。

　　图 10-11 所示为西营灌区的水权交易网络。不同粗细的线表示不同渠道，分别是干渠、支渠、斗渠，如图所示。每个星号代表一个用水者协会（参与交易的基本单元），每一条线都连接两个曾经交易过的协会。从图上可以看出，交易活跃的用水者协会多分布在距离渠道较近的范围内，离渠道比较远以及特别下游的用水者协会参与交易明显不够活跃。图 10-12 所示为卖水协会和买水协会的地理位置。每个圆点都对应了相应协会的地理位置。圆点的大小则代表了总卖水量/总买水量的多少。从图上可以看出，灌溉渠系的空间结构影响了用户的取水便利性，对用水者协会之间的灌溉水权交易有显著影响。具体为，出售水量的协会大都更靠近渠道上游以及干渠附近等取水相对便利的位置，而买家的位置趋向于渠道下游、渠系末端等区域。位于渠系上游的用水者协会供水相对稳定，更容易获得多余的灌溉用水用于出售。此外，从上游向下游出售水量，输水也更加方便。

　　此外，根据对西营灌区用水者协会的调查访问，分析其出售水量的动因主要有：①城镇化导致土地用途变更，原有的耕地不再进行灌溉，用水者协会集

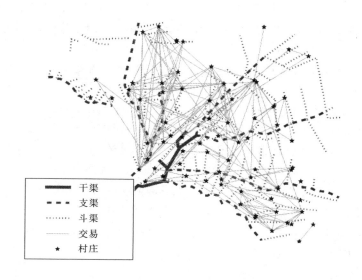

图 10-11 西营灌区水权交易网络

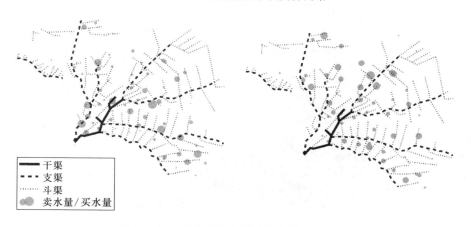

图 10-12 卖水协会和买水协会的地理位置

中出售水量；②农民进城务工、弃耕土地，出售灌溉水量；③农民采用节水灌溉技术形成剩余水权。在石羊河西营地表水灌区，城镇化建设和农民进城务工导致的土地弃耕和灌溉水量弃用，是造成水量出售的重要原因。在水量购买方面，用水者协会买水主要用于扩大耕地灌溉面积以及为新增的流转土地配置灌溉水量。近年来，在甘肃石羊河流域，由于农村土地流转政策的实施，农户原本零散的土地通过租赁的形式流转、集中到一些种植大户或者农业生产公司手中，出现了集中连片的大范围灌溉耕地和机械化作业农场，需要购买更多水量用以提高灌溉保证率。农村土地流转造成的大型农业灌溉用水户，由于工业化的种植手段和农业生产的规模效应，相比小型农户具有更高的生产效益，也因而具备以更高价格从普通用户收购水权的能力。农村土地流转以及规模化农业生产方式的出现，为灌溉水市场的发育注入了强劲动力。

图 10-13 表示西营灌区用水者协会间水权交易数量与空间距离的关系。将 2008—2014 年间的 349 笔水权交易按 2.5km 的地理范围进行分组，图 10-13 中横轴是买卖者之间的直线距离，纵轴是交易笔数。从图中可以看出，大部分交易的买卖双方距离在 10km 以内，只有少数几个交易双方距离大于20km。可以看出，西营灌区的用水者协会更倾向于在近距离内进行水权交易。图 10-14 将 2008—2014 年间西营灌区发生水权交易的用水者协会的名字列在圆圈上，并用连接线代表发生的交易。图中圆圈分为 10 段代表着 10 个乡镇，每一段都是位于同一乡镇的用水者协会。（此图绘制参考了网站 http：//mbostock.github.io/d3/talk/20111116/bundle.html）从图中可以看出，同一乡镇内的交易数量明显要多于乡镇间的交易。

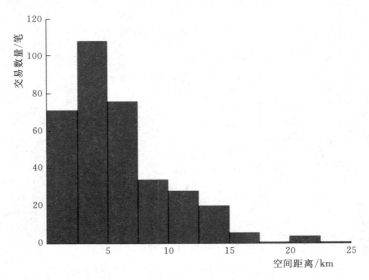

图 10-13　西营灌区用水者协会间水权交易数量与空间距离的关系图

根据图 10-13 和图 10-14，石羊河流域西营灌区 2008—2014 年间 349 笔水权交易中，208 笔交易发生在同一个乡镇，跨乡镇的交易只有 141 笔；60%以上的水权交易发生在相距 10km 以内的用水者协会之间，60%以上的水权交易发生在同一乡镇之内。这充分体现了农业灌溉水权交易的"就近"特性，农村用水者协会倾向于将水量出售给邻近的或者熟识的其他协会。这种现象发生的原因可能有：①从农村灌溉管理机制方面看，灌溉管理单位按照渠道对用水者协会进行分片配水和分区供水，处于同一渠道灌溉范围内的用水者协会更容

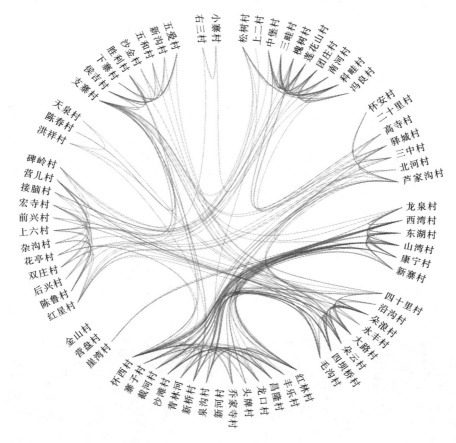

图 10 - 14　西营灌区水权交易的匹配情况

易达成水权交易，且交易后可沿同一渠道进行水量调配，输水成本较低；②从灌溉管理机构上看，灌区内部分为若干个灌溉管理站对所辖用水者协会进行供水，距离较远的用水者协会可能分属不同的灌溉管理站管辖，协会间的水权交易可能涉及更多的管理部门和审查程序，行政管理成本较高；③从农村乡土文化和用水者协会的交易心理上看，用水者协会可能会担忧售出的水权水量在第二年无法取回。也就是说，虽然制度规定水权交易的有效期为一年，出售水权的用水者协会在第二年按照交易前的水权配水，但是由于农村基层社会治理的不完善以及管理体制等影响，出售水量的用水者协会可能担忧在次年无法取回水量。在这种情况下，将水量出售给位置邻近或者熟识的用水者协会，由于乡土人情关系的约束，买水协会在次年不归还水量的可能性似乎较小。相反地，如果将水权出售给距离较远、陌生的且位于不同渠道或者其他灌溉管理站管辖的用水者协会，则风险较大。

10.5　经验总结与问题分析

基于互联网的水权交易平台自 2013 年在甘肃石羊河流域示范应用，目前已成为当地用水者协会和灌溉管理单位进行水权交易操作、撮合和管理的日常工具。目前，石羊河流域武威市西营和清源灌区的用水者协会已经开始自发的使用平台进行水权交易申请，每个月都有交易发生和撮合。石羊河流域管理局、示范区灌区管理单位持续与平台研发单位开展项目合作，进行平台的升级改造。与此同时，甘肃省武威市凉州区建成了 1 个区级水权交易中心、7 个灌区水权交易分中心、38 个乡镇水资源管理办公室、433 个农民用水者协会水权交易站点。民勤县建成了 15 个灌区水权交易分中心、18 个乡镇水资源管理办公室、249 个农民用水者协会水权交易站点。为了全面推进水权交易平台应用，武威市凉州区在清源灌区建成了 4 个高标准乡镇水权交易分中心、民勤县在七干灌区建成 10 个高标准农民用水者协会水权交易站点，均安装运行了石羊河流域水权交易平台，实现了在线的水权交易。图 10 - 15 所示为清源灌区水权交易中心。

图 10 - 15　清源灌区水权交易中心

1. 石羊河典型灌区的水权制度基础是水权交易平台成功运行的关键

第一，石羊河西营灌区和清源灌区已经完成了农户层面的初始水权分配，每个农户都具有定量的水权并持有水权证。农户和用水者协会的年用水总量严格控制在其年度水权配水量之内，用水总量控制体系已经建立并持续运行。第二，西营灌区和清源灌区管理所有数百名员工，负责灌区用水计划编制、灌溉配水和水费征收，对灌区水资源具有统一管理和调配的能力，可以完成水权交易后位于灌区内不同位置的买水者和卖水者之间的水量调配。第三，灌区具有较为完善的用水量计量监测机制，每个轮次后灌区管理单位对斗渠口以下每个用水者协会的用水都有明确的监测数据。第四，在水权交易平台上线运行以前，两个灌区内已经出现了用水者协会之间的水权交易。2008 年以后，由于用水总量的严格控制，灌区用水者协会之间已经自发地开始通过水权交易的方式调剂用水余缺。尽管灌区灌溉管理单位会对用水者协会之间的水权交易进行审核、监管和价格指导等行政干预，但是石羊河的灌溉水市场依旧发展了起来，用水者协会可以将节约的水量出售并从中收益。所有这些都为水权交易平台的成功实践提供了不可或缺的基础。

2. 以用水者协会为基本交易单元是目前推动我国灌区水权交易的着力点

石羊河流域人均灌溉面积仅 2.5 亩，每个用水者协会大约有 1000 户农户。西营灌区有大约 25000 个农户。单个农户的灌溉面积小、位置分散且农户数量众多，这就造成对每个农户的用水进行精确计量的成本很高，在现有的水资源管理能力下几乎没有可能。而水市场要求水权交易管理单位必须精确掌握每个交易申请者的水权及用水情况，用以对交易申请进行审核与监管。因此，以农户为基本单元进行水权交易平台应用、开展农户间的正式化水权交易，在现有条件下尚不可行。目前，石羊河灌区农户之间的水权交易大多是处于同一渠道上的相邻农户通过口头协议方式的方式进行的非正式的交易。在渠道过水期间，卖水的农户减少田间闸门的开启时间，将多余水量放给处于同一渠道的其他农户。这种非正式的小额的水量交换，没有精确的交易水量计量，必须在灌溉轮次内渠道过水的时候才能发生，具有时效性强、交易量小以及收益低的特点，没有必要、也来不及通过水权交易互联网平台进行申请和审批，相邻农户在灌溉时自行协商操作即可完成。基于以上情况，石羊河灌溉水权交易平台以灌溉用水精确计量的最小单位——农村用水者协会作为交易主体。农民用水者协会的会长代表协会内所有农户进行水权交易的决策，普通农户可通过水权交易平台对会长的操作进行监督。与石羊河类似，我国大部分灌区都无法精确计量每个农户的用水量，因此不具备在农户层面开展水权交易的条件，较适宜考虑在用水者协会层面进行水权交易。

3. 搭建水权交易平台需要与流域或地方上现有的水利信息化系统对接

水权交易平台的运行依赖于用户水权的明晰和用水量的精确计量。首先，用水户必须具备初始水权才能在平台中开设账户，其水量账户的基本数据包括每年度的配水量、累计使用的水量和结余可出售的水量。用户每次在平台提交水权交易申请时，平台系统都会核算其水权配水量以及累计使用的水量，确认其是否有结余水量可供出售。因此，水权交易平台需要实时更新每个用户的用水量。这类似于银行的账户系统，每个用户的每笔支出都必须精确的记录。这就需要流域或灌区具备相应的用水计量系统并且将用水数据实时接入到交易平台。

在石羊河流域，用水量自动化计量监测系统在灌区尚未普及。用水量计量主要由灌区管理单位和用水者协会在渠道口手动测量。因此也就没有可供水权交易平台接入的用水量数据库，水权交易平台也不能实时自动抓取灌区用水者协会的用水信息。所采用的解决办法是，通过 Excel 电子文档，将灌区存储在 Excel 中的用水者协会用水信息导入到水权交易平台中，并且每个灌溉轮次进行更新。如此，大大增加了水权交易平台数据维护的工作量。因此，加快示范区水利信息化建设，基于现代物联网理念，建设用水量自动监测和数据远程传输的现代化水资源管理信息系统，是降低水权交易系统运行成本、促进水权交易的重要措施。

4. 如何吸引用户持续使用平台进行水权交易是需要解决的难点问题

石羊河流域水权交易平台的应用实践表明，如何激励基层灌溉管理单位和农民用水者协会使用平台进行水权交易，是水权交易平台实践应用中非常重要但不容易解决的问题。在水权交易平台上线运行以前，示范灌区的农民用水者协会会长往往通过电话的方式与其他潜在交易对象进行沟通，达成水权交易后到灌区管理单位签订合同。基于手机的现代化通信方式已经大大降低了农户之间以及农户与灌溉管理单位之间的沟通成本，这造成示范区农民用水者协会使用互联网平台网站进行水权交易的兴趣不大、动力不足。与此相反的是，灌区管理单位则更加倾向于使用网站进行交易，因为：一是灌区管理单位的工作人员从此不再需要频繁接听用水者协会的电话，帮助用水者协会之间的水权交易"牵线搭桥"，水权交易的撮合工作可自动由网站平台完成，降低了灌区管理单位的工作成本；二是通过网站进行交易，每步操作都可以跟踪记录，有利于水权交易过程的正式化和规范化。因此，如何激励普通用水者协会的工作人员使用水权交易平台，是平台实践应用中需要解决的关键问题。借鉴互联网产业的思维，通过平台进行单边或双边补贴，即给予使用平台进行水权交易的买水者或者卖水者一定补贴，可能是扩大平台用户量、促进交易平台推广的可行措施之一。

第 11 章 总 结 与 展 望

11.1 总结

水权制度是明晰水资源使用权、规范用水秩序、控制用水总量、协调用水矛盾、优化水资源配置以及提高用水效益的有效手段，涉及成套的制度安排、机制设计与技术保障，具体包括初始水权的分配、水权的调度实现和水权交易三个核心部分。本书从理论、技术和实务三个方面，对这三项内容进行了详细论述，旨在回答在中国特色市场经济体制下水权如何分配、如何实现和如何交易的问题。

在初始水权分配方面，根据我国水法，水资源所有权归国家全民所有，区域或用水户可以通过流域水量分配方案和取水许可获得水资源的使用权，其核心内容是将流域的多年平均水资源量，按照公平、高效以及可持续等原则，分配到流域内各个行政区域，作为区域的初始水权。进而，逐级将区域水权明晰到各个行业与用水户，建立从流域到用户的初始水权体系，给出每个用户的用水总量指标。这种以政府行政手段为主、区域和用户协商为辅的公共水权分配模式，是我国目前初始水权分配的主要方式。相比英美等发达国家的河岸权与占用优先权模式，我国的公共水权分配充分发挥了政府的主导作用，在短短几年时间内集中力量、非常高效地明确了全国 2020 年 6700 亿 m^3 的用水总量上限，并以初始水权分配的方式完成了全国 31 个省（自治区、直辖市）的用水总量分解，明晰了区域初始水权。此外，2018 年，根据国务院授权，水利部批复了牛栏江、乌江、洪汝河、沙颍河、涡河、史灌河、柳江、拉林河、辽河干流、新安江等 11 条跨省江河流域水量分配方案。方案中明确了各流域水量分配原则，流域内各省级行政区不同来水频率下的水量分配份额、主要控制断面下泄水量指标和最小下泄流量控制指标。2011 年以来，水利部先后启动了59 条跨省江河流域水量分配工作，截至 2018 年 7 月，已批复了 33 条跨省江河水量分配方案。在这些初始水权分配过程中，如何将流域的水资源量公平地分配给每个区域并且保障分配方案的可接受性和可持续性，是初始水权分配中的关键性技术问题。针对这个问题，本书研究识别了流域初始水权分配的九个关键要素，建立了初始水权分配过程的数学表达及优化算法，可结构化、定量化地协调公平、高效及可持续等多重分配原则，计算流域初始水权分配方案，可为流域的初始水权分配提供技术支撑。

在水权调度实现方面，我国黄河和黑河流域在 20 世纪 80、90 年代完成流域到区域层面的初始水权分配后，由于缺乏水权调度实现的措施，出现了水权分配方案无法落实的问题，促发了 2000 年后以实现流域水权分配方案为核心的流域水资源统一调度，由此引发了水文不确定性条件下水权调度实现的研究和探索。2006 年国务院颁布的《黄河水量调度条例》规定："年度水量调度计划，应当依据经批准的黄河水量分配方案和年度预测来水量、水库蓄水量，按照同比例丰增枯减、多年调节水库蓄丰补枯的原则，在综合平衡申报的年度用水计划建议和水库运行计划建议的基础上制订。"2009 年水利部颁布的《黑河干流水量调度管理办法》规定："黑河干流年度水量调度方案根据国务院批准的黑河干流水量分配方案、三省区和东风场区用水计划建议、水库和水电站运行计划建议、莺落峡水文断面年度预测来水量，按照丰增枯减的原则编制。""黑河干流水量调度按照年度水量调度方案、月水量调度方案和实时调度指令相结合的方式调度，实行年度断面水量控制和区域用水总量控制，逐月滚动修正。"黄河与黑河的水量调度实践为水权的调度实现构建了基本的框架，提出了核心的思路。但是，这两个流域的水量调度经验尚不足以支撑全国数十个流域初始水权分配之后的水权调度实现。截至 2018 年 7 月，水利部已经批复全国 33 条跨省江河流域的水量分配方案。这些流域完成初始水权分配之后，都将面临水权调度实现的问题，但是目前尚缺乏系统的理论框架和技术手段。针对这个问题，本书研究提出了水权调度实现的概念、框架和基本规则，建立了水权调度实现及其风险管理的数学模型和分析方法。针对目前国内普遍使用的水权调度"丰增枯减"规则的风险性和局限性，提出了"丰不增、枯不减"的水权调度实现策略，并数学证明了其可靠性和可行性。所提出的水权调度实现的技术框架和数学模型，可为全国江河水量分配方案的调度实现提供支持。

在水权交易方面，我国 2000 年在浙江东阳和义乌之间完成第一笔区域间水权交易之后，在黄河流域内蒙古和宁夏探索了"工业投资节水、转换农业水权"的行业间水权转换，在甘肃黑河与石羊河流域试点了灌区内部农户之间的灌溉水权交易，积累了水市场建设的经验。在此基础上，2016 年水利部出台《水权交易管理暂行办法》，国家级水权交易平台——中国水权交易所在北京成立，我国开始在国家层面推进水市场建设。但是，截至 2018 年 12 月，在中国水权交易所登记的区域间水权交易有 75 笔，且集中在南水北调中线工程沿线区域之间；登记的工农业间水权转换也仍然集中于内蒙古和宁夏的沿黄区域。全国范围的水权交易并未出现。究其原因，一是因为全国范围的江河水量分配和初始水权明晰工作尚未完成，二是尚缺乏系统性的水市场机制设计与相关研究。针对这个问题，本书研究提出了水权交易的基本类型、主要规则以及撮合与定价算法，分析了影响水权交易的关键因素，总结了我国开展水权交易的基础、动力、困难和风险。在此基础上，从技术基础、业务流程和信息平台三个层面提出了水权交易的关键技术框架。所提出的集市型水权交易算法已在甘肃石羊河流域示范应用，2013—2015 年成功撮合农村用水者协会间水权交易2000 多万 m^3。所建立的水权交易互联网平台在石羊河流域 8 个灌区应用，应用范围超过 20 万亩。目前，石羊河流域结合水权交易平台的示范应用，在不同层级建立了多个水权交易中心，安装运行交易互联网平台，实现日常的水权交易。通过水权交易平台的研发与实践，本书研究总结了水权交易的操作实务和细则，将我国水权交易研究从理论和机制设计层面深入到实务操作层面，论述了水市场中谁有资格进行出售和购买，监管机构如何审批以及审批哪些内容；哪些用户之间可以进行交易；哪些水权不能交易；不同类型水权销售的数量上限如何确定，水权出售的有效期如何；购买水量的水质如何保障，输送购买水量途中产生的水量损失如何承担；交易如何撮合、如何定价、如何付款以及财务审计流程如何；以及交易合同的条款细则有哪些，需要公开公示的信息有哪些等水权交易业务问题，为中国水市场建设和实施提供了前瞻性的探索。

11.2　展望

本书基于塔里木河、黑河、石羊河、卫河、霍林河、大凌河、黄河、晋江、抚河、东江以及内蒙古沿黄六盟市的初始水权分配实践，提炼了初始水权分配的关键要素，总结了根据流域或区域水资源禀赋特征和水资源开发利用程度进行初始水权分配要素调控和路径选择的技术框架。在此基础上，基于甘肃石羊河的案例，提出并应用了水权调度实现和水权交易的模型，开展了水权交易的实践探索。目前，随着我国水权制度建设的不断完善和深入，大量初始水权分配和水权交易的试点涌现，许多新的现象和问题需要进一步研究。未来可能的研究方向包括：①总结全国江河水量分配的实践经验，完善初始水权分配框架；②完善并推广应用水权调度实现技术，建立通用性模型和软件；③深化水市场机制研究，建立实用性的水市场模拟和评估工具。

11.2.1　总结全国江河水量分配的实践经验，完善初始水权分配框架

截至 2018 年 7 月，水利部已经完成并批复了 33 条跨省江河流域的水量分配方案，因地制宜地将流域的水资源量以初始水权分配的形式分解到流域内各省区。这些水量分配方案为流域初始水权分配研究提供了丰富的案例，大大增加了水权分配研究的样本。分析这些样本数据，进一步总结提炼流域初始水权

分配的经验，完善初始水权分配的关键要素和技术框架，是深化初始水权分配研究的重要方向。

11.2.2　完善并推广应用水权调度实现技术，建立通用性模型和软件

目前，水权调度实现的技术与模型并未在全国范围广泛应用，也不足以支撑全国数十条跨省江河水量分配之后的水权调度实现。原因主要是，水权调度实现模型的通用性和适用性不足，模型主要应用于干旱区流域，算法的实现主要基于面向过程的编程技术，使用者需要在代码层面进行模型配置和修改以实现模型在其他流域的应用，模型应用的成本和难度较高。因此，需要基于面向对象的编程手段和可视化的软件工程技术，开发建立通用性的水权调度实现模型和软件包，为水权调度技术在不同流域大范围推广应用提供便捷的工具。

11.2.3　深化水市场模型研究，建立实用性的水市场模拟和评估工具

目前我国已经开始在国家层面建设和推广水市场机制，在不同地区和流域开展了水权交易的实践试点，迫切需要水市场设计和评估的实用性技术和工具，用以针对流域的水循环和水资源开发利用特征，设计适应性的水权交易规则，预测和评估在设计规则下水权交易的运行情况和第三方影响，为相关政策制定提供决策支持。比如，如何设计位于流域上下游不同区域之间水权交易的限制规则，如何评估水权交易改变原有的供水格局后输水损失的变化及其对下游生态用水的影响，水权交易的规则改变后水市场的效益将发生如何变化。这些问题都需要相应的技术工具进行分析和研究。但是，我国目前的水权交易研究多处于定性描述层面，所建立的定量描述交易主体行为和预测水市场演化的模型，也大都欠缺对流域水系空间结构特征和水循环过程的考虑，适用性不够，不足以通过传统的情景分析手段设计交易规则、模拟交易过程、预测水市场的效果和影响。因此，开发能够捕捉水权交易过程、预测不同交易规则下水市场运行情况以及第三方影响的模型和工具，是水权交易技术研究的重要方向。